TÉCNICAS DE MACHINE LEARNING

CONSELHO EDITORIAL

André Costa e Silva

Cecilia Consolo

Dijon de Moraes

Jarbas Vargas Nascimento

Luis Barbosa Cortez

Marco Aurélio Cremasco

Rogerio Lerner

Blucher

Abraham Laredo Sicsú (org.)

André Samartini

Nelson Lerner Barth

TÉCNICAS DE MACHINE LEARNING

Técnicas de machine learning
© 2023 Abraham Laredo Sicsú (organizador)
Editora Edgard Blücher Ltda.

Publisher Edgard Blücher
Editor Eduardo Blücher
Coordenação editorial Jonatas Eliakim
Produção editorial Ariana Corrêa
Preparação de texto Amanda Fabbro
Diagramação Roberta Pereira de Paula
Revisão de texto Maurício Katayama
Capa Leandro Cunha
Imagem da capa iStockphoto

Em caso de futuras correções técnicas, gráficas ou atualizações do software, o material ficará disponível na página do livro, no site da editora. Acesse pelo QRcode localizado na quarta capa.

Blucher

Rua Pedroso Alvarenga, 1245, 4º andar
04531-934 – São Paulo – SP – Brasil
Tel.: 55 11 3078-5366
contato@blucher.com.br
www.blucher.com.br

Segundo o Novo Acordo Ortográfico, conforme 6. ed. do *Vocabulário Ortográfico da Língua Portuguesa*, Academia Brasileira de Letras, julho de 2021.

É proibida a reprodução total ou parcial por quaisquer meios sem autorização escrita da editora.

Todos os direitos reservados pela Editora Edgard Blücher Ltda.

Dados Internacionais de Catalogação na Publicação (CIP)
Angélica Ilacqua CRB-8/7057

Sicsú, Abraham Laredo
  Técnicas de machine learning / organização de Abraham Laredo Sicsú ; André Samartini, Nelson Lerner Barth. – São Paulo : Blucher, 2023.
  394 p. : il.

  Bibliografia
  ISBN 978-65-5506-396-7

  1. Matemática e estatística – Processamento de dados 2. Algoritmos 3. Dados – Análise 4. Dados – Aglomeração – Análise 5. Modelos matemáticos I. Título II. Samartini, André III. Barth, Nelson Lerner

22-6713   CDD 519.5

Índice para catálogo sistemático:
1. Matemática e estatística – Processamento de dados

À Délia, z'l, minha mãe,
que me ensinou que "todo es facil"

PREFÁCIO

Um dos mais relevantes desafios, no atual cenário competitivo, refere-se à efetiva aplicação das técnicas analíticas no equacionamento e resolução dos problemas empresariais. O desenvolvimento de modelos de análise aplicados à realidade empresarial tornou-se uma competência crítica em todos os setores de atividade econômica. Esta habilidade também é imperativa na esfera governamental e nas organizações sem finalidades lucrativas.

Há carência no mundo todo – e no cenário brasileiro em particular – de profissionais com competência nesta área. Muitas organizações possuem quadros com bons conhecimentos em uma ou outra técnica analítica específica, mas raras são as organizações que contam com profissionais que possuam sólido domínio das diversas nuances e aspectos técnicos dos projetos analíticos.

Os profissionais que atuam nos projetos de natureza analítica enfrentam desafios peculiares. Em geral, as organizações demandam soluções práticas e de rápida implantação. Por outro lado, existe um ritmo intenso de geração de novas frameworks, bibliotecas e ferramentas de software bem como do aperfeiçoamento contínuo dos algoritmos de análise. Some-se a isso a disponibilidade de volumes massivos de dados ("big data") que crescem em velocidade exponencial. Como é de conhecimento geral, "dados são o novo petróleo". No entanto, embora verdadeiro, este slogan contém a sutil armadilha da "verdade parcial". A disponibilidade de dados é obviamente imprescindível, porém os dados são apenas a matéria-prima para o processo decisório. Para gerar valor, os dados precisam ser tratados e interpretados corretamente. Isto implica em duas perguntas relevantes. A primeira questão refere-se a como iremos gerar valor a partir dos dados. Em outras palavras, qual é o desafio específico e tangível para o qual buscamos respostas? O que precisamos saber para que possamos extrair respostas consistentes e gerar conclusões confiáveis? O que devemos fazer para que os dados "trabalhem para nós"?

A segunda questão refere-se ao correto uso dos métodos de análise. Existe um vasto e crescente arsenal de técnicas e métodos, e este crescimento é especialmente intenso na área de machine learning. A ampliação das técnicas disponíveis é sempre bem-vinda, mas frequentemente provoca efeitos colaterais indesejáveis, como a adoção de uma técnica ou ferramenta apenas por parecer mais "moderna". Por isso, do ponto de vista estratégico da organização, devemos sempre insistir na busca articulada de respostas às duas questões mencionadas anteriormente; pois a melhor técnica é aquela que (i) gera valor para a organização que a usa; e (ii) esta técnica (ou conjunto de técnicas) é adequadamente entendida sob a perspectiva de requisitos, condições e riscos relacionados ao seu uso.

A excelente obra desenvolvida pelos professores Abraham Laredo Sicsú, André Samartini e Nelson Barth atende plenamente àqueles que buscam respostas para as duas questões acima. As técnicas analíticas aqui expostas são aquelas que devem fazer parte do repertório obrigatório da análise de dados. Mas o principal mérito deste livro não é a escolha das técnicas, e sim a forma prática e objetiva com que são apresentadas. Os autores souberam suplantar com maestria as principais barreiras para o aprendizado de Data Science, pois apresentam de forma equilibrada e rigorosa tanto os conceitos fundamentais quando os exemplos de aplicação prática.

Professor José Luiz Kugler

CONTEÚDO

1. FUNDAMENTOS   **15**

    1.1   Introdução   15

    1.2   Algoritmos e modelos   16

    1.3   Parâmetros e hiperparâmetros   17

    1.4   Classificação dos algoritmos   17

    1.5   O dilema viés – variabilidade (Bias – *Variance trade off*)   21

    1.6   Premissa fundamental em modelagem   23

    1.7   Primeiros passos   24

    1.8   Identificação das variáveis previsoras   25

    1.9   Definição operacional de uma variável   26

    1.10   Amostragem   28

    1.11   Casos para análise   30

    1.12   TECAL   32

2. PREPARAÇÃO DE DADOS   **47**

    2.1   Introdução   47

    2.2   Análise exploratória de dados   50

    2.3   *Outliers*   64

2.4	*Missing values*	69
2.5	Transformações nas variáveis	76
2.6	Componentes principais	83
2.7	*Imbalance*	88
Exercícios		90

3. AVALIAÇÃO DE MODELOS DE PREVISÃO E CLASSIFICAÇÃO — **93**

3.1	Introdução	93
3.2	Amostra de treinamento e amostra teste	94
3.3	Avaliação da capacidade preditiva de um modelo	96
3.4	Avaliação de modelos de classificação binária	100
3.5	Avaliação de modelos de classificação multinomial	119
3.6	Reamostragem para estimação das métricas	123
Exercícios		130

4. REGRESSÃO MÚLTIPLA — **131**

4.1	Introdução	131
4.2	Regressão linear simples	132
4.3	Regressão linear múltipla	146
Exercícios		173

5. REGRESSÃO LOGÍSTICA — **175**

5.1	Introdução	175
5.2	Definição dos grupos	176
5.3	Por que necessitamos um modelo de classificação?	176
5.4	A curva logística	177
5.5	Regressão logística para dois grupos – formulação	179
5.6	Uso de dados agrupados e dados não agrupados	180
5.7	Regressão logística para dois grupos – estimação dos parâmetros	181
5.8	Exemplo de aplicação: Programa TECAL	181

Conteúdo 11

5.9   Correção para amostragem estratificada   189

5.10   Regressão logística como técnica de classificação (discriminação)   191

5.11   Classificação dos indivíduos em classes   194

Exercícios   195

Apêndice A – Análise e preparação da base de dados TECAL   196

6. ÁRVORES DE CLASSIFICAÇÃO E REGRESSÃO   207

6.1   Árvores de classificação e regressão   207

6.2   Lógica da construção de uma árvore de classificação   209

6.3   Que variável selecionar para particionar um nó?   211

6.4   Utilização de uma variável qualitativa para particionar um nó   211

6.5   Utilização de uma variável quantitativa para particionar um nó   213

6.6   Como dimensionar uma árvore de decisão?   214

6.7   Diferentes critérios de classificação   216

6.8   Tratamento dos *missing values*   217

6.9   Como inserir custos ao construir uma árvore de decisão   218

6.10   A árvore de classificação sempre é adequada?   218

6.11   Vantagens e limitações de árvores de classificação   219

6.12   Um exemplo de aplicação de árvores de classificação   220

6.13   Árvore de classificação baseada em inferência estatística   231

6.14   Árvores de regressão   234

Exercícios   239

Apêndice A – Índice de Impureza de Gini   240

7. COMBINAÇÃO DE ALGORITMOS (*ENSEMBLE METHODS*)   243

7.1   Combinação de algoritmos (*Ensemble Methods*)   243

7.2   Bagging   244

7.3   *Random Forests* (RF)   246

7.4   Exemplo de aplicação de *Random Forest* em classificação   247

7.5	Aplicação de *Random Forest* em previsão	251
7.6	*AdaBoost* (Adaptive Boosting)	253
7.7	Exemplo de aplicação de *AdaBoost* para classificação	255
7.8	*Gradient Boosting*	259
7.9	Aplicação de *Gradient Boosting* para classificação	261
7.10	Aplicação de *Gradient Boosting* para previsão	270
7.11	XGBOOST	274
7.12	Aplicação de XGBoost a um problema de classificação	275
7.13	Aplicação de XGBoost a um problema de previsão	281
Exercícios		285

8. INTRODUÇÃO ÀS REDES NEURAIS ARTIFICIAIS — 287

8.1	Introdução	287
8.2	Estrutura de uma rede MLP	289
8.3	O neurônio	291
8.4	Redes MLP – *Multiple Layer Perceptrons*	294
8.5	Algoritmo para ajuste dos pesos	295
8.6	Hiperparâmetros de um algoritmo de treinamento	299
8.7	Amostragem para treinar uma rede neural artificial	301
8.8	Seleção e tratamento dos inputs	302
8.9	Treinando a rede neural – sumário de parâmetros a planejar	305
8.10	Aplicação de uma RNA para previsão	306
8.11	Aplicação de uma RNA para classificação	310
8.12	Vantagens e desvantagens das redes neurais artificiais	312
Exercícios		313

9. CLUSTER ANALYSIS — 315

9.1	Introdução	315
9.2	Aplicações de análise de agrupamentos	317
9.3	Algumas dificuldades ao agrupar indivíduos	318

9.4	Desafios em análise de agrupamentos	320
9.5	Roteiro para elaboração de uma análise de agrupamentos	323
9.6	Análise e tratamento dos dados	323
9.7	Medidas de parecença	327
9.8	A matriz de distâncias ou de similaridades	334
9.9	Distâncias entre *clusters*	334
9.10	Somas de quadrados dentro e entre *clusters*	338
9.11	Técnicas de análise de agrupamentos	338
9.12	Uma classificação dos métodos de agrupamento	339
9.13	Algoritmos hierárquicos aglomerativos	339
9.14	Um exemplo de aplicação do algoritmo hierárquico aglomerativo	345
9.15	Métodos de partição I : k-médias (*k-means*)	354
9.16	Exemplo de aplicação de métodos de partição	361
9.17	Comparação das técnicas de agrupamentos	365
9.18	Indicadores estatísticos para 'validação' do agrupamento obtido	366
	Exercícios	370

10. OUTRAS TÉCNICAS — 371

10.1	Duas técnicas distintas para classificação	371
10.2	KNN (K Nearest Neighbors)	371
10.3	Support Vector Machine	374
10.4	Exemplo de aplicação (2 grupos): TECAL	380
10.5	Exemplo de aplicação (10 grupos): MNIST	385
	Exercícios	394

CAPÍTULO 1
Fundamentos

Prof. Abraham Laredo Sicsú

1.1 INTRODUÇÃO

Este livro foi escrito com o objetivo de permitir que analistas de empresas e pesquisadores entendam e apliquem diferentes algoritmos de *machine learning,* sem aprofundar-se nas teorias que os fundamentam. Preferimos apresentar os principais conceitos de forma intuitiva, para que o usuário compreenda a lógica de cada algoritmo, para que finalidade deve ser utilizado, quais os passos a seguir para aplicá-lo corretamente utilizando o software R e suas vantagens e limitações quando comparado com outros algoritmos que podem ser utilizados no mesmo problema.

Os algoritmos aqui apresentados podem ser utilizados nas mais diferentes áreas de atividade e conhecimento. Vejamos alguns exemplos:

- Previsão de salários: para poder estimar o salário de um operador em determinado segmento industrial, considerando sua formação, idade, experiência, especialidade, região onde trabalha etc., podemos construir um modelo a partir de uma amostra de operadores cujos salários sejam conhecidos. Estabelecendo a relação entre esses salários e as características já citadas, é possível não somente estimar o salário de um operador como também identificar os aspectos com maior peso na variação do salário.

- Um problema importante na área de crédito é prever se um cliente pagará ou não um empréstimo, ou seja, classificá-lo como potencial bom ou mau pagador. Partindo das variáveis que caracterizam os solicitantes do crédito (idade, profissão, estado civil etc.) podemos criar uma regra que permita obter tal classificação. Hoje, praticamente todas as empresas que concedem crédito utilizam essa metodologia para a tomada de decisão.

- Uma aplicação usual de *machine learning* em marketing é a previsão do desligamento voluntário (*churning*), ou seja, o cancelamento de um contrato de uso de um serviço por parte do cliente. Em especial, às operadoras de telefonia celular convém prever com bastante antecedência se um cliente irá cancelar seu contrato optando, provavelmente, por outra operadora. Se a probabilidade de *churning* for alta, a operadora poderá fazer uma série de ofertas ao cliente tentando evitar que ele cancele seu contrato. O mesmo se aplica a uma seguradora, prevendo a probabilidade de renovação ou não do contrato.

- Uma área em que *machine learning* poderia ser mais utilizada é em RH. Por exemplo, na contratação de funcionários em uma empresa. Admita que uma grande rede varejista deseja aumentar a efetividade da sua força de vendas. Comparando vendedores dessa empresa que tiveram bom desempenho no passado com os que tiveram mau desempenho, é possível construir um modelo que permita classificar um candidato a vendedor com potencial bom desempenho no futuro.

- Em medicina, as técnicas de classificação podem ser utilizadas no diagnóstico de doenças. Por exemplo, em um estudo bastante conhecido na área médica, com base em indicadores relativos à pressão arterial, hábito de fumo, diabetes, sedentarismo etc., aplicou-se uma técnica de classificação para discriminar um paciente em um de dois grupos: com ou sem alto risco de desenvolver doenças cardiológicas.

- Uma aplicação interessante para conhecer melhor os clientes de um banco e direcionar eficazmente campanhas de marketing é o agrupamento dos clientes em segmentos homogêneos, no que tange ao seu relacionamento ou uso dos serviços prestados pelo banco. Esse tipo de agrupamento é mais eficaz que a usual segmentação de mercado por faixa etária ou gênero.

1.2 ALGORITMOS E MODELOS

Vamos diferenciar dois conceitos neste texto: algoritmo e modelo.

Algoritmo é um conjunto de procedimentos a serem executados, em determinada sequência, a fim de transformar um conjunto de dados de entrada em um ou mais valores como saída.

Modelo é o produto que resulta quando aplicamos um algoritmo a uma base de dados. Em um sentido mais amplo, o modelo deve incluir não só os valores fornecidos pelo algoritmo, mas também, caso necessário, regras a serem seguidas para utilizá-lo nas previsões ou classificações dos dados da população. Um mesmo algoritmo, quando aplicado a diferentes conjuntos de dados, fornece diferentes modelos.

Um exemplo de algoritmo é o conjunto de passos para ajustar uma reta de mínimos quadrados a uma nuvem de pontos. O algoritmo recebe as coordenadas dos pontos, calcula os parâmetros *a* e *b* e fornece o modelo $y = a + bx$. Com esse modelo podemos fazer previsões para novos valores de x. Diferentes bases de dados, utilizando o mesmo algoritmo, fornecerão diferentes valores de *a* e *b,* o que define, portanto, diferentes modelos. O modelo representa o que foi aprendido pelo algoritmo ao utilizar a base de dados.

1.3 PARÂMETROS E HIPERPARÂMETROS

Parâmetros são características de um modelo a serem estimados pelo algoritmo. Por exemplo, retomando o exemplo da reta y = a + bx, *a* e *b* são parâmetros a serem estimados a partir dos dados.

Alguns algoritmos possuem caraterísticas que não podem ser estimadas a partir dos dados e devem ser definidas pelo analista antes de rodá-los. Vamos denominá-los hiperparâmetros. Por exemplo, quando rodamos uma rede neural o número de camadas intermediárias da rede e o número de neurônios de cada camada devem ser fixados *a priori*. O mesmo ocorre em procedimentos em que, por exemplo, a classificação de um indivíduo é determinada pelas classificações de seus vizinhos mais próximos na nuvem de pontos (*kNN: k nearest neighbor*). O tamanho da vizinhança, ou seja, o número k de vizinhos a serem considerados deve ser prefixado pelo analista.

A definição do valor mais adequado dos hiperparâmetros é feita por tentativa e erro pelo analista. Alterando o valor do hiperparâmetro ou do conjunto de hiperparâmetros necessários, ele pesquisará qual o valor ou combinação de valores que otimiza os resultados do algoritmo, quando aplicado àquela base de dados.

1.4 CLASSIFICAÇÃO DOS ALGORITMOS

Os algoritmos que serão apresentados neste texto podem ser classificados em duas grandes famílias: algoritmos supervisionados e algoritmos não supervisionados.

1.4.1 ALGORITMOS SUPERVISIONADOS

Os algoritmos supervisionados são aplicados quando temos uma base de dados em que a cada observação corresponde um conjunto de variáveis X1, X2, ..., Xp, geralmente denominadas previsoras; e uma variável Y denominada variável alvo.[1] Alguns autores dizem que cada observação tem uma etiqueta (*label*) Y.

Tabela 1.1 – Base de dados para métodos supervisionados

Previsoras				Alvo
X_1	X_2	...	X_p	Y
1	5	6	-4	8
2	3	8	6	7
3	2	11	-5	-4

A variável Y funciona como um guia (supervisor) do algoritmo. Pode ser quantitativa ou qualitativa. A construção desses algoritmos fundamenta-se em detectar a relação entre as variáveis previsoras e a variável alvo. Uma vez identificada a relação, ela pode ser aplicada para prever (Y quantitativa) ou classificar (Y qualitativa) novos casos a partir das variáveis previsoras.

Os algoritmos supervisionados de previsão têm por objetivo prever o valor de uma variável alvo quantitativa Y em função das variáveis previsoras X1, X2, ..., Xp. Por exemplo, consideremos uma amostra de apartamentos com valor Y conhecido e algumas caraterísticas, sendo X1 = área útil, X2 = número de suítes, X3 = andar, X4 = idade em anos e X5 = vagas etc. A partir dessa amostra, utiliza-se um algoritmo de previsão para construir um modelo que permita prever preços de novos apartamentos com base nessas mesmas caraterísticas.

---

[1] A variável Y é denominada *variável dependente ou variável resposta* ou, como é usual em *machine learning*, variável alvo (*target*). Utilizaremos indistintamente cada uma dessas denominações no decorrer do texto.

Tabela 1.2 – Dados para um problema de previsão

Obs.	Area útil	Suítes	Andar	Idade	Vagas	....	Y = valor (R$)
1	140	1	3°	5	2		750.000,00
2	79	1	5°	8	1		425.000,00
3	160	2	14°	2	3		1.200.000,00
...	...	...	...	...	...		...

O algoritmo supervisionado de previsão mais conhecido é o de regressão linear múltipla. Outros exemplos são as árvores de regressão, *random forests*, *XGBoost* e redes neurais aplicadas à previsão.

Os algoritmos supervisionados de classificação são utilizados para classificar uma nova observação em uma das categorias da variável qualitativa Y, ou seja, para preverem em qual categoria deve ser classificada uma nova observação. A variável alvo Y pode ser binomial (duas categorias: bom/mau pagador, spam/não spam, renova/não renova o seguro etc.) ou multinomial (três ou mais categorias: funcionário com alto/médio/baixo potencial, cliente de uma livraria prefere romances/biografias/poesias/história/outros). Exemplos de algoritmos utilizados para classificação são a regressão logística, as árvores de classificação, as *random forests*, *XGBoost* e o SVM-*Supervised Vector Machine*.

Por exemplo, uma aplicação comum na área financeira é classificar, a partir de uma amostra de clientes, qual será o comportamento de um futuro tomador de crédito (Y: bom ou mau pagador) a partir de suas características sociodemográficas.

Tabela 1.3 – Dados para um problema de classificação

Cliente	Idade	UF	Resid.	Est. civil	Instrução	renda	Y=status
1	33	SP	Própria	Casado	Fundamental	1200	Bom
2	52	PA	Própria	Solteiro	Fundamental	6500	Bom
3	65	SP	Própria	Solteiro	Superior	7832	Mau
...							

1.4.2 ALGORITMOS NÃO SUPERVISIONADOS

Nos algoritmos não supervisionados não há uma variável alvo que sirva para direcionar os resultados. A função desses algoritmos é obter determinados padrões de comportamento entre as observações da amostra. O algoritmo deve ser programado para aprender a identificar tais padrões.

Tabela 1.4 – Dados para um método não supervisionado

X1	X2	...	Xp
2,3	3	...	100,51
3,8	10	...	89,32
11,5	8	...	27,65

A não existência de um alvo Y torna os algoritmos mais complexos e as saídas mais difíceis de interpretar. Ao contrário dos métodos supervisionados, nos quais a comparação da previsão como o valor conhecido Y permite aferir a qualidade dos resultados, a interpretação e validação dos resultados são, em geral, uma tarefa complexa.

Há vários tipos de algoritmos não supervisionados. Neste livro vamos tratar apenas dos algoritmos de agrupamento, provavelmente os mais utilizados. Seu objetivo é classificar[2] em grupos homogêneos as diferentes observações.

Uma aplicação clássica dos algoritmos de agrupamento, conhecida como segmentação de mercado, é classificar os diferentes clientes de uma empresa em grupos homogêneos de acordo com seus perfis de consumo. Esse agrupamento permite alavancar as vendas oferecendo propostas diferenciadas para cada um dos segmentos.

Outra aplicação interessante pode ser o agrupamento de uma série de marcas e tipos de cervejas em função de variáveis que medem diferentes percepções dos consumidores. Produtos que pertencem a um mesmo grupo são vistos como parecidos pelos clientes e como concorrentes pelos fabricantes.

Outros algoritmos não supervisionados permitem, por exemplo, identificar associações do tipo "*se X* ➔ *então Y*" entre produtos. As regras de associação, muito utilizadas no *e-commerce*, são um bom exemplo dessa aplicação. Ao escolher um produto, o site sugere outros produtos que são frequentemente comprados simultaneamente. Por exemplo, se compra cachorro-quente então, provavelmente, compra também mostarda, pãezinhos, cerveja etc.

---

[2]   Neste contexto, utilizamos classificar como sinônimo de agrupar.

1.5 O DILEMA VIÉS – VARIABILIDADE (BIAS – *VARIANCE TRADE OFF*)

Ao rodar um algoritmo para obter a relação entre a variável alvo Y e as variáveis previsoras (X1, X2, ...), os valores ajustados de Y, em geral, não são iguais ou próximos dos valores observados. As diferenças entre esses valores são denominadas erros. O objetivo do analista é obter um modelo com erros pequenos, que possa ser *generalizado*, isto é, aplicado a outras amostras da população com bons resultados.

Quando tentarmos representar uma relação complexa entre a variável alvo e as variáveis previsoras por meio de um modelo simples, este provavelmente não refletirá corretamente essa relação. Essa situação é conhecida como *underfitting* (*subajuste*). A diferença entre os valores ajustados e os valores observados é grande. Diremos que o modelo apresenta um *viés* alto. Por exemplo, consideremos os pontos no gráfico seguinte, gerados artificialmente a partir de um polinômio de quarto grau.[3] Os pontos amostrais gerados (*x, ylrn*)[4] estão representados em cinza-claro.

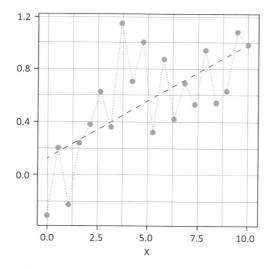

Figura 1.1 – Gráfico mostrando *underfitting*.

Ao ajustar a reta *yhat* (tracejada), notamos que os pontos amostrais estão bem distantes da reta. Ou seja, o ajuste não é bom.

Por outro lado, quando optamos por um modelo complexo para representar a relação entre as variáveis, de forma que os erros sejam praticamente nulos, podemos

---

[3] Adicionamos pequenos erros aleatórios (ruído) para simular uma situação real.
[4] Ylrn: o sufixo lrn (de learn) indica a amostra com a qual o algoritmo ajustou os dados. São os valores observados.

incorrer em outro problema. O modelo provavelmente apresentará grande *variância*, ou seja, será muito sensível a pequenas mudanças nos dados amostrais. O modelo complexo "decora" a amostra a partir do qual foi construído, considerando até o ruído no seu ajuste. Caímos na situação conhecida como *overfitting* (superajuste). O modelo funciona muito bem com a amostra utilizada na sua obtenção, mas não pode ser generalizado para aplicação em outras amostras da população, pois apresentará má performance. Isso torna o modelo inútil.

Consideremos o mesmo conjunto de dados anteriores e, a partir dele, ajustemos um polinômio de grau 19. Como temos 20 pontos, o ajuste será perfeito. Os erros serão todos nulos! A Figura 1.2 mostra uma amostra adicional de pontos (*x, ytest*)[5] (cinza escuro) extraídos da mesma população, e a curva polinomial (pontilhada) ajustada à amostra (*x, ylrn*) (cinza claro). Notamos que a curva polinomial se ajusta perfeitamente à amostra (*x, ylrn*). Notamos também que os pontos da amostra adicional estão bem distantes da curva polinomial. A média dos erros, em valores absolutos, é 0,24. Considerando a magnitude dos valores de Y, trata-se de um erro médio bastante grande.

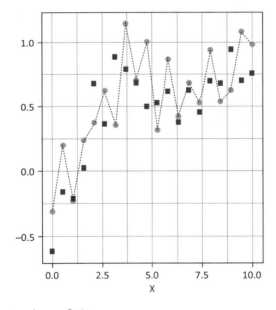

Figura 1.2 – Gráfico mostrando *overfitting*.

Em suma, temos dois problemas em modelagem: viés e variância. A utilização de um modelo muito simples (*underfitting*) para o problema conduz a sério viés; à medida

---

[5] *ytest*: o sufixo test indica a amostra utilizada para testar o modelo e verificar se ele pode ser generalizado para outros pontos da população.

que a complexidade do modelo aumenta, a variância aumenta podendo, eventualmente conduzir ao *overfitting*. O analista deverá encontrar um modelo que apresente um bom *trade-off* entre viés e variância. Em geral, preferimos trabalhar com um algoritmo que gere um pequeno viés e evitar um modelo superajustado que não possa ser generalizado para o restante da população.

Uma forma de medir a variabilidade e o viés de um algoritmo, quando aplicado aos dados de uma população, é rodando esse algoritmo a partir de diferentes amostras aleatórias de mesmo tamanho extraídas dessa população. Outras formas interessantes, que serão descritas adiante contemplam a utilização dos métodos de reamostragem e a troca dos valores de inicialização requeridos pelo algoritmo.

Quando o modelo matemático a ser obedecido pelo algoritmo é fornecido pelo analista, por exemplo, em regressão múltipla ou regressão logística, a tendência é um maior viés e menor variância. Por outro lado, algoritmos menos restritivos, que não forçam o ajuste de uma determinada relação matemática entre as variáveis, e dependem da detecção, pela máquina, da relação entre as variáveis, apresentam maior variância.

Algumas alternativas para reduzir a possibilidade de ocorrência de *overfitting* são:

- Trabalhar com maiores bases de dados para treinar os modelos.
- Controlar os hiperparâmetros do algoritmo.
- Trabalhar com *ensemble methods*. São combinações de algoritmos que serão explicados em capítulo adiante.

1.6 PREMISSA FUNDAMENTAL EM MODELAGEM

Quando se desenvolve um modelo é utilizada uma ou mais bases de dados. Esses dados representam uma situação anterior à data de desenvolvimento. Ou seja, são dados históricos, ainda que recentes. O objetivo ao desenvolver um modelo é poder aplicá-lo no futuro para poder prever ou classificar novos indivíduos. Porém, se a realidade no futuro for muito diferente do passado, o modelo não terá utilidade; seria o equivalente a dirigir um automóvel olhando pelo retrovisor.

Por exemplo, utilizar as vendas mensais de uma empresa para prever vendas futuras, considerando como histórico (amostra) as vendas de 2020 e 2021, anos atípicos em razão do impacto da pandemia na economia, será de pouca valia (esperando que no futuro voltemos ao normal, sem esses problemas). O mesmo valeria para classificar clientes que solicitam crédito utilizando modelos desenvolvidos com dados anteriores a 2020. O desemprego e a queda do poder aquisitivo da população, decorrente da Covid-19, certamente afetaram a capacidade dos tomadores de crédito de honrar os compromissos financeiros assumidos. O perfil do novo inadimplente provavelmente será diferente dos perfis dos inadimplentes utilizados para desenvolver o modelo. Em outras palavras, o modelo de classificação deixa de ser confiável. Anos atrás, quando houve um confisco de bens no governo do Presidente Collor, muitos modelos financeiros deixaram de valer da noite para o dia. Simplesmente tornaram-se inúteis.

Nessas situações utilizar um modelo histórico é arriscado. O que muitas empresas fazem em situações em que há uma pequena mudança no comportamento de mercado é utilizar o modelo para ter uma ideia, ainda que grosseira, da previsão ou classificação e, posteriormente, ajustar os resultados utilizando argumentos subjetivos, com base nos sentimentos dos analistas da área. Não é o ideal, aumenta o risco, mas não haveria outra saída. Nenhuma empresa desejaria esperar o término da pandemia mais um período de pelo menos 12 meses para coletar dados e desenvolver um novo modelo. Já houve casos em que ficamos na dúvida se não seria mais interessante, ou mais simples, voltar à tomada de decisões sem a utilização de modelos.

1.7 PRIMEIROS PASSOS

Em geral, o desenvolvimento de modelos de *machine learning* segue um roteiro bem definido. As principais etapas são dadas a seguir:

1) Entender o problema, definir objetivos e avaliar a viabilidade.

2) Identificar as variáveis.

3) Coletar as amostras.

4) Analisar e tratar os dados para adequá-los ao desenvolvimento do modelo.

5) Aplicar o(s) algoritmo(s) selecionados e fazer ajustes para melhorar sua performance.

6) Analisar e interpretar os resultados.

7) Validar o modelo.

A seguir, vamos discutir os passos 1, 2 e 3. Os demais passos serão discutidos adiante, em capítulos separados.

A compreensão e formalização dos objetivos, muitas vezes não respeitadas na ânsia de "rodar o algoritmo", são fundamentais para o sucesso do projeto. É importante que o analista de *machine learning* converse com os usuários do modelo (que denominaremos clientes – internos ou externos) para esclarecer e definir, entre outros pontos:

- Para que querem o modelo (que resultados esperam)?

- O modelo é necessário?

- Como e onde será aplicado o algoritmo?

- Qual(is) o(s) critério(s) para que o usuário considere o modelo confiável e útil?

- A partir de que bases de dados o modelo poderá ser desenvolvido? Essa base é suficiente?

- Poderão ser adquiridos dados externos para obter modelos mais confiáveis?

- Quais indivíduos da empresa participarão da elaboração do modelo?

Fundamentos

- Qual o prazo desejado para elaboração e o tempo previsto para implantação do modelo? (Perguntas difíceis de responder a esta altura do planejamento, mas é interessante ter ideia das expectativas.).

Nossa recomendação é conversar muito com os usuários dos modelos antes de começar qualquer atividade, para extrair deles as respostas às perguntas acima. O mais importante é verificar se o modelo é realmente necessário e se é viável. Não é raro que um cliente solicite um modelo sem saber exatamente o que deseja. Suas demandas, às vezes, são muito vagas. Em certas ocasiões, ao tomar conhecimento de que um concorrente desenvolveu determinada aplicação, o cliente solicita a elaboração de um modelo similar, mas que não se aplica à sua realidade. Em outras situações, mais raras, o cliente nem precisa de um novo modelo!

Em grande parte dos casos o cliente não tem nem mesmo uma base de dados adequada para elaborar o modelo. Nesses casos precisamos verificar sua disponibilidade em adquirir dados de bureaus de informações. Isso é um problema sério, especialmente no caso de novas empresas, como as *fintechs*.

O conhecimento do contexto do problema (*problem domain*) é fundamental em todas as etapas do desenvolvimento. Dificilmente um analista de dados, por mais que conheça os algoritmos de *machine learning*, poderá obter sucesso sem conhecer as peculiaridades do negócio ou da empresa. É importante conseguir a participação de funcionários da empresa solicitante, ou de consultorias externas envolvidas com a empresa, para validar, por exemplo, algumas transformações dos dados ou para avaliar a ocorrência de dados atípicos. Em particular, devemos contar com pessoas da área de informática que conheçam as bases de dados e fiquem a par das especificidades do modelo necessárias para sua implantação em produção.

1.8 IDENTIFICAÇÃO DAS VARIÁVEIS PREVISORAS

A identificação das variáveis previsoras (ou atributos), é um passo fundamental na elaboração das regras de classificação. A qualidade de um modelo é função das variáveis utilizadas em seu desenvolvimento. A omissão de variáveis relevantes comprometerá seriamente a qualidade do modelo resultante. Identificar as variáveis adequadas é um misto de experiência, conhecimento e arte. A identificação correta das variáveis só será possível se os objetivos estabelecidos para o modelo estiverem definidos de forma muito precisa.

Para a identificação das variáveis é fundamental que especialistas da área contribuam apontando fatores que possam influir nas previsões e classificações. Desprezar essa experiência é um erro grave, frequentemente cometido por analistas de métodos quantitativos. Por exemplo, ao identificar as variáveis a serem utilizadas em modelos para classificar solicitantes de empréstimos como bons ou maus pagadores, devemos ouvir analistas de crédito que conheçam profundamente a área e, com base em sua experiência, sugiram variáveis que acreditam diferenciar os dois tipos de clientes. Isso não significa que esta deva ser a única fonte de sugestão de variáveis potenciais.

O ideal é coletar essas informações com auxílio de um *brainstorming* ou com simples e numerosas entrevistas, sem se preocupar, inicialmente, com um excesso de preciosismo na definição das variáveis. Muitas pessoas, apesar de conhecerem a fundo a área de atividade e o ambiente no qual será aplicado o modelo de *machine learning*, não têm conhecimento de métodos quantitativos e não conseguem expressar-se de forma precisa. Caberá ao analista de dados, em um trabalho paciente, ir transformando todas as informações colhidas em variáveis que possam ser convenientemente utilizadas no projeto.

A identificação das variáveis pode ser facilitada construindo grandes "*famílias de variáveis*" e depois fazendo o desdobramento dentro de cada uma delas. Por exemplo, se o objetivo é agrupar em segmentos homogêneos, empresas clientes de um atacadista, podemos pensar inicialmente em famílias de variáveis, como (a) características sociodemográficas dos clientes (porte, localização, número de sócios etc.), (b) caraterísticas dos produtos adquiridos (higiene, limpeza, alimentos etc.), (c) informações sobre o relacionamento comercial (número médio de pedidos por mês, valor médio dos pedidos, formas de pagamento etc.). Dentro de cada família poderemos, então, com mais facilidade, identificar variáveis que acreditamos afetar o agrupamento.

Além de ouvir pessoas envolvidas com o dia a dia da área na qual será aplicado o modelo, o analista deve investigar se outros estudos similares foram realizados e que variáveis foram utilizadas. Uma busca em jornais científicos ou na Internet pode facilitar tal tarefa.

Em um primeiro momento não devemos omitir informações, ainda que pareçam pouco relevantes. Na identificação das variáveis é melhor pecar pelo excesso. É muito comum que certas variáveis não sejam consideradas em determinado estudo, pelo simples fato que o analista da área de atividade, ainda que muito experiente, não acredita serem importantes. Ou pior, assegura que não tem utilidade. Quando utilizadas posteriormente, podem eventualmente mostrar-se poderosas informações. Outrossim, certas variáveis, historicamente consideradas importantes pelos envolvidos na empresa, mostram-se pouco ou nada relevantes para a melhoria dos resultados do modelo. O folclore empresarial é rico em variáveis desse tipo. Um bom analista deve fugir dessas armadilhas e só tirar conclusões quanto à relevância de uma variável como previsora após analisar os dados. Cabe aqui lembrar a célebre frase do grande estatístico W. Deming: "*Só acredito em Deus. Os demais, apresentem os dados*".

1.9 DEFINIÇÃO OPERACIONAL DE UMA VARIÁVEL

Ao trabalhar com a base de dados disponível em uma empresa, a partir da qual o modelo deverá ser desenvolvido, devemos estar atentos à forma como eles foram imputados. Não havendo uma definição clara da variável, distintas pessoas podem interpretar de formas diferentes uma mesma informação, ou seja, os valores de algumas variáveis na base de dados dependem de quem os imputou. Consideremos alguns exemplos:

- Ao utilizar a variável *renda*, os dados imputados podem corresponder à renda mensal do indivíduo, ou à renda anual, ou à renda familiar etc.

- *Experiência* é uma variável difícil de medir. Alguns declaram o tempo de formado e outros declaram há quanto tempo exercem a atividade atual. Na realidade, quando é o cliente que informa, o nome correto da variável seria *experiência declarada*.

- *Profissão* é outro problema. Suponha que uma pessoa é médica, professora e empresária. Qual a profissão que deverá ser considerada? O ideal em certos modelos é que seja a atividade que gera maior renda, mas isso dificilmente é especificado nos questionários. Então, o que estamos utilizando é a *profissão declarada*.

- *Área do apartamento* não deixa claro se é a área total ou a área útil.

- *Próximo ao metrô*, informação utilizada por alguns analistas para prever o valor de um imóvel, é inútil, pois não fica claro o que é próximo, variando de pessoa para pessoa.

No caso de utilizarmos dados adquiridos de fontes externas, o problema se agrava. Em geral, nesses casos, não temos a definição clara de como as variáveis foram imputadas (se é que uma definição formal existe). Ademais, as definições podem ser bastante diferentes entre duas empresas fornecedoras dessas informações.

Infelizmente, essa preocupação com a definição de uma variável não é usual. Quando recebemos a base de dados disponível na empresa, não há a possibilidade de sanar esse problema a curto prazo, pois teríamos que gerar uma nova base de dados, o que, apesar de ideal, é inviável. Incorreria em alto custo para a empresa e poderia atrasar o projeto por muitos meses, até mesmo anos. Nossa sugestão é começar a trabalhar com a base de dados disponível considerando as variáveis que lá se encontram,[6] cientes que os dados foram imputados, quer pelo cliente quer pela empresa, de acordo com a intepretação dada por cada um (já julgando como *informações imputadas*). No entanto, é sempre preferível remover as variáveis que considerarmos suscetíveis de diferentes interpretações, que podem comprometer a aplicação do modelo a ser obtido.

Faz parte das atribuições de um analista de dados orientar a empresa para contornar essas imperfeições na coleta de novos dados. Isso pode ser conseguido por meio da *definição operacional da variável*, ou seja, a definição não ambígua do que ela significa, como deve ser medida, em que unidades deve ser registrada, como tratar dados em branco (não informados) ou o uso de abreviações, entre outros cuidados. Isso garante que as diferentes pessoas que manipularem esses dados terão uniformidade na

---

[6] Em poucas palavras, a base "é o que temos"!

interpretação e na sua digitação. Tal iniciativa simplificará a tarefa de combinar diferentes bases de dados e a análise e tratamento das variáveis, incluindo o procedimento com dados omissos ou anomalias. Damos a seguir alguns exemplos:

- Ao coletar a variável *renda*, devemos especificar se é a renda do respondente, a renda familiar, se é mensal ou anual, as unidades monetárias em que devem ser expressas etc. Também deve-se definir como agir nos casos em que a renda não é informada (por exemplo, digitando NI ou -999), e evitar deixar algum campo em branco.

- Ao utilizarmos qualquer índice financeiro, é importante que todos apliquem a mesma fórmula de cálculo. Como agir quando o índice não pode ser calculado com as informações contábeis disponíveis?

- Ao definir a variável *próximo ao metrô*, especificar em metros o que significa "próximo".

- Ao utilizar a variável qualitativa *porte da empresa* (pequena, média ou grande), estabelecer claramente o critério estipulado para essa classificação.

A título de exercício, sugerimos ao leitor que defina o que é um "mau pagador".[7]

1.10 AMOSTRAGEM

Ao desenvolver uma regra de classificação, podemos trabalhar com toda a base de dados disponível na empresa ou, quando não for viável, selecionamos uma amostra aleatória dessa base de dados. A seleção da técnica de amostragem adequada é importante. Mesmo quando trabalhamos com toda a base de dados disponível, devemos ter em mente que, em geral, ela é uma amostra da população-alvo (mercado). Por exemplo, supondo que estamos trabalhando com os dados de todos os clientes de um grande banco. Por maior que seja essa base, ela não contempla todos os indivíduos do mercado, potenciais clientes, mas que ainda não possuem conta nesse banco.

Em geral, prefere-se a amostragem aleatória simples (AAS), na qual cada indivíduo da população tem a mesma chance de ser selecionado para compô-la. No entanto, especialmente em problemas de classificação, essa técnica não é indicada. Admitamos que uma das categorias da variável alvo apresenta pequena frequência na população. Por exemplo, a porcentagem de indivíduos portadores de uma determinada doença na população será muito pequena, digamos 5%. Nesse caso, se utilizarmos amostragem aleatória simples teremos aproximadamente 95% dos indivíduos da amostra de uma categoria (não portadores) e apenas aproximadamente 5% da outra categoria (portadores da doença). Esse não balanceamento da amostra pode conduzir as regras de classificação não adequadas.

---

[7] A diretoria de crédito de um grande banco passou várias horas para chegar a um consenso sobre essa definição!

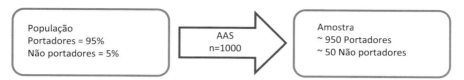

Figura 1.3 – Amostragem simples.

Em casos como esses, prefere-se a amostragem estratificada, usualmente denominada em trabalhos de classificação como "amostragem separada". Amostras aleatórias simples de cada categoria de Y são selecionadas separadamente, de forma a garantir um mínimo de indivíduos de cada uma. As amostras separadas não precisam ser do mesmo tamanho. No caso do exemplo anterior, dos portadores da doença, preferimos selecionar uma amostra aleatória simples dentre os não portadores e outra dentre os portadores. As duas suficientemente grandes e de tamanhos similares para garantir a obtenção de um modelo de classificação confiável.

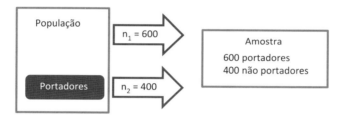

Figura 1.4 – Amostragem estratificada.

As proporções de cada categoria da variável alvo na população são denominadas *probabilidades a priori*. No caso, teremos $\pi_{portadores} = 0,95$ e $\pi_{naoportadores} = 0,05$. Após construir a regra de classificação com as amostras separadas e balanceadas, precisamos fazer certas correções para que os resultados sejam coerentes com a distribuição das categorias na população.[8] Essas correções são função das probabilidades *a priori*. Portanto, essas probabilidades precisam ser conhecidas ou estimadas para adequar a regra de classificação.

O tamanho da amostra depende do tipo de algoritmo a ser utilizado e, em particular, do número de variáveis envolvidas. Quanto maior o número de variáveis maior deverá ser a amostra. Algumas "*regras práticas*" encontradas na literatura não se aplicam a todos os algoritmos. Por exemplo, recomenda-se que para regressão linear múltipla o tamanho da amostra seja pelo menos igual a dez vezes o número de variáveis. Pode até ser interessante para esse algoritmo, mas não se aplica a outros. Os livros de *machine learning* recomendam, frequentemente, o uso de amostras muito grandes, da

---

[8] Essas correções serão vistas adiante.

ordem de milhares de observações. No entanto, bons resultados podem eventualmente ser obtidos aplicando as técnicas em amostras bem menores, da ordem de centenas de casos. O problema com amostras pequenas é que alguns algoritmos acabam decorando o perfil da amostra fornecendo um excelente modelo que só se aplica à amostra utilizada no desenvolvimento. É o problema de *overfitting* que foi discutido anteriormente. Se pudermos dar uma regra para definir o tamanho de uma amostra ela será: quanto maior a amostra, melhor, desde que não comprometa exageradamente o tempo de processamento.

1.11 CASOS PARA ANÁLISE

Nos capítulos que seguem vamos apresentar diferentes técnicas de previsão e classificação. O leitor poderá aplicar essas técnicas para prever ou classificar os indivíduos das bases de dados correspondentes aos casos seguintes.

1.11.1 DIRTYSHOP

Esta planilha apresenta os dados de clientes de um magazine. É utilizada no Capítulo 2 para ilustrar a análise exploratória de dados e a correção de não conformidades na base de dados. Contém as variáveis seguintes:

Tabela 1.5 – Variáveis do caso DIRTYSHOP

Variável	Descrição
CLIENTE	Código simples de 1 a 1.400 identifica o cliente
STATUS	Bom = bom cliente; mau = mau cliente
IDADE	Idade em anos completos
UNIFED	Unidade da federação em que reside
RESID	Tipo de residência em que reside
TMPRSD	Tempo de residência em anos completos
FONE	0 = em branco; 1 = sim; 2 = não
ECIV	Estado civil
INSTRU	Nível educacional
RNDTOT	Salários + outros rendimentos (GV$)
RST	Restrições creditícias? Sim ou Não

1.11.2 AVALIAÇÕES

As avaliações dos professores de uma escola superior, relativas a diferentes aspectos didáticos e de relacionamento, são realizadas pelos alunos todo fim de semestre. As notas variam de 0 a 10. A planilha AVALIAÇÕES apresenta as médias das avaliações de diferentes professores. Os itens avaliados são:

Tabela 1.6 – Variáveis do caso AVALIAÇÕES

Variável	Descrição
AV1	Uso de recursos audiovisuais
AV2	Disponibilidade de acesso fora da aula
AV3	Didática
AV4	Qualidade do material didático
AV5	Pontualidade
AV6	Relacionamento com os alunos
AVGLOB	Avaliação global do curso

1.11.3 XZCALL

A empresa XZCALL é um *Call Center* com aproximadamente nove mil atendentes. Um dos problemas que preocupa o diretor de RH é o processo de recrutamento de novos funcionários. Boa parte dos atendentes contratados permanece pouco tempo na empresa, não compensando o investimento em seu treinamento. Alguns são dispensados pouco tempo depois da contratação decorrente do baixo desempenho.

A empresa dispõe de uma base de dados de funcionários contratados em passado recente, classificados como "bom", quando permaneceram na empresa por 12 meses completos ou mais, ou como "mau", quando permaneceram menos de 12 meses, quer por pedir afastamento, quer por serem demitidos por mau desempenho. Deseja-se construir um modelo que permita classificar candidatos ao emprego de atendente como prováveis "bom" ou "mau". Na realidade, mais que classificar os candidatos, quer-se criar um escore para os candidatos de forma que possam ser classificados em diferentes faixas, de acordo com a probabilidade de se tornarem bons atendentes.

As informações disponíveis são:

Tabela 1.7 – Variáveis do caso XZCALL

Variável	Definição
FUNCIONÁRIO	Identificação na amostra
STATUS	Bom ou mau
UF	Local de nascimento
ECIV	Estado civil
DIST_EMP	Distância residência – empresa
TIPORESID	Tipo de residência
PRIM_EMP	Primeiro emprego como atendente?
TESTE	Nota em teste psicotécnico
EDUC	Nível educacional

1.12 TECAL

A TECAL é uma operadora de telefonia celular que, com a recente entrada de outras operadoras no mercado, tem perdido muitos assinantes por conta da migração.

A direção da TECAL pretende implantar um plano de ação para reduzir essa migração, oferecendo, com suficiente antecedência, benefícios e planos especiais àqueles assinantes que apresentarem alta probabilidade de cancelar sua assinatura. Seu problema é identificar esses clientes a tempo de retê-los e evitar o *churning*. A TECAL acredita que uma antecedência de seis meses é suficiente.

Com base em uma amostra aleatória de dois mil clientes, selecionada de forma a poder prever o cancelamento com seis meses de antecedência e considerando uma série de informações sobre eles, deseja-se construir um modelo para prever com seis meses de antecedência se um assinante se desligará da TECAL. As informações disponíveis para construção do modelo de classificação são as seguintes:

Fundamentos

Tabela 1.8 – Variáveis do caso TECAL

Variável	Descrição
id	Identificação do assinante
idade	Idade em anos completos do assinante
linhas	Número de linhas do assinante
temp_cli	Tempo como assinante em meses
renda	Renda familiar do assinante em reais
fatura	despesa média mensal do assinante em reais
temp_rsd	Tempo na residência atual do assinante, em anos
local	Região onde reside o assinante (A, B, C e D)
tvcabo	Assinante possui TV a cabo?
debtaut	Pagamento em débito automático?
cancel	Assinante cancelou contrato? (variável alvo)

1.12.1 BETABANK

Uma amostra aleatória de clientes que receberam financiamento do BETABANK para compra de automóveis foi selecionada aleatoriamente. Clientes que atrasaram alguma parcela do pagamento por mais que 90 dias, ou que em um período de seis meses atrasaram dois ou mais pagamentos pelo menos 30 dias, são considerados maus pagadores. Aproximadamente, 65% dos clientes foram classificados como bons pagadores. A partir dessa amostra, deseja-se obter um modelo de *credit scoring* para prever a probabilidade de um novo solicitante de crédito ser mau pagador, caso o crédito seja concedido. Os dados foram coletados na data do financiamento. As variáveis disponíveis são:

Tabela 1.9 – Variáveis do caso BETABANK

Variável	Descrição
Cliente	Identificação do cliente na amostra
ECIV	Estado civil
ESCOLARIDADE	Nível de escolaridade do cliente
IDADE	Idade do cliente ao contratar o empréstimo
NATUREZA	Natureza da ocupação do cliente (vide tabela seguinte)
PROFISSAO	Código na declaração do imposto de renda
SEXO	Sexo do cliente
RENDA	Renda mensal do cliente em reais
UF	Unidade da federação onde reside
STATUS	Bom ou mau cliente

Tabela 1.10 – Categorias da variável Natureza da Ocupação

Natureza da ocupação	
1	Funcionário de empresa privada
2	Sócio de empresa
3	Vive de renda
4	Funcionário público
5	Autônomo/Profissional liberal
6	Aposentado
9	Outros

1.12.2 KIMSHOP

A KIMSHOP é uma loja especializada em rações para pets que financia suas vendas. A partir de sua base de dados deseja desenvolver um modelo de *credit scoring*, para avaliar o risco de novos solicitantes de crédito. As variáveis da base de dados são as seguintes:

Tabela 1.11 – Variáveis do caso KIMSHOP

Variável	Descrição
TIPO	1 bom pagador; 2 mau pagador
IDADE	Idade em anos completos
REGIAO	Região em que reside
RESID	Tipo de residência: 0 – não informado; 1 – própria; 2 – alugada; 3 – outros
DEPEND	número de dependentes
ECIV	Estado civil: 1 – casado; 2 – solteiro; 3 – divorciado; 4 – viúvo; 5 – outros
INSTRU	Nível educacional: 0 – não informado; 1 – fundamental; 2 – médio; 3 – superior
RNDTOT	Salário e outros rendimentos mensais em reais
DSB	Possui desabonos (SPC, Serasa, Boa Vista...)

1.12.3 BUXI

Livrarias BUXI é uma cadeia de livrarias que tem quiosques nos principais supermercados das grandes capitais brasileiras. Em janeiro de 2017, começou a financiar as compras de livros em até quatro parcelas. Ademais, nesse mesmo mês a BUXI implantou seu site de vendas pela Internet.

A empresa decidiu construir um modelo de scoring de crédito para melhorar seus resultados na concessão de crédito. Além da inadimplência, cerca de 20% das solicitações de crédito não eram aprovadas, o que em muitos casos implicava na perda da venda.

Para desenvolver o modelo, coletou-se uma amostra aleatória de 2.600 clientes, cujo financiamento foi efetivado no período de janeiro a dezembro de 2018. A amostra mostrou grande desbalanceamento entre os dois tipos de clientes: 2.400 eram bons pagadores e 200 maus pagadores. Se um cliente teve mais de um financiamento aprovado nesse período, considerou-se apenas as informações relativas ao último financiamento. A data do último financiamento é denotada como DF.

As informações disponíveis na base de dados da BUXI são as seguintes:

Tabela 1.12 – Variáveis do caso BUXI

Variável	Descrição
STATUS	Caracterização do cliente (bom ou mau pagador)
IDADE	Idade do cliente em anos completos na data DF
UNIFED	UF em que reside o cliente na data DF
RESID	Tipo de residência do cliente na data DF
PRIM	Primeira compra do cliente na BUXI?
INSTRU	Grau de instrução do cliente na data DF
CARTAO	Cliente possuía cartão de primeira linha na data DF
RESTR	Possuía desabonos financeiros na data DF? (Informação fornecida por bureau externo.)
QUANTI	Cliente comprou mais de dois livros nessa operação?
NET	A compra foi realizada pela internet?

1.12.4 PASSEBEM

Os principais produtos da empresa de turismo PASSEBEM são os pacotes AA, BB e CC. Uma amostra de clientes que compraram esses pacotes nos últimos dois anos será utilizada para desenvolver um modelo que permita prever que tipo de pacote oferecer a um novo cliente, bem como para melhor direcionar campanhas de marketing. A amostra aleatória de dez mil clientes contém as seguintes informações:

Fundamentos 37

Tabela 1.13 – Variáveis do caso PASSEBEM

Variável	Descrição
PACOTE	AA, BB, CC (último pacote adquirido pelo cliente)
IDADE	Idade do cliente em anos completos
UNIFED	Unidade da federação em que reside o cliente
RESID	Tipo de residência em que reside o cliente
ECIV	Estado civil do cliente
INSTRU	Grau de instrução do cliente
RNDTOT	Renda familiar mensal do cliente em reais
PAG_VISTA	Se cliente pagou ou não à vista

1.12.5 CAR UCI[9]

Na planilha de dados CAR UCI, extraída do site da *UC Irvine Machine Learning Repository,* vários autos são avaliados quanto a diferentes características. A variável alvo é Classificação. Objetiva-se classificar outros autos em função de suas caraterísticas. A amostra é fortemente desbalanceada.

---

[9] Dua, D. and Graff, C. (2019). *UCI Machine Learning Repository* [http://archive.ics.uci.edu/ml]. Irvine, CA: University of California, School of Information and Computer Science at https://archive.ics.uci.edu/ml/datasets/car+evaluation.

Tabela 1.14 – Variáveis do caso CAR UCI

Variável	Descrição
Classificação	Aceitabilidade: unacc, acc, good, vgood
Buying	Preço de compra: vhigh, high, medium, low
Maint	Custo de manutenção: vhigh, high, medium, low
Doors	Número de portas
Persons	Número de passageiros
Lug_boot	Tamanho do porta-malas: small, medium, big
Safety	Segurança: low, medium, high

1.12.6 SUPERMERCADO IMPÉRIO

Uma amostra de 80 funcionários do SUPERMERCADO IMPÉRIO foi selecionada aleatoriamente. A partir dos dados disponíveis, descritos na tabela seguinte, deseja-se construir um modelo para prever o salário de um funcionário.

Tabela 1.15 – Variáveis do caso SUPERMERCADO IMPÉRIO

Variável	Descrição
ID	Identidade do funcionário na amostra
EDUCAÇÃO	Nível educacional do funcionário
CARGO	Cargo do funcionário
LOCAL	Local onde atua o funcionário
IDADE	Idade em anos completos do funcionário
TEMPOCASA	Tempo de casa do funcionário, em anos completos
SALARIO	Salário mensal do funcionário em G$

Fundamentos 39

1.12.7 SPENDX

Uma amostra aleatória de clientes do Cartão SPENDX, emitido pelo Banco SPENDX, foi selecionada para construir um modelo que permite prever o valor médio da fatura mensal em um período de doze meses. O modelo de previsão será desenvolvido utilizando as informações seguintes:

Tabela 1.16 – Variáveis do caso SPENDX

Variável	Descrição
ID	Código do cliente na amostra
renda	Renda familiar mensal do cliente em reais
tempo	Há quanto tempo possui o cartão
classe	Classificação do cliente em função de seu relacionamento com o banco
cartões	Quantos cartões possui (titular e dependentes)
idade	Idade do cliente em anos completos
sexo	Sexo do cliente
propria	Cliente possui casa própria?
superior	Cliente tem curso superior?
UF	UF onde reside o cliente
fatura	Média do valor das faturas durante os últimos 12 meses

1.12.8 2005 CAR DATA

Estes dados correspondem a centenas de carros GM de 2005, utilizados em artigo publicado por *Shonda Kuiper* no *Journal of Statistical Education*, em 2008.[10] Todos os carros dessa base tinham menos que um ano de uso. Um modelo deve ser construído para prever o preço a partir de caraterísticas técnicas dos automóveis, conforme especificadas a seguir. Sugerimos a não utilização das variáveis *Model* e *Trim* para simplificar o trabalho.

---

[10] Uso autorizado pela autora. O artigo pode ser encontrado em https://www.tandfonline.com/doi/full/10.1080/10691898.2008.11889579?needAccess=true.

Tabela 1.17 – Variáveis do caso 2005 CAR DATA

Variável	Descrição
Price	Preço sugerido para o carro em excelentes condições
Mileage	Milhagem do carro
Make	Fabricante (Saturn, Pontiac e Chevrolet)
Model	Modelo do carro
Trim	Tipo do carro
Type	Tipo da estrutura do carro (sedan, cupê, ...)
Cylinder	Cilindrada do carro
Liter	Especificação do motor do carro
Doors	Número de portas
Cruise	Indica se tem piloto automático (1 = sim)
Sound	O carro tem sistema de alto-falantes especiais (1 = sim)

1.12.9 AUTOMPG

Este conjunto de dados foi extraído da *UCI Machine Learning Repository*.[11] O objetivo é prever o consumo de um carro (*mpg*) a partir de caraterísticas especificadas na tabela seguinte:

---

[11] Dua, D. and Graff, C. (2019). *UCI Machine Learning Repository* [http://archive.ics.uci.edu/ml]. Irvine, CA: University of California, School of Information and Computer Science. Disponível em: https://archive.ics.uci.edu/ml/datasets/auto+mpg.

Tabela 1.18 – Variáveis do caso AutoMPG

Variável	Descrição
Mpg	Consumo (milhas por galão) na cidade
Cylinders	Número de cilindros (variável discreta)
Displacement	Cilindrada (variável contínua)
Horsepower	Cavalos de força
Weight	Peso
Acceleration	Aceleração
Year	Ano
Origin	Origem
Car name	Nome do carro

1.12.10 WORLD HAPPINESS REPORT

Dados extraídos do Kaggle[12] relacionam o grau (escore) de felicidade de cada país calculado a partir dos indicadores: GDP per Capita, Family, Life Expectancy, Freedom, Generosity, Trust Government Corruption. O objetivo é encontrar um modelo capaz de prever o escore de felicidade a partir das demais variáveis. A detecção da importância de cada atributo no cálculo do escore é um dos principais objetivos após a construção do modelo de previsão.

1.12.11 HAPPINESS ALCOHOL COMSUMPTION

Consideremos o arquivo *HAPPINESS AND ALCOHOL CONSUMPTION*, extraído do Kaggle.[13] Nosso objetivo será prever o grau de felicidade de cada país (escala de 0 a 10) a partir dos indicadores IDH, PIB per capita e consumo per capita, de cerveja, drinks e vinho em cada país. O PIB per capita e o consumo de vinho foram transformados via logaritmo natural eliminando a forte assimetria.

---

[12] https://www.kaggle.com/unsdsn/world-happiness (dados de domínio público).
[13] https://www.kaggle.com/marcospessotto/happiness-and-alcohol-consumption.

1.12.12 MINIMARKET MM

MM é uma franquia de pequenas mercearias espalhadas pelo país. Atualmente, são 74 lojas com mais de um ano de funcionamento. O diretor da empresa deseja agrupar as lojas em *clusters* a partir das informações seguintes:

Tabela 1.19 – Variáveis do caso MINIMARKET MM

Variável	Descrição
Zona	Região onde se localiza a loja
Idade	Idade da loja: classe 1 = 1 a 5 anos, classe 2 = 6 a 10 anos, classe 3 = mais de 10 anos
Lucro	Lucro no ano anterior em unidades monetárias
Faturamento	Faturamento no ano anterior em unidades monetárias
Metas	Percentual da meta cumprida pela loja
Funcionários	Número de funcionários

Após agrupar as lojas, o diretor deseja saber se há alguma relação entre os diferentes *clusters* encontrados e cada uma das variáveis seguintes: a idade do gerente (*idade gerente*) e o fato de ter ou não estacionamento (*estacionamento*).

1.12.13 MUNICÍPIOS

Este arquivo de dados apresenta as caraterísticas dos 5.565 municípios brasileiros em 2010.[14] Nosso objetivo é obter grupos homogêneos de municípios em função dos indicadores seguintes:

---

[14] http://www.atlasbrasil.org.br/consulta/planilha.

Fundamentos

Tabela 1.20 – Variáveis drivers do caso

Variável	Descrição
IDHM_E	IDH municipal – dimensão educação
IDHM_L	IDH municipal – dimensão longevidade
IDHM_R	IDH municipal – dimensão renda
GINI	Índice de Gini
PIND	PIND – proporção de extremamente pobres

Após obter os *clusters*, verifique se é possível batizar cada *cluster* conquistado em função do comportamento das variáveis acima.

Posteriormente, analisar o comportamento das variáveis seguintes nos diferentes *clusters* obtidos.

Tabela 1.21 – Variáveis descritivas do caso MUNICÍPIOS

Variável	Descrição
ESPVIDA	Esperança de vida ao nascer
RDPC	Renda per capita
E_ANOSESTUDO	Expectativa de anos de estudo aos 18 anos de idade
T_LUZ	% da população que vive em domicílios com energia elétrica
ÁGUA_ESGOTO	% de pessoas em domicílios com abastecimento de água e esgotamento sanitário inadequados

1.12.14 HEALTHSYSTEMS (DADOS DO BANCO MUNDIAL)

Base de dados[15] para agrupar países em *clusters* com as informações seguintes, relativas à área de saúde. O arquivo original foi editado para uso em sala de aula.

Para agrupar os países, utilizar as variáveis (*drivers*) da tabela seguinte.

---

[15] www.kaggle.com/danevans/world-bank-wdi-212-health-systems/data.

Tabela 1.22 – Variáveis drivers do caso HEALTHSYSTESMS

Variável	Descrição
WB name	*World_Bank_Name*: refere-se ao nome dos países
H1	Gasto do PIB em saúde em 2016
H2	Porcentagem de gasto público em saúde em 2016
H3	Gastos em saúde, em USD, feitos diretamente pelas famílias em 2016
H4	Gasto per capita em saúde, em USD, em 2016
H5	Porcentagem de recursos externos em saúde, compostos de investimentos estrangeiros diretos e transferências externas de fontes públicas e privadas em 2016

Analisar o comportamento das variáveis descritivas seguintes nos *clusters* obtidos.

Tabela 1.23 – Variáveis descritivas do caso HEALTHSYSTEMS

Variável	Descrição
Phys	Médicos (clínicos gerais e especialistas) para cada 1.000 habitantes em 2016
Nurse	Enfermeiras para cada 1.000 habitantes em 2016
Surgic	Especialistas cirurgiões para cada 1.000 habitantes em 2016

1.12.15 UN NATIONAL STATS

Estes dados foram extraídos do package carData do software R.[16] Contém informações de diferentes países, obtidos a partir das bases das Nações Unidas. Os países devem ser agrupados utilizando as técnicas de *cluster analysis*. As variáveis estão listadas a seguir. Todas devem ser utilizadas para determinar os *clusters*, analisar e caracterizar os *clusters* obtidos:

---

[16] Os dados foram coletados via http://unstats.un.org/unsd/demographic/ products/socind on April 23, 2012. OECD membership is from https://www.oecd.org/, accessed May 25, 2012. Dados utilizados no livro: Weisberg, S. (2014). Applied Linear Regression, 4th edition. Hoboken NJ: Wiley.

Fundamentos

Tabela 1.24 – Variáveis drivers do caso UN NATIONAL STATS

Variável	Descrição
Country	País
Region	Região geográfica
Group	Especifica o grupo a que pertence o país (OECD, África, outros) – 2012
Fertility	Taxa de fertilidade (número de crianças/mulher)
ppgdp	Produto interno bruto em US$
lifeExpF	Esperança em anos ao nascer, para o sexo feminino
pctUrban	Porcentagem de habitantes em áreas urbanas
infantMortality	Crianças que falecem até um ano de vida por 1.000 nascimentos

1.12.16 SUPERMERCADOS GUDFUD

A empresa GUDFUD entrega produtos alimentícios por meio de pedidos pelo telefone ou internet. Para melhor entendimento, seu mercado decidiu segmentar os clientes de acordo com os tipos de produtos solicitados, classificados em três categorias: hortifruti, carnes (incluindo aves e peixes) e laticínios. Uma amostra dos clientes que realizaram seis ou mais pedidos nos últimos três meses foi selecionada aleatoriamente. Os valores médios dos pedidos, em reais, para cada uma dessas categorias encontram-se no arquivo gudfud.xlsx.

Tabela 1.25 – Variáveis do caso SUPERMERCADOS GUDFUD

Variáveis	Descrição
Cliente	Identificação do cliente
Hortifruti	Valor das compras nos últimos três meses em u.m.
Carnes	Valor das compras nos últimos três meses em u.m.
Laticínios	Valor das compras nos últimos três meses em u.m.
Canal	Canal pelo qual cliente realiza as compras
Pedidos	Número de pedidos nos últimos três meses
Sexo	Sexo do cliente

Inicialmente, devemos segmentar os clientes considerando apenas as variáveis hortifruti, carnes, laticínios. Após a segmentação, devemos descrever as diferenças entre os *clusters,* considerando todas as variáveis da base de dados.

A segmentação deve ser repetida considerando as variáveis hortifruti, carnes, laticínios, canal e número de pedidos.

CAPÍTULO 2
Preparação de dados

Prof. André Samartini

2.1 INTRODUÇÃO

A preparação de dados é a primeira parte do processo de construção de um modelo quantitativo e a que demanda maior tempo. Geralmente, de 50 a 80% do tempo de desenvolvimento do modelo destina-se à preparação da base, para posterior uso das técnicas de modelagem. Sem uma preparação de dados adequada, por mais sofisticado que seja o modelo empregado, os resultados não serão satisfatórios. Neste capítulo, vamos discutir os seguintes procedimentos, que podem ser feitos para preparar os dados e maximizar o desempenho do modelo quantitativo a ser aplicado:

- Análise exploratória dos dados.
- Tratamento de *missing values* e *outliers.*
- Transformação de variáveis.
- Análise de componentes principais.
- Balanceamento da amostra.

Não discutiremos neste capítulo gerenciamento e organização de bancos de dados e admitiremos que o leitor tem uma base de dados em formato txt, csv, ou qualquer outro que possa ser lido pelo software R, que usaremos nas análises. Embora haja diferentes maneiras de se organizar os dados, na maior parte das vezes a mais comumente usada é a forma tabular.

Para ilustrar uma aplicação dos tópicos deste capítulo, utilizaremos a base de dados *DIRTYSHOP*, descrita no Capítulo 1.

Neste conjunto de dados, cada linha contém as informações de uma unidade amostral, neste caso, um cliente da base. Nas colunas temos as variáveis com as informações correspondentes àquele cliente, conforme mostra a Tabela 2.1.

Tabela 2.1 – Ilustração da base de dados *DIRTYSHOP*

	A	B	C	D	E	F	G	H	I	J	K
1	CLIENTE	STATUS	IDADE	UNIFED	RESID	TMPRSD	FONE	ECIV	INSTRU	RNDTOT	RST
2	CLI_0001	mau	44	MG	PROP	5	1	CAS	SEC	6040	sim
3	CLI_0002	bom	46	MG	ALUG	12	1	CAS	SUP	6986	sim
4	CLI_0003	bom	56	MG	PROP	12	1	CAS	SUP	8797	sim
5	CLI_0004	bom	31	RJ	ALUG	4	1	CAS	SEC	4968	sim
6	CLI_0005	bom	46	RJ	PROP	8	1	CAS		7430	sim

As variáveis de um banco de dados podem ser classificadas pelo seu papel na análise, pelo seu tipo e pelo seu formato:

- Papel na análise: a variável pode ser preditora (também chamada de previsora ou independente) ou target (também chamada de *output,* resposta ou dependente).

- Tipo: a variável pode ser quantitativa ou qualitativa (também chamada de categórica).

- Formato: definido ao carregar o conjunto de dados no software; uma variável pode ser numérica, caractere (texto) ou data.

A Tabela 2.2 apresenta a classificação das variáveis da nossa base de dados. O papel da variável depende do tipo de modelo que será aplicado à base. Nesse exemplo, a variável resposta, que queremos modelar, é "STATUS". As demais variáveis do banco de dados são preditoras, exceto o código do cliente, que não será utilizado na análise.

Preparação de dados

Tabela 2.2 – Classificação das variáveis do banco de dados

Variável	Descrição	Papel na análise	Tipo	Formato
CLIENTE	Código simples de 1 a 1.400	–	Qualitativa	Caractere
STATUS	Bom = bom cliente; mau = mau cliente	Target	Qualitativa	Caractere
IDADE	Idade em anos completos	Preditora	Quantitativa	Numérico
UNIFED	Unidade de federação em que reside	Preditora	Qualitativa	Caractere
RESID	Tipo de residência	Preditora	Qualitativa	Caractere
TMPRSD	Tempo de residência em anos completos	Preditora	Quantitativa	Numérico
FONE	0 = branco; 1 = sim; 2 = não	Preditora	Qualitativa	Numérico
ECIV	Estado civil	Preditora	Qualitativa	Caractere
INSTRU	Nível educacional	Preditora	Qualitativa	Caractere
RNDTOT	Salários + outros rendimentos	Preditora	Quantitativa	Numérico
RST	Restrições (sim ou não)	Preditora	Qualitativa	Caractere

Geralmente, associamos as variáveis quantitativas a números e as qualitativas a texto (caractere), mas isso nem sempre é verdade. Veja, por exemplo, a variável "FONE". As categorias estão codificadas em números, mas não faz sentido considerá-las como quantitativas. Entretanto, ao ler a base de dados no R, o software reconhece que só há números na coluna e classificará a variável como numérica. Será possível, por exemplo, calcular a média dessa variável. Mas note que tal cálculo não faz sentido, já que os números são apenas códigos.

A Tabela 2.3 a seguir mostra a tela de exibição de uma planilha importada do *Excel* do software Rstudio. O software classifica automaticamente todas as variáveis nos seguintes formatos: texto (*character*), numérico (*double*) ou data. Podemos mudar o formato da variável "FONE" ao clicar logo abaixo do nome da variável, pois, se deixarmos essa variável como numérica e a inserirmos em modelos, o resultado pode não fazer nenhum sentido.

Tabela 2.3 – Tela de exibição no R Studio de uma planilha importada do software Excel

Data Preview:

CLIENTE (character)	STATUS (character)	IDADE (double)	UNIFED (character)	RESID (character)	TMPRSD (double)	FONE (double)	ECIV (character)
Character	mau	44	MG	PROP	5	1	CAS
Numeric	bom	46	MG	ALUG	12	1	CAS
Date	bom	56	MG	PROP	12	1	CAS
Include	bom	31	RJ	ALUG	4	1	CAS
Skip	bom	46	RJ	PROP	8	1	CAS
CLI_0000	bom	43	RJ	ALUG	1	0	CAS

2.2 ANÁLISE EXPLORATÓRIA DE DADOS

Com o conjunto de dados em mãos e as variáveis corretamente definidas, o primeiro passo para criar um modelo quantitativo é realizar uma análise exploratória do banco de dados. O objetivo é detectar padrões no banco de dados que podem influenciar no resultado do modelo quantitativo, como *outliers*, correlações, *missing values*, dados inválidos ou erros de digitação. A análise descritiva que faremos depende do tipo de variável que estamos analisando. Portanto, vamos dividir essa sessão em duas: análise de uma variável qualitativa e análise de uma variável quantitativa.

2.2.1 ANÁLISE DE UMA VARIÁVEL QUALITATIVA

Para as variáveis qualitativas, vamos elaborar tabelas de frequência para visualizar a frequência das categorias da variável. O comando `table` gera uma tabela de frequências, como ilustrado abaixo:

```
>attach(dirtyshop) #este comando permite que acessemos as variáveis sem
ter que preceder o nome da variável com o nome do banco de dados.
> table(UNIFED)
UNIFED
 BH  MG  RJ S.P.  SC  SP
  1 544 1318   1 787 149
```

Note que a variável UNIFED deve ser escrita em maiúsculo, pois o R diferencia minúsculas e maiúsculas. Se escrevermos em letra minúscula, o programa não encontra a variável.

Preparação de dados

Podemos também pedir a proporção de cada categoria usando a função prop.table:

```
> prop.table(table(UNIFED))
UNIFED
          BH           MG           RJ         S.P.           SC           SP
0.0003571429 0.1942857143 0.4707142857 0.0003571429 0.2810714286 0.0532142857
```

Outra maneira de visualizar as frequências é pelo gráfico de barras. Para fazer esse gráfico no R, podemos usar a função barplot(table(UNIFED)) do pacote básico do R, mas ficaria muito simples. O pacote ggplot2 produz gráficos com melhor qualidade e mais opções, e, portanto, usaremos sempre que possível os gráficos desse pacote neste capítulo. A sintaxe seguinte mostra como fazer um gráfico de barras usando este pacote:

```
> ggplot(dirtyshop, aes(x=UNIFED)) +
+   geom_bar()
```

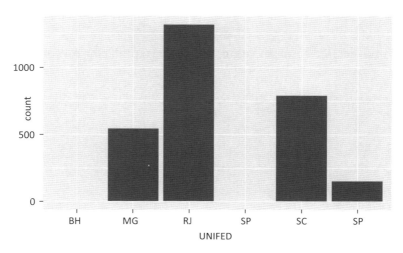

Figura 2.1 – Gráfico de barras da variável "Unidade da Federação".

Tanto as tabelas quanto a Figura 2.1 revelam dois problemas que podemos ter com essa variável. Note que São Paulo está codificado de duas maneiras: "S.P." e "SP". Deve-se corrigir a base para que São Paulo tenha apenas um código – "SP". "BH" também deve ser corrigido para "MG", pois não é unidade da federação. A sintaxe para correção de tais erros é dada a seguir:

```
UNIFED[UNIFED =="S.P."]="SP"
UNIFED[UNIFED =="BH"]="MG"
```

O leitor pode rodar novamente os comandos `table` e `barplot` para obter as frequências das categorias corretas da variável UNIFED.

É muito comum encontrar inconsistências em uma base de dados, como nessa em que estamos trabalhando. A análise abaixo mostra que há erro de digitação na variável RESID (tipo de residência). Há uma observação com 'p' minúsculo, e o software reconhece essa observação como outra categoria.

```
> table(RESID)
RESID
ALUG OUTR pROP PROP
 324  188    1 2179
```

Para corrigir tal erro podemos usar a sintaxe:

```
> RESID[RESID == "pROP"]="PROP"
```

Ao rodar novamente a função `table`, vemos que o problema foi corrigido:

```
> table(RESID)
RESID
ALUG OUTR PROP
 324  188 2180
```

Há outras variáveis que estão com valores inválidos ou erros de digitação. Em alguns casos, vamos corrigi-los; em outros, como não temos informação, podemos excluir a observação, como veremos mais adiante, ou codificar o valor como *missing value* (NA, no R). É o caso da variável "restrição creditícia" – RST. Essa variável assume os valores "sim" e "não", mas há dois casos com o valor "2", como mostra o comando a seguir:

```
> table(RST)
RST

  2  nao  sim
  2  331 2467
```

Nesse caso, vamos substituir o valor inválido "2" por "*missing value*", codificado como "NA". Isso pode ser feito com o seguinte comando:

```
RST[RST == "2"]=NA
```

Por fim, há diversas variáveis com valores omissos ou "*missing values*", como a variável INSTRU. Trataremos desse assunto mais adiante neste capítulo.

2.2.2 ANÁLISE DE UMA VARIÁVEL QUANTITATIVA

As variáveis quantitativas têm mais opções de análise. Podemos usar diversas medidas, sendo as mais comuns: a média, mediana, quartis, variância e desvio-padrão.[1] Também há diversos tipos de gráficos que podemos construir para visualizar a distribuição da variável, como o histograma e o *box-plot*.

A função summary do R é a mais utilizada para obter as principais estatísticas descritivas de uma variável, como mostra a seguir o comando para a variável renda (RNDTOT):

```
> summary(RNDTOT)
  Min. 1st Qu.  Median    Mean 3rd Qu.    Max.
  2239    5479    6500    6645    7681   23258
```

Os mínimos e máximos nos permitem ver se há valores fora das possibilidades para renda (por exemplo, um valor negativo) e já nos dão pistas sobre a presença de *outliers* (pontos discrepantes).

O 1º quartil (1st Qu.) indica que 25% dos clientes têm renda menor ou igual a $5479 e o 3º quartil (3rd. Qu.) indica que 75% têm renda menor ou igual a $7681. Estes dois valores indicam que 50% dos clientes têm renda nesse intervalo, o que já nos dá uma ideia da variabilidade da renda. Quanto maior a diferença entre o 3º e o 1º quartil (Intervalo interquartil, IIQ), maior a dispersão da variável.

---

[1] A definição e explicação sobre essas medidas podem ser encontradas em livros de estatística básica.

As medidas de dispersão mais utilizadas são a variância (var), o desvio-padrão (sd) e o desvio mediano absoluto (mad). Essas medidas são muito utilizadas para quantificar a dispersão da variável e vamos utilizá-las nos próximos capítulos, para comparar os erros dos modelos preditivos. O código a seguir mostra como calcular a variância, o desvio-padrão e o desvio mediano absoluto no software R:

```
> var(RNDTOT)
[1] 2389276
> sd(RNDTOT)
[1] 1545.728
> mad(RNDTOT)
[1] 1634.566
```

Vamos explorar melhor esses valores quando falarmos de *outliers*, ainda neste capítulo.

Para ver em mais detalhes o comportamento – ou distribuição – da variável, podemos construir um histograma. A sintaxe a seguir mostra o histograma da variável Renda Total, usando novamente o pacote ggplot2. Adicionamos um título ao histograma, escolhemos o número de classes e mudamos as cores das barras. O pacote permite inserir outros elementos no gráfico e o leitor pode explorá-los usando o comando ? para pedir ajuda sobre determinada função: ?ggplot2.

```
> ggplot(dirtyshop, aes(x=RNDTOT)) +
 geom_histogram(bins=30,fill="lightblue",color="darkblue") +
 ggtitle("Histograma com 30 classes")
```

Preparação de dados

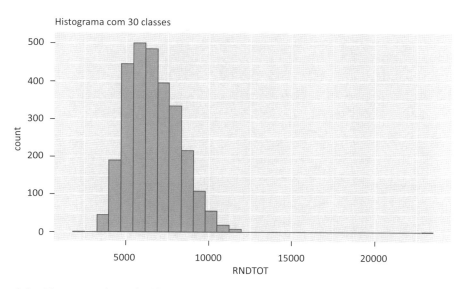

Figura 2.2 – Histograma da variável "Renda Total".

O histograma da Figura 2.2 mostra que a distribuição da renda é um pouco assimétrica em torno da média, que a maior parte das pessoas têm renda entre $5000 e $10000 e que há um valor bem distante dos outros (*outlier*?), em torno de $25000.

Outro gráfico muito utilizado para verificar a distribuição de uma variável é o *box-plot*. Esse gráfico, assim como o histograma, nos permite avaliar a simetria, a dispersão e identificar pontos discrepantes. A seguir, vemos o *box-plot* da variável "Renda Total", novamente feito com o ggplot2.

```
> ggplot(dirtyshop,aes(x="",y = RNDTOT)) +
  geom_boxplot(width=.2,outlier.color="RED")+
  ggtitle("Box-plot da Renda Total")
```

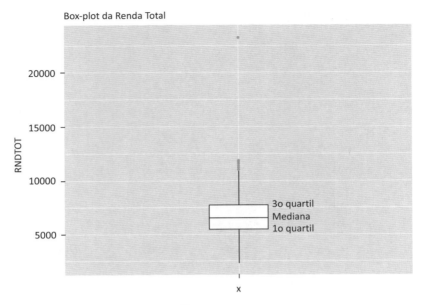

Figura 2.3 – *Box-plot* da variável "Renda Total".

O *box-plot* mostra o valor máximo, o 3º quartil, a mediana, o 1º quartil e o mínimo dos dados. Podemos notar que há *outliers* indicados na Figura 2.3.[2] Discutiremos *outliers* mais adiante neste capítulo.

O comportamento do histograma e do *box-plot* nos permite verificar se a distribuição da variável é assimétrica à direita, simétrica ou assimétrica à esquerda. Podemos ver que, quando a distribuição é simétrica, a distância do 1º quartil à mediana é similar à distância do 3º quartil à mediana. Isso vale também para os valores mínimo e máximo: |Max-Med| = |Med-Min|. No caso da variável "Renda Total", verificamos uma leve assimetria à direita decorrente de alguns valores altos de renda.

Vimos acima que a variável Renda é levemente assimétrica à direita. Além de poder observar a assimetria por meio do histograma e do *box-plot*, é possível calcular o coeficiente de assimetria pela função skewness do pacote moments do R:

```
> library(moments)
> skewness(RNDTOT)
[1] 0.8488571
```

---

[2] O *box-plot* é mais indicado para detectar *outliers* quando a distribuição é simétrica unimodal, mas há adaptações que podem ser feitas quando a distribuição é assimétrica. Fonte: https://www.researchgate.net/publication/257293348_An_adjusted_boxplot_for_skewed_distributions.

Vimos que o valor do coeficiente de assimetria é positivo (0,85). Valores positivos indicam assimetria à direita, enquanto valores negativos indicam assimetria à esquerda, e valores próximos de zero indicam distribuição simétrica. Assimetrias leves possuem valores absolutos menores que 1, como é o caso da variável "Renda Total".

A Figura 2.4 mostra as três situações possíveis quanto à simetria da distribuição da variável e como seriam o *box-plot* e o histograma nesses casos.

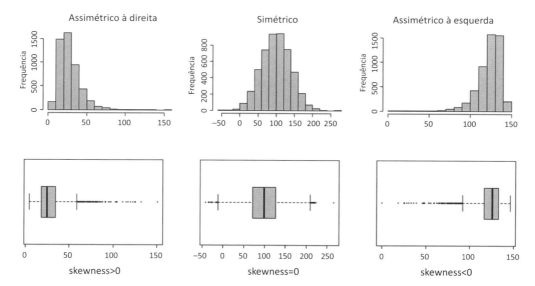

Figura 2.4 – Histogramas e *box-plots* para distribuições: assimétrica à direita, simétrica e assimétrica à esquerda.

E por que a análise destas medidas e gráficos é tão importante para construir um bom modelo quantitativo? Há vários motivos:

- *Outliers* podem influenciar muito o resultado do modelo, como será exemplificado no Capítulo 4.

- Variáveis com pouca ou nenhuma variabilidade são preditoras que podem não ter utilidade no modelo, pois apenas quando há variabilidade pode-se ver o efeito que a mudança em uma variável gera na outra.

- Distribuições muito assimétricas também podem interferir no resultado do modelo, pois, da mesma forma que os *outliers*, valores na cauda da distribuição e afastados do centro podem ter alta influência nos parâmetros.

Portanto, na presença de distribuições muito assimétricas, devemos transformar as variáveis para que possamos utilizá-las de forma mais eficiente nos modelos quantitativos. Discutiremos como fazer essas transformações mais adiante neste capítulo.

2.2.3 CRUZAMENTO DE VARIÁVEIS (ANÁLISE BIVARIADA)

Conhecer como as variáveis se relacionam também é um passo muito importante antes da elaboração de um modelo quantitativo. Por exemplo, em um modelo para prever inadimplência, queremos achar a variável mais relacionada com o cliente ser bom ou mau pagador.

Assim como feito anteriormente, o tipo de análise que faremos depende dos tipos de variáveis envolvidas. Portanto, dividiremos esse tópico em três situações: relação entre duas variáveis qualitativas; entre uma variável qualitativa e uma quantitativa; e entre duas quantitativas.

2.2.3.1 Duas variáveis qualitativas

Suponha que queiramos analisar a relação entre a variável STATUS (bom ou mau pagador) e RESID (tipo de residência). Podemos comparar a proporção de maus pagadores de acordo com o tipo de residência. A função `prop.table` produz uma tabela cruzada entre essas duas variáveis:

```
> prop.table(table(RESID,STATUS))
      STATUS
RESID        bom         mau
  ALUG 0.08395245 0.03640416
  OUTR 0.04494799 0.02488856
  PROP 0.56760773 0.24219911
```

Também podemos calcular as porcentagens pelo total das linhas, tornando mais fácil a comparação entre bons e maus pagadores por tipo de residência. Para isso, colocamos '1' no final da função:

```
> prop.table(table(RESID,STATUS),1)
      STATUS
RESID       bom        mau
  ALUG 0.6975309 0.3024691
  OUTR 0.6436170 0.3563830
  PROP 0.7009174 0.2990826
```

Portanto, entre quem paga aluguel, a proporção de maus pagadores é 30,2%; entre quem é proprietário, 29,9%; e entre os que estão na categoria 'outros', 35,6%. Como a proporção de maus pagadores muda pouco entre os tipos de residência, concluímos que a relação entre essas variáveis é fraca, e a variável 'tipo de residência' pode não ser importante em um modelo preditivo que classifique os clientes entre inadimplentes e adimplentes.

Também podemos utilizar um gráfico de barras para comparar as proporções. Antes, criaremos um data.frame no R com a tabela cruzada entre RESID e STATUS:

```
plotdata <- as.data.frame.table(prop.table(table(RESID,STATUS),1))
ggplot() + geom_bar(aes(y = Freq, x = RESID, fill = STATUS), data = plotdata,
        stat="identity") +
geom_text(data=plotdata, aes(x = RESID, y = Freq, label = paste0(round(Freq,2)*100,"%"
)), size=4)
```

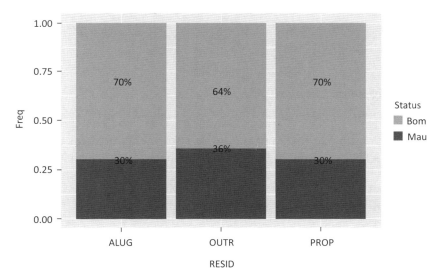

Figura 2.5 – Gráfico de barras empilhado (*stacked*) do status do cliente pelo tipo de residência.

2.2.4 UMA VARIÁVEL QUALITATIVA E UMA QUANTITATIVA

Para explorar a relação entre uma variável qualitativa e uma quantitativa, podemos fazer *box-plots* comparativos da variável quantitativa para cada nível da qualitativa. Por exemplo, para verificar se há relação entre renda (RNDTOT) e STATUS, podemos fazer o seguinte *box-plot* (Figura 2.6):

```
ggplot(dirtyshop,aes(x=STATUS, y = RNDTOT)) +
  geom_boxplot(width=.2,outlier.color="RED")+
  ggtitle("Box-plot da Renda Total por STATUS")
```

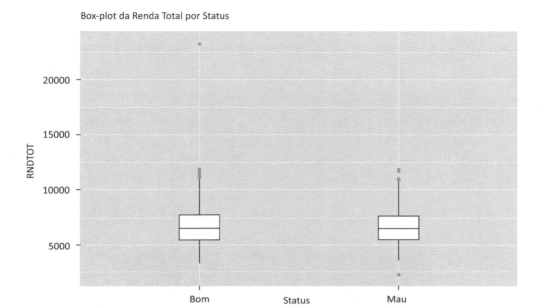

Figura 2.6 – *Box-plot* da Renda Total por STATUS.

Podemos usar a sintaxe abaixo para obter as seguintes estatísticas da variável para cada nível de STATUS: mínimo [1], 1º quartil [2], mediana [3], 3º quartil [4] e máximo [5]:

```
> boxplot(RNDTOT~STATUS)$stats
         [,1]     [,2]
[1,]   3334.0   3554.0
[2,]   5480.0   5477.5
[3,]   6507.5   6492.0
[4,]   7704.0   7630.0
[5,]  11022.0  10839.0
```

As estatísticas para os dois *box-plots* são muito similares, indicando que não há diferença na distribuição de renda dos maus e bons pagadores.

2.2.4.1 Duas variáveis quantitativas

O gráfico de dispersão é a maneira mais usual de verificar a relação entre duas variáveis quantitativas. Para exemplificar, vamos analisar a relação entre tempo de residência (TMPRES) e renda (RNDTOT). O diagrama de dispersão no R pode ser feito usando a função ggplot+geom_point():

```
ggplot(dirtyshop, aes(x=TMPRSD, y=RNDTOT)) + geom_point() +
geom_smooth(method=lm, se=FALSE) # este comando ajusta uma reta aos pontos
```

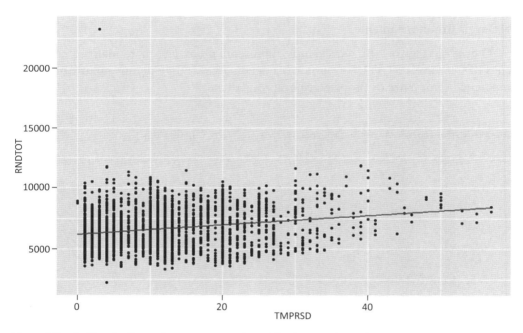

Figura 2.7 – Gráfico de dispersão entre tempo de residência e renda total.

O gráfico (Figura 2.7) nos mostra que a relação entre idade e tempo de residência é muito fraca. Apesar de haver uma linha de tendência positiva entre as variáveis, pode-se observar que essa relação é fraca.

Para termos melhor noção da força da relação entre as duas variáveis, podemos usar o coeficiente de correlação de Pearson. Esse coeficiente varia entre -1 (correlação perfeita negativa) e 1 (correlação perfeita positiva). Caso a correlação seja 0, podemos dizer que não há relação entre as variáveis. A função cor calcula a correlação de Pearson entre as duas variáveis:

```
> cor(RNDTOT,TMPRSD,use="complete") #a opção use="complete" elimina valores faltantesd
a base para calcular o coeficiente de correlação
[1] 0.2264893
```

O valor 0,22 indica uma relação positiva fraca entre as variáveis. Na literatura não há consenso sobre a partir de qual valor considera-se uma correlação forte. Os valores (absolutos) mínimos considerados fortes podem variar entre 0,60 e 0,80, e dependem também do tamanho da amostra.

2.2.4.2 Gráficos com mais de duas variáveis

O software R tem diversos gráficos que permitem que analisemos mais de duas variáveis simultaneamente.[3]

O gráfico (Figura 2.8), por exemplo, apresenta o *box-plot* da renda para combinações das variáveis STATUS e tipo de residência (RESID). Podemos notar uma renda mediana maior entre os proprietários de residência.

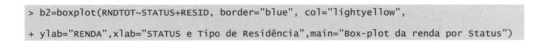

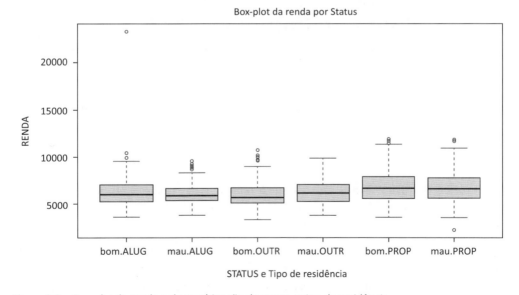

Figura 2.8 – *Box-plot* da renda pela combinação de status e tipo de residência.

---

[3] Neste site há diversos exemplos interessantes de gráficos: https://www.r-graph-gallery.com/index.html.

Preparação de dados

No gráfico (Figura 2.9), a seguir, construído com a função scatterplot do pacote car, temos duas variáveis quantitativas e uma qualitativa. Analisamos a relação entre tempo de residência e idade, para STATUS = bom e mau separadamente. Também podemos adicionar *box-plots* nas margens dos gráficos, permitindo identificar *outliers* e analisar a distribuição das variáveis quantitativas em uma só figura.

```
> library(car)
> p2=scatterplot(RNDTOT ~ TMPRSD|STATUS,smoother=F, main="Gráfico de dispersão por ST
ATUS ",legend.coords = "topright", boxplot="xy")
```

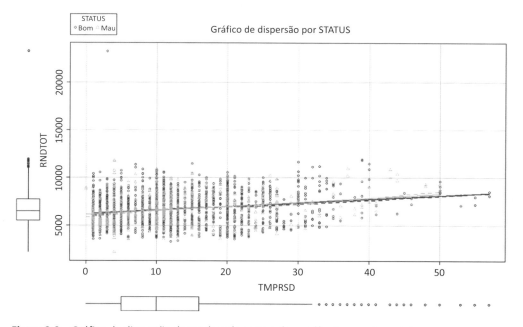

Figura 2.9 – Gráfico de dispersão da renda pelo tempo de residência, com *box-plots* nas margens.

Por fim, o gráfico (Figura 2.10) aponta a relação entre três variáveis quantitativas, duas a duas. A função pairs.panels do pacote psych gera uma figura com os gráficos de dispersão 2 a 2, os histogramas de cada variável e as correlações das variáveis 2 a 2.

```
> library(psych)
> pairs.panels(cbind(RNDTOT,IDADE,TMPRSD),smoother=FALSE)
```

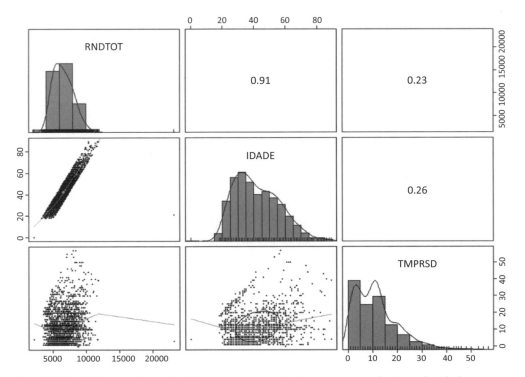

Figura 2.10 – Gráfico de dispersão, histogramas e correlações entre as variáveis renda, idade e tempo de residência, 2 a 2.

2.3 OUTLIERS

Outliers são pontos distantes dos demais pontos da amostra, por isso, também são chamados de 'pontos fora da curva' ou 'pontos discrepantes'. Um ponto discrepante não é necessariamente uma observação errada ou falsa. Por exemplo, em uma base de dados de salários de funcionários de uma empresa, o presidente pode ter um salário muito maior que os outros e assim ser um *outlier*. *Outliers* podem ocorrer por vários motivos.

- Erro de codificação ou digitação: ao digitar o valor da altura de um indivíduo, foi imputado 17,8 em vez de 1,78m.

- Erro de imputação dos valores ou má intenção: um indivíduo pode informar a renda anual no campo de renda mensal, ou pode exagerar sua renda para conseguir empréstimo bancário.

- Resultado atípico justificável: salário do presidente de uma empresa ou a população do Estado de São Paulo em comparação aos outros estados do Brasil, por exemplo.

2.3.1 IDENTIFICAÇÃO DE *OUTLIERS*

Há diversos critérios estatísticos para identificar *outliers*, e, neste capítulo, vamos discutir dois deles: pelo valor padronizado (regra empírica) e pelo critério do *box-plot*.

2.3.1.1 Valor padronizado

O valor padronizado ou *z-score* de uma observação é a sua distância até a média dos dados, em desvios-padrão. É dado por:

$$z = \frac{x - média}{desvio\text{-}padrão}$$

Se a variável tiver uma distribuição simétrica, aproximadamente normal, 99,7% dos dados estarão distantes no máximo 3 desvios-padrão da média, conforme mostra a Figura 2.11. Portanto, $|z| < 3$ para 99,7% das observações.

Figura 2.11 – Proporção dos dados dentro de 3 desvios-padrão da distribuição normal.

Sendo assim, podemos considerar *outlier* qualquer observação com $|z| > 3$, isto é, mais de três desvios-padrão distante da média. É importante ressaltar que essa regra, também chamada de *regra empírica*, vale para distribuições simétricas, próximas da normal.

Para padronizar uma variável no software R, usamos a função `scale`. Em seguida, apontamos um resumo da variável renda padronizada.

```
> summary(scale(RNDTOT))
       V1
 Min.   :-2.85052
 1st Qu.:-0.75459
 Median :-0.09357
 Mean   : 0.00000
 3rd Qu.: 0.67015
 Max.   :10.74760
```

Podemos notar que a renda máxima padronizada é 10,74. Isso significa que o valor de renda 23258 está a 10.75 desvios-padrão da média, e, portanto, é um *outlier*. Note também que uma variável padronizada tem média igual a zero.

2.3.1.2 Critério do *box-plot*

Já vimos na seção anterior que o *box-plot* mostra os *outliers* no gráfico. Esses *outliers* são identificados com base na distância aos quartis da variável. Considera-se *outlier* uma observação que está acima do 3ºQuartil + 1,5IIQ, onde IIQ é o intervalo interquartil (diferença entre o 3º e o 1º quartil) ou abaixo de 1ºQuartil – 1,5IIQ.

Para a variável renda, por exemplo, sabemos que o 3º quartil é 7681 e o 1º quartil é 5479. Portanto,

3ºQ + 1,5IIQ = 7681 + 1,5*(7681-5479) = 10984

Todos os valores acima de 10984 serão considerados *outliers*. Não há *outliers* abaixo do limite inferior. No R é possível listar os *outliers* da renda, usando o comando boxplot(RNDTOT)$out:

```
> boxplot(RNDTOT)$out
 [1] 11447 11022 11126 11700 11342 11165 11628 11822 11884 11442 23258 11773
```

É importante ressaltar que, quando a distribuição é assimétrica, é comum reunir diversos *outliers* tanto pelo critério do *box-plot* quanto da regra empírica. Esses dois critérios funcionam melhor quando a distribuição é simétrica. Para distribuições fortemente assimétricas, devemos olhar se os *outliers* identificados estão isolados do restante ou se há uma sequência de valores, que vão se afastando da distribuição dos dados de forma não abrupta. Para exemplificar, vamos considerar duas variáveis do banco de dados.

Preparação de dados

A primeira é a renda total. Vimos que, exceto pelo valor de 23258, a distribuição não é muito assimétrica. O valor 23258 está muito isolado do restante, configurando um *outlier* muito aparente. A sintaxe a seguir cria o gráfico (Figura 2.12), com o histograma e o *box-plot* no topo.

```
> nf = layout(mat = matrix(c(1,2),2,1, byrow=TRUE), height = c(1,3))
> layout.show(nf)
> par(mar=c(5.1, 4.1, 1.1, 2.1))

> boxplot(RNDTOT, horizontal=TRUE)
> hist(RNDTOT, main="Renda total")
```

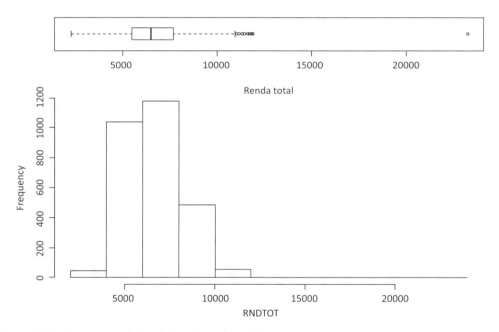

Figura 2.12 – Histograma da Renda Total com *box-plot*.

A segunda variável é o tempo de residência. Vimos que a distribuição dessa variável é assimétrica e possui vários *outliers* que se afastam dos dados gradativamente. A sintaxe seguinte gera o gráfico (Figura 2.13), com *box-plot* e histograma da variável tempo de residência em uma só figura:

```
> nf = layout(mat = matrix(c(1,2),2,1, byrow=TRUE), height = c(1,3))
> layout.show(nf)
> par(mar=c(5.1, 4.1, 1.1, 2.1))
> boxplot(TMPRSD, horizontal=TRUE)
> hist(TMPRSD, main="Tempo de residência")
```

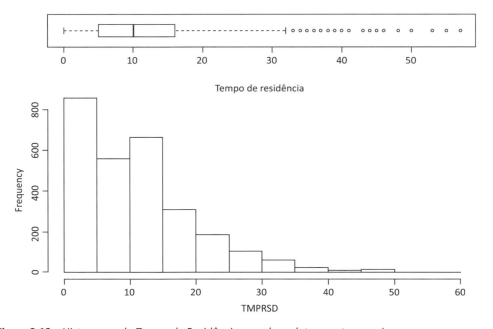

Figura 2.13 – Histograma do Tempo de Residência, com *box-plot* na parte superior.

Temos, portanto, duas situações distintas. Na primeira, há um *outlier* bem distante dos outros pontos, já na segunda vê-se uma sequência de pontos se afastando dos demais. Aí entra o nosso último critério, subjetivo. O analista pode usar seu conhecimento sobre o problema e a variável para decidir o que fazer com esses pontos, como discutiremos a seguir.

2.3.2 O QUE FAZER COM OS *OUTLIERS*?

Vimos anteriormente as possíveis causas da existência de *outlier*. Na situação em que é sabido que o dado é resultado de erro de imputação ou digitação, deve-se corrigir, quando possível. Na variável idade, por exemplo, há uma observação com valor "0". Sabemos que esse dado está errado e devemos sinalizá-lo como *missing value*, como na sintaxe abaixo:

Preparação de dados

```
> dirtyshop$IDADE[dirtyshop$IDADE == 0]=NA
```

Quando o dado está correto e o valor é atípico, como a renda do presidente da empresa, podemos desconsiderá-lo, lembrando que ao fazê-lo diminui-se o escopo do estudo, já que não haverá nenhum presidente na base de dados. Podemos também determinar um limite acima do qual os valores serão excluídos, como todas as observações acima de 5 desvios-padrão da média. Também podemos truncar os valores: dados abaixo do 1º percentil ou acima do 99º percentil são igualados a esses valores. É importante ressaltar que essas alternativas devem ser utilizadas com cautela, dentro do contexto do problema e antes de iniciar a modelagem.

Por fim, podemos transformar os dados, aplicando uma função à variável ou discretizando-a. Veremos como fazer isso mais adiante neste capítulo.

2.4 *MISSING VALUES*

Um dos problemas mais comuns quando se prepara uma base de dados para análise é a presença de valores faltantes, ou *missing values*. Nesse tópico vamos ver por que ocorrem *missing values*, seus tipos e como tratar tais ocorrências.

2.4.1 POR QUE OCORREM *MISSING VALUES*?

É muito comum haver *missing values* em bancos de dados, e eles ocorrem por diversos motivos:

- Em questionários (*surveys*), o respondente pode se recusar a responder determinada questão, não entendê-la, não responder as questões finais por fadiga ou pelo fato de determinada pergunta não se aplicar a ele (ex.: idade do filho quando a pessoa não tem filhos).

- Em bancos de dados de fontes secundárias, ao extrair os dados de uma base existente (IBGE, por exemplo), a informação pode não estar disponível para determinada unidade amostral (pode-se não ter informação sobre a taxa de emprego em diversas cidades menores de São Paulo antes de 1996, pois os dados não eram coletados).

Também precisamos prestar atenção em valores codificados como 'missing' na base. Muitas vezes o *missing value* é codificado como um valor negativo alto, por exemplo, -999. Ao exportar dados do Excel para o R, por exemplo, esse dado será considerado como numérico. Deve-se escolher um código para os *missing values*, que pode ser 'N/A', '.' ou mesmo uma célula em branco.

2.4.2 TIPOS DE *MISSING VALUES*

É muito importante caracterizar o padrão de ocorrência dos *missing values*, pois o tratamento a ser dado a eles depende disso. Há três tipos de padrão:

- Completamente aleatório (MCAR – *missing completely at random*): nesse caso, os *missing values* ocorrem completamente ao acaso, sem ter relação nenhuma com o seu próprio valor (por exemplo, pessoas com renda alta têm a mesma probabilidade de não informá-la que as pessoas de renda baixa), com a variável resposta ou com outras variáveis preditoras. Isso significa que as causas desses *missing values* não estão relacionadas aos dados.

- Aleatório (MAR – *missing at random*): ocorre quando o *missing value* está relacionado a um grupo ou valor de outra variável. Por exemplo, pessoas do gênero masculino podem ser mais ou menos propensas a responder sobre sua renda. Digamos, como exemplo fictício, que, se houver um homem e uma mulher com a mesma renda, o homem tenha maior probabilidade de não responder. Nesse caso, a probabilidade de ter um *missing value* de renda é maior para o gênero masculino do que para o feminino.

- Não aleatório (MNAR – *missing not at random*): nesse caso, os *missing values* estão relacionados ao valor da própria variável. Por exemplo, pessoas de renda alta têm menor probabilidade de declarar sua renda que pessoas com renda mediana.

Na prática é difícil determinar em qual caso estamos. Podemos, entretanto, fazer uma análise descritiva para verificar se há mais *missing values* em um grupo que no outro. O pacote VIM do software R possui gráficos que nos ajudam a fazer tal diagnóstico. Vamos também precisar dos pacotes ggplot2 e gridExtra. Lembre-se de instalar os pacotes, caso não estejam instalados no seu ambiente.

Vamos ilustrar esses procedimentos para tratar os *missing values* do arquivo DIRTYSHOP. Usando a função aggr(), produzimos a Figura 2.14, onde vemos (à esquerda) a quantidade de observações com *missing values* para cada variável e também para combinações de variáveis (à direita). Notamos, por exemplo, que há uma observação com *missing values* nas variáveis IDADE e INSTRU (linha superior do gráfico à direita) e há 58 observações com *missing values* em duas variáveis – tipo de residência (RESID) e instrução (INSTRU). Há 2003 observações completas.

```
> aggr(dirtyshop, numbers = TRUE, prop = c(TRUE, FALSE))
```

Preparação de dados 71

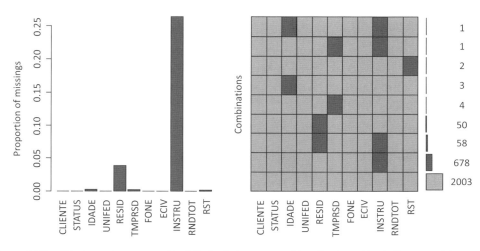

Figura 2.14 – *Missing values* por variável (à direita) e por combinação de variáveis (à esquerda).

2.4.3 TRATAMENTO DOS *MISSING VALUES*

Há duas formas principais de tratar *missing values*: por exclusão ou por imputação (substituição do *missing value* por um valor estimado). A Figura 2.15 ilustra as formas de lidar com *missing values* que trataremos neste livro.

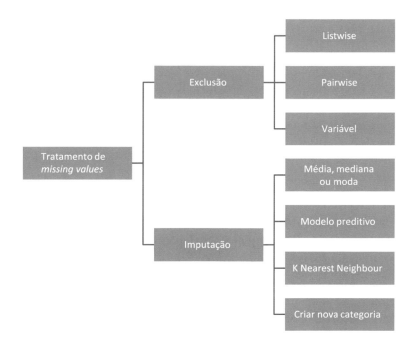

Figura 2.15 – Formas de tratamento de *missing values*.

2.4.3.1 Exclusão

Vamos considerar, para exemplificar, que existe um banco de dados com três variáveis e cinco observações, como mostra a Figura 2.16. Vemos que há um *missing value* de peso e um de altura. A seguir, vemos duas formas de lidar com esses valores faltantes: exclusão *listwise* e *pairwise*.

Originais				Listwise				Pairwise		
idade	Peso	altura		idade	Peso	altura		idade	Peso	altura
28	74	1,64		28	74	1,64		28	74	1,64
35	82	1,92		35	82	1,92		35	82	1,92
48	64			48	64			48	64	—
36		1,59		36		1,59		36	—	1,59
57	90	1,77		57	90	1,77		57	90	1,77

Figura 2.16 – Ilustração de exclusão *listwise* e *pairwise*.

- *Listwise*: removemos o respondente com *missing values* da base de dados. Essa opção é mais vantajosa quando a base de dados possui tamanho de amostra grande, pois a remoção de um indivíduo não afetará o resultado.

- *Pairwise*: nesse caso, remove-se apenas a observação quando esta for entrar na análise. Por exemplo, se tivermos três variáveis no banco de dados e a terceira for *missing value*, a correlação entre as duas primeiras seria calculada com todas as 'n' observações, a correlação entre a primeira e a terceira variável, e entre a segunda e a terceira variável, seriam calculadas cada uma com 'n-1' observações. A desvantagem desse método é que os resultados dependem de amostras de tamanhos diferentes.

Existe um terceiro caso, que ocorre quando uma variável tem muitos *missing values*. Nesse caso, deve-se omitir a própria variável, já que teríamos que excluir muitas observações para ter os dados completos. No banco de dados DIRTYSHOP, a variável INSTRU tem mais de 25% de *missing values*. É uma variável que podemos pensar em excluir do modelo em razão da quantidade de *missing values*.

É importante ressaltar que toda exclusão seja *listwise*, *pairwise* ou da própria variável, pois pode acarretar uma perda de informação que prejudica o modelo. Além

Preparação de dados

disso, nos casos em que o *missing value* não é aleatório (MNAR), a exclusão pode gerar vieses nas estimativas do modelo.[4]

2.4.3.2 Imputação

Uma alternativa à exclusão é imputar um valor ou, em outras palavras, substituir o *missing value* por um valor estimado. Há diversas maneiras de se imputar *missing values*, e apresentaremos algumas a seguir.

Média, mediana ou moda

Quando a variável é quantitativa, podemos utilizar a média da variável para substituir o *missing value*. No exemplo da Figura 2.16, podemos substituir o peso faltante por $(74 + 82 + 64 + 90)/4 = 77,5$. Similarmente, poderíamos substituir o *missing value* pela mediana (78) ou pela moda da variável. Deve-se tomar cuidado com o uso dessa estratégia, pois, quando não for no caso MCAR, esse procedimento também pode levar a vieses nos modelos. Por exemplo, se as pessoas com renda mais alta têm maior probabilidade de não declarar a informação, imputar a renda desse indivíduo pela média pode subestimar sua renda real.

Usar um modelo preditivo

Nos próximos capítulos deste livro trataremos de modelos preditivos, mas eles também podem ser utilizados na preparação dos dados para imputar *missing values*. Podemos usar a variável que tem *missing values* como dependente de uma análise de regressão (ou regressão logística, se a variável com *missing values* for qualitativa) e escolher o melhor preditor dela (a variável mais correlacionada) como variável independente. A equação da regressão é utilizada para prever o *missing value*.

K nearest neighbor (kNN)

Essa imputação baseia-se nos vizinhos mais próximos, isto é, aqueles que têm valores de outras variáveis mais similares ao indivíduo com *missing value*. Essa 'distância' entre os indivíduos pode ser medida de várias formas, por exemplo, a distância euclidiana. Para imputar um valor, calcula-se uma média ponderada dos valores dos 'k' vizinhos com dados completos baseados na sua distância. Quanto menor a distância, maior o peso. Adiante no livro traremos detalhes da técnica kNN, que, além de

---

[4] Donner A. The relative effectiveness of procedures commonly used in multiple regression analysis for dealing with missing values. Am Stat. 1982;36:378-381.

poder ser utilizada para imputar dados, é uma técnica bastante empregada em modelos quantitativos.

Criar uma categoria 'missing value'

Quando a variável é qualitativa, podemos simplesmente criar uma categoria 'missing value' ou N/A em vez de excluir a observação. Esse procedimento não é exatamente uma imputação, mas uma transformação do código *missing* em uma categoria válida. Isso foi feito com a variável ECIV: uma das categorias é "NI", ou "não informado". No nosso banco de dados, a variável RESID (tipo de residência) tem 108 *missing values*. A sintaxe a seguir substitui as observações faltantes por "MV" – *missing values*:

```
> RESID=as.character(RESID)  #transf. necessária quando variável é fator e  criamos um
novo label (MV, no caso)

> RESID[is.na(RESID)]="MV"

> as.factor(RESID)

> prop.table(table(RESID,STATUS),1)

     STATUS

RESID        bom        mau

  ALUG 0.6975309 0.3024691

  MV   0.6759259 0.3240741

  OUTR 0.6436170 0.3563830

  PROP 0.7009174 0.2990826
```

Note que, se tivermos uma variável quantitativa, também podemos aplicar esse método. Basta discretizarmos a variável quantitativa em faixas, sendo uma delas 'MV'.

Os métodos de imputação listados anteriormente não esgotam todas as possibilidades de tratamento de *missing values*. Os softwares estatísticos disponibilizam métodos de imputação mais sofisticados, iterativos e baseados na distribuição multivariada dos dados. Vamos ilustrar aqui o pacote VIM do R,[5] que possui a função irmi (*iterative robust model-based imputation*) para lidar com *missing values*. Em cada passo da iteração, uma variável é usada como resposta e as outras são usadas como preditoras. A função ajusta um modelo preditivo para obter resultados confiáveis, mesmo na presença de *outliers*. Esse processo se repete até o algoritmo convergir, e pode ser usado tanto para imputar valores em variáveis quantitativas como qualitativas. É

---

[5] O leitor também pode consultar outros pacotes do R para tratamento de *missing values*, como mice, Amelia II e o mitools. Aqui, ilustraremos apenas o VIM.

importante salientar que um bom resultado, mesmo com esses algoritmos mais complexos, depende da existência de variáveis relacionadas com a variável que possui *missing values*. Caso a relação seja fraca, os valores imputados não serão confiáveis.

Para usar a função `irmi`, primeiro devemos transformar todas as variáveis tipo 'chr' (caractere) em 'factor'. Isso é feito no R com a função `as.factor`:

```
> dirtyshop$STATUS<-as.factor(dirtyshop$STATUS)
> dirtyshop$UNIFED<-as.factor(dirtyshop$UNIFED)
> dirtyshop$RESID<-as.factor(dirtyshop$RESID)
> dirtyshop$ECIV<-as.factor(dirtyshop$ECIV)
> dirtyshop$RST<-as.factor(dirtyshop$RST)
> dirtyshop$INSTRU<-as.factor(dirtyshop$INSTRU)
> dirtyshop$FONE<-as.factor(dirtyshop$FONE)
```

Em seguida, chamamos a função com a seguinte sintaxe:

```
> semmiss=irmi(dirtyshop[,2:11])
```

Note que a 1ª coluna, que contém a variável CLIENTE, foi excluída da análise.

Ao pedir um `summary` do novo banco de dados, vimos que as variáveis agora não têm mais *missing values*. Outras variáveis foram criadas no banco de dados (nome com final **_imp**) para indicar que naquela posição havia um *missing value* (TRUE).

```
> summary(semmiss)

   STATUS          IDADE          UNIFED       RESID         TMPRSD            FONE            ECIV          INSTRU

 bom:1948    Min.   : 0.00    BH :    1    ALUG: 326    Min.   : 0.00    Min.   :0.0000    CAS   :1758    PRIM: 140

 mau: 852    1st Qu.:31.00    MG : 544    OUTR: 188    1st Qu.: 5.00    1st Qu.:1.0000    CASAD :    1    SEC : 675

             Median :40.00    RJ :1318    pROP:   1    Median :10.00    Median :1.0000    DIVORC: 251    SUP :1985

             Mean   :42.41    S.P.:   1    PROP:2285    Mean   :11.69    Mean   :0.9293    NI    :  40

             3rd Qu.:53.00    SC : 787                  3rd Qu.:16.00    3rd Qu.:1.0000    OUTROS:   6

             Max.   :89.00    SP : 149                  Max.   :57.00    Max.   :2.0000    SOLT  : 657

                                                                                          VIUVO :  87

    RNDTOT          RST        IDADE_imp       RESID_imp       TMPRSD_imp      INSTRU_imp

 Min.   : 2239    2 :   2    Mode :logical    Mode :logical    Mode :logical    Mode :logical

 1st Qu.: 5479    nao: 331    FALSE:2797      FALSE:2692       FALSE:2795       FALSE:2062

 Median : 6500    sim:2467    TRUE :3         TRUE :108        TRUE :5          TRUE :738

 Mean   : 6645

 3rd Qu.: 7681

 Max.   :23258
```

Em conclusão, devemos tomar muito cuidado com o tratamento dos *missing values* da base de dados. Não necessariamente o arquivo completo com os valores imputados recupera o dado real, principalmente se estivermos em um caso MNAR ou MAR. Para se ter uma ideia da eficácia do algoritmo, o leitor pode experimentar apagar alguns valores da sua base de dados e ver se o algoritmo empregado recuperou os dados com pequeno erro.

2.5 TRANSFORMAÇÕES NAS VARIÁVEIS

Como vimos anteriormente, variáveis com distribuição muito assimétrica ou com *outliers* podem prejudicar ou influenciar o modelo de modo negativo, pois em muitas ocasiões pressupomos variáveis com distribuição normal para que os testes estatísticos sejam válidos. Além disso, é importante investigar de que forma as variáveis preditoras estão relacionadas com a variável resposta. Algumas vezes essa relação pode ficar mais forte quando as variáveis sofrem transformações. Nesse tópico, vamos ver algumas formas de transformar as variáveis para que elas possam ser usadas de maneira eficiente nos modelos preditivos.

Preparação de dados

2.5.1 APLICAÇÃO DE UMA FUNÇÃO MATEMÁTICA

No nosso conjunto de dados, vimos que a variável tempo de residência tem distribuição assimétrica. Podemos efetuar uma transformação nessa variável para que ela se torne simétrica e sem *outliers*. As transformações mais comuns são a logarítmica e a raiz quadrada, mas qualquer função matemática pode ser aplicada à variável. Em algumas situações a transformação não pode ser aplicada em razão da natureza dos números. Por exemplo, não é possível aplicar uma transformação logarítmica a uma variável com valores negativos ou nulos. Nesse caso, antes de aplicar a função logarítmica, podemos somar uma constante 'C' aos dados de tal forma que a variável resultante não possua valores negativos ou nulos. A Tabela 2.4 mostra sugestões de transformações dependendo do tipo de assimetria existente.

Tabela 2.4 – Sugestões de transformações mais comuns de acordo com a assimetria da variável

Assimetria	Transformação sugerida
Positiva, moderada	Raiz quadrada (X)
Positiva, forte	Logaritmo (X)
Positiva, forte, com 'zeros'	Logaritmo (X+C)
Negativa, moderada	Raiz quadrada (-X+C)
Negativa, forte	Logaritmo (-X+C)

Note que, se a variável predominantemente assumir valores negativos, devemos inverter o sinal para poder aplicar a função.

A função boxcox do pacote EnvStats procura uma aplicação para tornar a variável Y mais próxima possível de uma normal. A transformação de box-cox[6] encontra um parâmetro *lambda* ótimo, no sentido que a distribuição resultante seja a mais próxima de uma normal. A transformação tem a seguinte forma:

$$y(\lambda) = \begin{cases} \dfrac{y^{\lambda} - 1}{\lambda}, & \text{se } \lambda \neq 0 \\ \log(y), & \text{se } \lambda = 0 \end{cases}$$

---

[6]   Box, G. E. P. and Cox, D. R. (1964). *An analysis of transformations*. JRSS B 26, 211-246.

A Tabela 2.5 mostra alguns exemplos de lambda e a transformação aplicada:

Tabela 2.5 – Valores de lambda e suas transformações aplicadas

Lambda (λ)	(Y')
-3	$Y^{-3} = 1/Y^3$
-2	$Y^{-2} = 1/Y^2$
-1	$Y^{-1} = 1/Y^1$
-0.5	$Y^{-0.5} = 1/(\sqrt{(Y)})$
0	$\log(Y)**$
0.5	$Y^{0.5} = \sqrt{(Y)}$
1	$Y^1 = Y$
2	Y^2
3	Y^3

Vamos aplicar a transformação box-cox à variável TMPRSD +1 (para eliminar valores nulos). Por *default*, a função faz *lambda* variar entre -2 e 2, com intervalos de 0,5, e acha o valor que maximiza a correlação entre a variável transformada e o valor esperado que ela teria caso tivesse uma distribuição normal.

```
> novoTMPRSD=boxcox(TMPRSD+1)
Warning messages:
1: In is.not.finite.warning(x) :
  There were 5 nonfinite values in x : 5 NA's
2: In boxcox.default(TMPRSD + 1) :
  5 observations with NA/NaN/Inf in 'x' removed.
> novoTMPRSD

Results of Box-Cox Transformation
--------------------------------


Objective Name:                 PPCC


Data:                           TMPRSD + 1


Number NA/NaN/Inf's Removed:    5


Sample Size:                    2795


 lambda      PPCC
   -2.0 0.7296456
   -1.5 0.8000018
   -1.0 0.8702895
   -0.5 0.9353738
    0.0 0.9798051
    0.5 0.9856395
    1.0 0.9477625
    1.5 0.8779208
    2.0 0.7934046
```

A Tabela 2.5 mostra que os valores de *lambda* 0 e 0,5 são os que apresentam melhor correlação com os valores esperados de uma distribuição normal, com ligeira vantagem para *lambda* = 0,5. Portanto, a transformação de raiz quadrada é a mais adequada. Para tirar dúvidas, vemos na Figura 2.17 o histograma das variáveis transformadas por logaritmo e raiz quadrada. Note que nos dois casos a distribuição do tempo de residência ficou mais simétrica que a variável original (ver Figura 2.13).

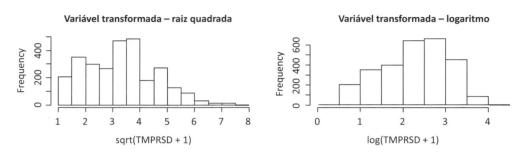

Figura 2.17 – Histograma do Tempo de Residência com duas transformações: raiz quadrada e logaritmo.

2.5.2 CATEGORIZAÇÃO DE UMA VARIÁVEL QUANTITATIVA

Quando a transformação de box-cox não é satisfatória, ou quando há muitos *outliers*, uma alternativa é categorizar a variável quantitativa, isto é, criar categorias com faixas de valores. A função cut,[7] como demonstrado a seguir, categoriza a variável RNDTOT (renda total) em quatro faixas de mesma largura. Portanto, se a amplitude da variável RNDTOT é 21019 (máximo - mínimo), a função cut criará quatro faixas de tamanho 5255. Podemos ver a frequência das faixas de renda criadas com a função table:

```
> fxrenda=cut(RNDTOT,breaks=4,dig.lab=5) #valores são criados com 5 dígitos
> table(fxrenda)
fxrenda
 (2218,7493.8]  (7493.8,12748]  (12748,18003]  (18003,23279]
          2002             797              0              1
```

O problema com essa divisão é que as duas últimas faixas têm frequência praticamente nula. Há outras formas de fazer a divisão das categorias. Podemos, por exemplo, dividir os dados em quartis usando a função quantile dentro da função cut. Dessa forma, cada categoria de renda teria 25% dos dados:

---

[7] A função discretize do pacote arules também pode ser utilizada para categorizar uma variável quantitativa.

Preparação de dados **81**

```
> quartilrenda=cut(RNDTOT,breaks=c(quantile(RNDTOT,0),quantile(RNDTOT,0.25),quantile(R
NDTOT,0.50),quantile(RNDTOT,0.75),quantile(RNDTOT,1)),include.lowest=TRUE,dig.lab=5)

> table(quartilrenda)

quartilrenda

  [2239,5478.8] (5478.8,6500.5]   (6500.5,7681]    (7681,23258]
            700               700             701             699
```

Há situações em que é mais razoável fazer quebras que tenham um significado especial no contexto do problema e sejam mais fáceis de interpretar. Por exemplo, podemos classificar a renda em três categorias: baixa (até 4000); média (entre 4001 e 8000) e alta (maior que 8000). Isso pode ser feito colocando diretamente os valores das quebras de intervalo na opção breaks da função cut:

```
> categrenda=cut(RNDTOT,breaks=c(0,4000,8000,max(RNDTOT)),labels = c("Baixa","Média","
Alta"),include.lowest=TRUE,dig.lab=5)

> table(categrenda)

categrenda

Baixa Média  Alta
   45  2214   541
```

Ao categorizar uma variável, é importante que as categorias resultantes tenham uma frequência não muito baixa. Na divisão acima, por exemplo, poderíamos estender a primeira faixa até 5000 ou 6000 para que a frequência seja maior.

2.5.3 _MEAN ENCODING_

Assim como é possível categorizar uma variável quantitativa, transformando-a em uma qualitativa, o oposto também é. Esse processo é chamado de _encoding_, e trataremos especificamente aqui de uma forma particular de realizá-lo: _mean encoding_. Em resumo, vamos substituir a categoria da variável qualitativa pela média da variável resposta (_target_) dentro da categoria. Esse método é especialmente útil quando a variável categórica apresenta muitas categorias.

Para exemplificar o processo de _mean encoding_, vamos transformar a variável categórica INSTRU, admitindo que a variável resposta no modelo quantitativo é STATUS. Primeiramente, vamos admitir que a variável target STATUS vale 1 quando o cliente é bom e 0 quando é mau. Ela pode ser transformada em variável numérica (STATUSdummy) com o comando a seguir:

```
> dirtyshop$STATUSdummy=ifelse(dirtyshop$STATUS =='bom',1,0)
```

Em seguida, calculamos a média da variável STATUSdummy para cada categoria da variável INSTRU, usando o pacote dplyr:

```
> dirtyshop$INSTRU=as.character(INSTRU) #transf. necessária quando variável é fator e
criamos um novo label (MV, no caso)
> dirtyshop$INSTRU[is.na(INSTRU)]="MV"
> library(dplyr)
> cleanshop=dirtyshop%>% group_by(INSTRU) %>% mutate(INSTRUencode=mean(STATUSdummy))
```

A nova variável INSTRUencoded, em vez de ser uma variável qualitativa com categorias "MV", "PRIM", "SEC" e "SUP", será uma variável quantitativa com os valores das médias da variável STATUS em cada um desses grupos. O código a seguir mostra que, para instrução primária, a média de STATUS é 0,58. Para INSTRU=SEC, a média é 0,72, para INSTRU=SUP, a média é 0,70 e para INSTRU="MV", 0,69.

```
> table(INSTRU)
INSTRU
  MV PRIM  SEC  SUP
 738  140  670 1252
> table(round(INSTRUencode,2))
0.58 0.69  0.7 0.72
 140  738 1252  670
```

O processo de *mean encoding* é ilustrado na Figura 2.18, a seguir:

Variável original (qualitativa)	Variável transformada (quantitativa)
MV	0,69
PRIM	0,58
SEC	0,72
SUP	0,70

Figura 2.18 – Ilustração do processo de *mean encoding*.

2.6 COMPONENTES PRINCIPAIS

A técnica de componentes principais objetiva reduzir o número de variáveis do banco de dados perdendo o mínimo de informação. Ela é bastante útil quando há muitas variáveis no banco de dados ou quando há variáveis muito correlacionadas, que têm a mesma informação em termos preditivos.

As novas variáveis criadas Y_1, Y_2, ..., Y_k são combinações lineares das variáveis originais. O objetivo é extrair k componentes principais, onde k é um número menor do que as *p* variáveis originais, como ilustra a Figura 2.19.

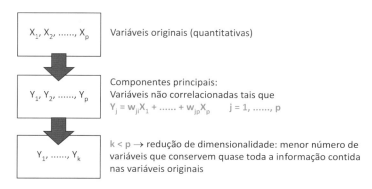

Figura 2.19 – Ilustração do método de componentes principais.

A criação das novas variáveis depende exclusivamente da correlação (ou covariância) entre as variáveis originais, portanto, é preciso que todas as variáveis sejam quantitativas. Caso haja variáveis qualitativas, pode-se empregar a análise de correspondências, que não discutiremos nesta obra.

Para explicar de forma intuitiva o que está por trás dessas técnicas, vamos usar um conjunto de dados com avaliações de professores. São 6 avaliações específicas e uma global, descritas no Capítulo 1.

A matriz de correlação a seguir mostra que há algumas variáveis altamente correlacionadas, então, podemos esperar que um conjunto menor de variáveis mantenha grande parte da informação original das 7 variáveis.

```
> mat.correl=cor(AVALIACOES[,-1]) #exclui 1a coluna, com códigos dos profs
> print(mat.correl,digits=2)
         AV1     AV2    AV3   AV4     AV5    AV6 AGLOB
AV1    1.000   0.051  0.55 0.601 -0.128   0.42  0.54
AV2    0.051   1.000  0.22 0.299 -0.056   0.33  0.47
AV3    0.554   0.219  1.00 0.425 -0.180   0.81  0.90
AV4    0.601   0.299  0.43 1.000  0.018   0.48  0.51
AV5   -0.128  -0.056 -0.18 0.018  1.000  -0.18 -0.21
AV6    0.425   0.334  0.81 0.484 -0.183   1.00  0.88
AGLOB  0.541   0.465  0.90 0.509 -0.213   0.88  1.00
```

A seguir, vamos dar uma ideia intuitiva de uma análise de componentes principais para duas variáveis. Vamos usar as variáveis AV3 e AV6, que são fortemente correlacionadas (r = 0,81). É possível visualizar a relação entre essas duas variáveis na Figura 2.20. Geometricamente, as componentes principais são rotações dos eixos originais das variáveis para que se obtenha a maior variância possível no primeiro componente, e menor nos seguintes, em ordem decrescente. Os eixos representam as variáveis AV3 e AV6. As duas retas no gráfico representam as direções dos dois componentes principais. Note que o primeiro componente principal, reta CP1, é mais 'longo', portanto, o primeiro componente tem variância maior. O segundo, por sua vez, tem variância menor. Se as variáveis estão padronizadas, Var(AV3) = Var(AV6) = 1. A soma das variâncias será o número de variáveis utilizadas na análise e pode ser interpretada como uma medida de "quantidade de informação" existente nos dados. Var(CP1) + Var(CP2) também será igual a 2, mas a variância de CP1, λ_1, será maior que 1 e a variância de CP2, λ_2, será menor que 1.

Quanto maior for a correlação entre as variáveis, maior será a Var(CP1). Se essa variância for próxima de 2, significa que podemos utilizar apenas uma variável, perdendo pouca informação.

Preparação de dados

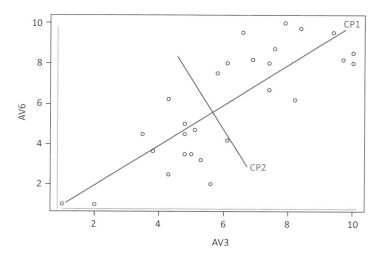

Figura 2.20 – Gráfico de dispersão entre as variáveis AV3 e AV6, com eixos rotacionados.

Para ilustrar, vamos encontrar as componentes principais no R utilizando apenas as variáveis AV3 e AV6. O código é dado a seguir:

```
> #componentes principais
> aval.cp=prcomp(cbind(AVALIACOES[,4],AVALIACOES[,7]), scale. = T, retx=T)
> final=cbind(AVALIACOES,aval.cp$x)
> summary(aval.cp)
Importance of components:
                          PC1    PC2
Standard deviation     1.3455 0.43547
Proportion of Variance 0.9052 0.09482
Cumulative Proportion  0.9052 1.00000
```

A análise acima mostra que o primeiro componente tem desvio-padrão igual a 1,35, logo, variância (também chamada de *eigenvalue*) igual a 1,8104. Portanto, o primeiro componente contém[8] 90,52% (1,8104/2) da variância total dos dados, obtida pela soma das variâncias de cada variável. Se utilizarmos apenas o primeiro componente, perderemos pouca informação.

---

[8] Na literatura de componentes principais também se utiliza o termo "explica" no lugar de "contém".

Agora vamos realizar uma análise de componentes principais com as 6 avaliações específicas e a global, totalizando 7 variáveis. Em quantas variáveis podemos reduzir esse conjunto sem perda significativa de informação?

O código seguinte, muito similar ao anterior, mostra o resultado da análise de componentes principais.

```
> aval.cp=prcomp(AVALIACOES[,-1], scale. = T, retx=T)
> summary(aval.cp)
Importance of components:
                         PC1    PC2    PC3    PC4     PC5     PC6     PC7
Standard deviation     1.9184 1.0200 0.9966 0.8549 0.59372 0.38968 0.22614
Proportion of Variance 0.5257 0.1486 0.1419 0.1044 0.05036 0.02169 0.00731
Cumulative Proportion  0.5257 0.6744 0.8162 0.9206 0.97100 0.99269 1.00000
```

Vimos que o primeiro componente contém 52,57% da variância total, seguida pelo segundo componente, com 14,86%, e assim por diante. Devemos agora decidir quantas componentes utilizar em substituição às sete variáveis. Existem diversos critérios:

a) Proporção acumulada da variância total deve ser maior que 60%;

b) A variância do componente (ou eigenvalue) deve ser maior que 1;

c) Ponto que forma um 'cotovelo' no *screeplot*, mostrado no gráfico (Figura 2.21):

```
> screeplot(aval.cp,type="lines")
```

Preparação de dados

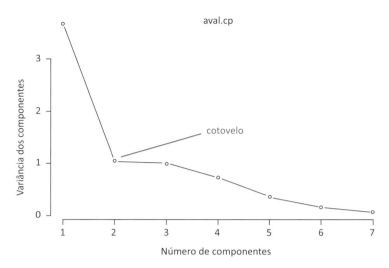

Figura 2.21 – *Screeplot* da análise de componentes principais.

Pelos três critérios anteriores devemos extrair 2 componentes. Esses componentes contêm 67,4% da variância total dos dados. A vantagem de se ter poucos componentes é a facilidade de visualizar o comportamento dos dados em um gráfico de dispersão. Para interpretar a componente, podemos verificar a correlação entre a variável original e a componente. Podemos também interpretar o componente pelo coeficiente (carga) de cada variável na sua formação, e a sintaxe para obter estes valores é dada a seguir:

```
> print(aval.cp$rotation[,1:2], digits=3)
         PC1    PC2
AV1    -0.360 -0.2560
AV2    -0.231  0.0427
AV3    -0.464  0.0880
AV4    -0.357 -0.4440
AV5     0.122 -0.8409
AV6    -0.462  0.1032
AGLOB  -0.497  0.1005
```

Vemos que as variáveis AV3, AV6 e AGLOB têm carga alta (em valores absolutos) no primeiro componente. Portanto, esse componente será bastante influenciado pelo valor das variáveis, assim como o segundo componente será influenciada pelas variáveis AV4 e AV5, por conta de sua alta carga.

Na modelagem, substituiremos essas 7 variáveis pelos dois componentes principais, que retêm 67% da variância total dos dados. As duas 'novas' variáveis podem ser obtidas no R por meio do seguinte comando: `aval.cp$x[,1:2]`.

O valor desses componentes para os seis primeiros indivíduos da base de dados, assim como as variáveis originais, pode ser visualizado com o comando `head`:

```
> head(cbind(AVALIACOES[,2:8],aval.cp$x[,1:2]))
  AV1 AV2  AV3 AV4 AV5 AV6 AGLOB          PC1         PC2
1 6.4 5.9  6.9 6.9   5 8.2   5.9 -0.80749061 -0.3301878
2 8.3 6.1  7.6 9.4   3 8.7   7.0 -2.04917869  0.2883347
3 8.0 4.9  4.3 4.0   5 6.2   3.3  0.89115690 -0.2406008
4 8.7 4.2 10.0 2.4   4 8.5   8.4 -1.49061534  1.0581164
5 4.8 1.0  5.8 6.3   4 7.5   3.8  0.69430576  0.2528562
6 3.5 6.9  7.4 2.9   3 6.7   6.3 -0.04889278  1.8249984
```

Note que, quando o valor do primeiro componente é baixo (como para o indivíduo 4 - PC1 = -1,49), os valores das variáveis AV3, AV6 e AGLOB são altos. Isso ocorre porque a carga dessas variáveis é negativa nesse componente.

2.7 IMBALANCE

Imbalance ou desbalanceamento é um tópico importante na preparação de dados para construção de um modelo preditivo. Ele ocorre quando há frequência muito maior em uma determinada categoria do que em outra. Por exemplo, bancos de dados com dados de fraude em transações de cartão de crédito têm muito mais casos de não fraude do que fraude. Outros exemplos em que o desbalanceamento pode estar presente são inadimplência, *churn* (quando há perda do cliente para a concorrência) ou em casos em que a ocorrência de um evento de interesse é rara.

Quando esse problema ocorre, o desempenho de um modelo de classificação pode ficar prejudicado, na medida em que é muito mais fácil classificar os casos na categoria majoritária e assim obter uma alta taxa de acerto. Muitas medidas de performance do modelo, que serão apresentadas no Capítulo 3, não devem ser utilizadas quando há desbalanceamento da amostra, pois todas as categorias são avaliadas com a mesma importância.

Podemos gerenciar o desbalanceamento fazendo uma reamostragem, que deve ser feita antes de aplicar as técnicas de modelagem, vistas adiante neste livro. O objetivo da reamostragem é mudar as frequências das categorias da variável resposta de forma a deixá-las similares. Isso pode ser feito por meio natural, coletando mais dados da classe minoritária (com menor frequência), por exemplo. Quando não é possível ou desejável, pode-se fazer uma reamostragem artificial, de três formas distintas:

- Eliminando dados da categoria majoritária (com maior frequência): embora possa ser feito de forma aleatória, é possível usar um algoritmo baseado em *clusters*, o *k-means*,[9] para tirar observações com características similares e, assim, não perder informação.

- Replicando dados da categoria minoritária (com menor frequência): além da replicação simples até que se atinja frequência similar à classe majoritária, podemos usar a técnica SMOTE (*Synthetic Minority Oversampling Technique*).[10] Essa técnica gera novos dados (sintéticos ou fictícios) da categoria minoritária usando algoritmo que leva em conta a proximidade das observações.

Para exemplificar a reamostragem, utilizaremos o conjunto de dados BUXI.xls, descrito no capítulo 1, que tem as mesmas variáveis dos dados utilizados nesse capítulo, mas possui um grande desbalanceamento da variável resposta "STATUS".

Nesse conjunto, a variável STATUS tem a seguinte distribuição de frequência:

```
> table(STATUS)
STATUS
  BOM MAU
2400 200
```

A função ROSE,[11] do pacote de mesmo nome, permite gerar novas observações da categoria minoritária até que as categorias fiquem balanceadas, mesmo que não perfeitamente. Pode-se escolher o tamanho da amostra final do novo banco de dados. Dependendo do tamanho final desejado, algumas observações da categoria majoritária poderão ser excluídas. A sintaxe abaixo mostra o resultado do algoritmo para N = 2600 (tamanho original do banco de dados):

---

[9] Esta técnica será vista nos próximos capítulos.

[10] Chawla, N. V., Bowyer, K. W., Hall, L. O., and Kegelmeyer, W. P. (2002). *Smote*: Synthetic minority over-sampling technique. Journal of Artificial Intelligence Research, 16:321-357.

[11] Lunardon, N., Menardi, G., and Torelli, N. (2014). *ROSE*: a Package for Binary Imbalanced Learning. R Journal, 6:82-92.

```
> library("ROSE")
> data_rose = ROSE(STATUS~.,data = BUX_IMBALANCE,seed =1)$data
> table(data_rose$STATUS)


 BOM  MAU
1346 1254
```

Após o tratamento dos dados, podemos o ajustar o modelo preditivo com os dados balanceados e usar alguma medida de avaliação (ex. acurácia) para verificar se houve melhora no resultado posteriormente ao balanceamento.

É importante ressaltar que as probabilidades estimadas pelo modelo de classificação devem ser ajustadas levando em conta as probabilidades *a priori* de cada categoria na população.

EXERCÍCIOS

1. O banco de dados "happiness.xls", descrito no Capítulo 1, contém dados de grau de felicidade de 122 países. O objetivo é prever o escore de felicidade do país pelas seguintes variáveis: hemisfério, HDI (Índice de desenvolvimento humano), GPD (PIB per capita), consumo de cerveja per capita, consumo de álcool per capita e consumo de vinho per capita.

    a) Quais países são *outliers* em um *box-plot* da variável "GDP_PerCapita"?

    b) Faça uma análise descritiva da variável "Wine_PerCapita". A distribuição desta variável é assimétrica? Há *outliers*? O que acontece com a assimetria e com os *outliers* quando é feita uma transformação logarítmica da variável (logwine)?

    c) Há erros na variável "Hemisphere". Corrija os erros usando a sintaxe do R.

    d) Após corrigir o erro da variável "Hemisphere", mostre por meio de *box-plots* se há diferenças na distribuição do "HappinessScore" nos países do hemisfério norte e sul.

    e) Qual é a correlação entre o "HappinessScore" e "Wine_PerCapita"? Interprete este valor. Refaça os cálculos agora utilizando o logaritmo das duas variáveis. Comente as diferenças entre as correlações.

    f) Podemos dizer que há relação de causalidade entre as duas variáveis, isto é, o consumo de cerveja "causa" aumento do escore de felicidade?

    g) Faça uma análise de componentes principais com as variáveis "Beer_PerCapita", "Spirit_PerCapita" e "Wine_PerCapita". Perde-se muita informação ao usar apenas o primeiro componente principal em substituição às três variáveis?

Preparação de dados **91**

2. O arquivo "spendx.xls", descrito no Capítulo 1, contém dados de 357 clientes de um banco.

    a) Faça gráficos de dispersão de cada par das variáveis: renda, tempo, cartões, idade e fatura. Sugestão: use a função `pairs.panels` do pacote `psych` para gerar uma figura com os gráficos de dispersão 2 a 2, os histogramas de cada variável e as correlações das variáveis 2 a 2.

    b) Apague a informação de renda do ID C50 (6890). Rode um algoritmo de imputação de *missing values* para recuperar este valor. O valor recuperado ficou próximo do real (apagado)?

3. O arquivo "TECAL.xls", descrito no Capítulo 1, contém dados da operadora de telefonia TECAL. O arquivo de dados contém a variável "cancel", que indica se o cliente cancelou o seu contrato com a empresa. A amostra apresentou desbalanceamento entre a quantidade de clientes que cancelaram e que não cancelaram.

    a) Faça uma tabela de frequências da variável CANCEL para mostrar o desbalanceamento na amostra.

    b) Utilize a função ROSE do software R para gerar um banco de dados balanceado com aproximadamente 3000 observações.

    c) Faça uma análise descritiva de todas as outras variáveis do banco de dados antes e depois de fazer o balanceamento. Houve mudanças nas estatísticas das variáveis?

CAPÍTULO 3
Avaliação de modelos de previsão e classificação

Prof. Abraham Laredo Sicsú

3.1 INTRODUÇÃO

Este livro apresenta diferentes algoritmos de previsão e classificação. Neste capítulo vamos discutir algumas métricas que permitem avaliar e comparar as performances dos modelos resultantes.

Antes de iniciar, é importante ressaltar que, ao analisar e comparar dois ou mais modelos, não podemos restringir-nos apenas às métricas de desempenho. Devemos analisar o modelo resultante como um todo, selecionando o mais interessante para a solução do problema em pauta. Isso contempla, entre outras análises, a sua justificativa dentro do contexto do problema, sua simplicidade e a facilidade de interpretar os resultados e explicá-los aos usuários dos modelos. Além disso, devemos notar que diferentes métricas, em virtude dos conceitos que fundamentam suas definições, podem sugerir diferentes modelos como "melhores". A métrica A pode apresentar melhor resultado para o modelo 1, enquanto a métrica B sugere que o modelo 2 é melhor.

Ao analisar modelos de previsão, vamos verificar o quão próximo é o valor previsto, $\hat{y}$, do valor real (observado), y. Nosso foco neste capítulo será a avaliação da *capacidade preditiva* do modelo e não a qualidade de seu ajuste a um determinado modelo teórico. Em inglês, esses dois objetivos são diferenciados pelas expressões *goodness of prediction* (GoP) e *goodness of fit* (GoF).

No caso de modelos de classificação, podemos distinguir dois tipos de algoritmos. Certos algoritmos, como SVM ou kNN, fornecem diretamente a categoria em que o indivíduo será classificado. Esses algoritmos são denominados *Output Classifiers* ou *Hard Classifiers*. Para esses casos, as avaliações focam no número de observações classificadas corretamente e incorretamente.

Outros algoritmos de classificação, como regressão logística, *random forests* e *gradient boosting*, fornecem, para cada indivíduo a ser classificado, um escore associado a cada categoria da variável alvo. Em geral, esses escores (ou uma transformação deles) são estimativas das probabilidades de que o indivíduo pertença a cada uma dessas categorias.[1] Esses algoritmos são denominados *Probability Classifiers* ou *Soft Classifiers*. A classificação em uma das categorias será função desse escore. Suponha-se que, para classificar um indivíduo como bom ou mau pagador, uma regressão logística estimou a probabilidade de que ele seja bom (0,80, por exemplo) e a probabilidade de que seja mau (1 - 0,80 = 0,20). Por exemplo, se o gestor de crédito decidir utilizar como ponto de corte a probabilidade igual a 0,90, ele só classificará como bom pagador, para fins de concessão do crédito, o indivíduo para o qual a probabilidade estimada de ser bom pagador for superior a 0,90. Em geral, os softwares utilizam o valor *default* 0,50 como ponto de corte para classificação.

3.2 AMOSTRA DE TREINAMENTO E AMOSTRA TESTE

Para avaliar a *performance* de um modelo de previsão ou classificação, quando for aplicado à população, não devemos utilizar a mesma amostra considerada para obtê-lo. Isso tende a fornecer resultados otimistas, camuflando inclusive a eventual ocorrência de *overfitting*. Deve-se avaliar o modelo aplicando-o a outra amostra dessa população, independente da amostra empregada para o desenvolvimento. As métricas a serem consideradas para avaliação do modelo serão calculadas a partir dessa outra amostra.

Em geral, selecionamos uma amostra da população e a dividimos aleatoriamente em duas partes. Uma parte para desenvolvimento que se denomina *amostra de treinamento* ou de aprendizado (*learning set* ou *training set* – no jargão de *machine learning*), e a outra denominada *amostra teste* (*test set*) para os testes do modelo obtido. Não há uma regra específica para essa partição; depende do tamanho da amostra. Em geral, seleciona-se de 50 a 70% para treinamento e o restante para teste. É sempre interessante comparar as métricas obtidas com a amostra de treinamento e de teste. Resultados que difiram significativamente sugerem a ocorrência de *overfitting*.

---

[1] Prefere-se denominar essas estimativas variando entre 0 e 1 de "*pseudoprobabilidades*". Isso pois nem sempre esses escores são boas estimativas das verdadeiras probabilidades. Para verificar se as pseudoprobabilidades podem ser consideradas realmente como probabilidades, é necessário testar essa validade. Neste texto, por simplicidade, utilizaremos o termo *probabilidade* mesmo quando se tratar de *pseudoprobabilidades*.

Avaliação de modelos de previsão e classificação

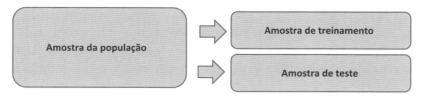

Figura 3.1 – Partição da amostra para treinamento e teste.

Em certos algoritmos de *machine learning*, como veremos nos capítulos seguintes, é necessário realizar o ajuste de um ou mais parâmetros do algoritmo (denominados *hiperparâmetros*) de forma a "otimizar" o modelo resultante. Definimos a métrica a ser considerada para medir a *performance* do modelo e testamos diferentes combinações de valores dos hiperparâmetros para identificar qual conduz à otimização dessa métrica. Por exemplo, ao utilizar redes neurais simples para classificar indivíduos, a escolha do número adequado de neurônios da camada intermediária, um hiperparâmetro, pode ser realizada de forma a maximizar a acurácia, ou seja, a proporção de observações corretamente classificadas. A escolha é feita rodando o algoritmo com diferentes valores do número de neurônios e selecionando o valor que maximiza a acurácia. A métrica a ser otimizada deve ser medida com uma amostra independente, denominada *amostra de validação*. Geralmente, a amostra de treinamento é dividida em duas partes, uma para treinamento propriamente dito e a outra para validação (*validation set*). Depois de obtermos o modelo com os hiperparâmetros devidamente ajustados, então ele será aplicado na amostra teste para analisarmos sua performance na população. Note-se que primeiro desenvolvemos o modelo (treinamos e validamos) para depois testá-lo em uma amostra independente. O ajuste dos hiperparâmetros será ilustrado no Capítulo 7.

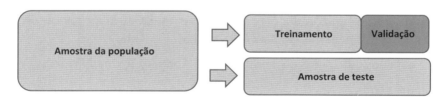

Figura 3.2 – Amostras de treinamento, validação e teste.

Quando a amostra disponível não for suficientemente grande, a divisão em duas partes, ou em três, no caso de validação, não é viável, pois geraria amostras ainda menores, não permitindo a obtenção nem de modelos nem de testes confiáveis. Nesse caso, pode-se recorrer a técnicas que simulem a utilização de amostras independentes. Essas técnicas serão discutidas adiante. Por ora, vamos admitir que nosso modelo será avaliado com a amostra teste e que esta é suficientemente grande para obter boas estimativas das métricas consideradas.

Nos problemas de classificação, para gerar as amostras de desenvolvimento e teste a partir de uma amostra original, recomendamos a função `createDataPartition` do pacote `caret` do R que mantém as mesmas proporções das diferentes classes da variável alvo em cada uma das duas amostras. Seu uso será ilustrado adiante.

3.3 AVALIAÇÃO DA CAPACIDADE PREDITIVA DE UM MODELO

Consideremos a Tabela 3.1, que simula os resultados obtidos com um modelo preditivo. Os valores y e $\hat{y}$ foram arbitrariamente definidos apenas para ilustrar as métricas a serem apresentadas. Para cada indivíduo calculamos o resíduo y - $\hat{y}$. Logicamente, quanto menores forem os resíduos, melhor capacidade preditiva de nosso modelo. Propositalmente incluímos uma observação (Observação 8) cujo resíduo é muito maior que os demais.

Tabela 3.1 – Valores observados (y), previstos ($\hat{y}$) e resíduos (y - $\hat{y}$)

obs.	1	2	3	4	5	6	7	8	9	10
y	25.20	28.40	22.90	31.40	42.60	31.80	42.50	41.80	20.90	37.60
$\hat{y}$	25.00	27.80	23.80	29.00	44.40	29.70	43.40	36.60	23.40	35.80
Resíduo	0.2	0.6	-0.9	2.4	-1.8	2.1	-0.9	5.2	-2.5	1.8

3.3.1 MÉTRICAS BASEADAS NO QUADRADO DOS RESÍDUOS

As métricas mais utilizadas para avaliar as previsões de um modelo baseiam-se na soma dos resíduos ao quadrado. Tais métricas são muito afetadas por *outliers*. Podemos considerar três métricas equivalentes: SSE, MSE e RMSE.

- Soma dos quadrados dos resíduos (SSE – *Sum of Squared Errors*);

$$SSE = \sum_{1}^{n} \left(y_i - \widehat{y}_i \right)^2$$

- A média da soma dos quadrados dos resíduos (MSE – *Mean Squared Errors*), ou "erro quadrático médio";

$$MSE = \frac{\sum_{1}^{n} \left(y_i - \widehat{y}_i \right)^2}{n}$$

Avaliação de modelos de previsão e classificação

- A raiz de MSE, talvez a medida mais utilizada (RMSE – *Root Mean Squared Errors*).

$$RMSE = \sqrt{\frac{\sum_1^n \left(y_i - \widehat{y}_i\right)^2}{n}}$$

Em nosso exemplo teremos:

Tabela 3.2 – Quadrados dos resíduos

Resíduo	0.2	0.6	-0.9	2.4	-1.8	2.1	-0.9	5.2	-2.5	1.8
Resíduo²	0.04	0.36	0.81	5.76	3.24	4.41	0.81	27.04	6.25	3.24

Resultando em: SSE = 51,96 MSE = 5,20 e RMSE = 2,28

A observação 8, que apresenta um resíduo atípico, tem grande influência nessas métricas. Se eliminássemos essa observação teríamos SSE = 24,92, MSE = 2,77 e RMSE = 1,66, ou seja, valores significativamente menores.

Não existe um valor "ótimo" para essas medidas. Dependem da magnitude dos valores de y. Ao comparar dois algoritmos utilizados para fazer as previsões de y, o que apresentar um valor significativamente menor de RMSE será considerado melhor, ou seja, terá maior capacidade preditiva.[2] Um sério problema com as medidas baseadas em quadrados é que, além da influência dos *outliers*, não são intuitivas. Para um leigo, é difícil interpretar a RMSE.

3.3.2 MÉTRICA BASEADA NO VALOR ABSOLUTO DOS RESÍDUOS

A principal vantagem desta métrica é ser mais intuitiva e simples de explicar a um leigo em métodos quantitativos.

- Erro absoluto médio (MAE – *mean absolute error*).

$$MAE = \frac{\sum_1^n \left|y_i - \widehat{y}_i\right|}{n}$$

---

[2] Na escolha de um modelo, uma regra de algibeira é não trocar um modelo mais simples por outro mais complexo, a menos que, para este último, o RSME seja pelo menos 10% inferior.

Em nosso exemplo:

Resíduo	0.2	0.6	-0.9	2.4	-1.8	2.1	-0.9	5.2	-2.5	1.8
Valor absoluto dos resíduos	0.2	0.6	0.9	2.4	1.8	2.1	0.9	5.2	2.5	1.8

Fornece MAE = 1,84.

Eliminando a 8ª observação (*outlier*) teremos:

Resíduo	0.2	0.6	-0.9	2.4	-1.8	2.1	-0.9	-2.5	1.8
Valor absoluto dos resíduos	0.2	0.6	0.9	2.4	1.8	2.1	0.9	2.5	1.8

obteremos MAE = 1,47.

A MAE não é tão afetada por *outliers* quanto a RMSE. Em nosso exemplo, ao eliminar o *outlier*, RMSE decresce 27% enquanto o MAE decresce 20%. Note-se que os valores de MAE são sempre um pouco inferiores a RMSE. Uma grande diferença entre ambos sugere a existência de *outliers*. Em particular, os algoritmos de regressão linear múltipla não fornecem esta métrica em suas saídas.

O valor de MAE é mais fácil de interpretar. Podemos dizer que, ao prever y, nosso erro de previsão é, em média, igual a 1,47 para mais ou para menos. Dependendo dos valores de y, 1,47 pode ser um erro médio muito pequeno ou muito grande. Para sanar esta deficiência, preferimos utilizar erros relativos.

3.3.3 MÉTRICA BASEADA EM ERROS RELATIVOS

A forma que nos parece mais interessante para analisar a capacidade preditiva de um modelo é utilizando erros relativos, que nos dão ideia da magnitude do erro. Vamos definir o erro percentual EP:

$$EP = \frac{\text{resíduo}}{\text{valor observado}} \times 100 = \frac{y - \hat{y}}{y} \times 100$$

Em nosso exemplo teremos:

y	25.20	28.40	22.90	31.40	42.60	31.80	42.50	41.80	20.90	37.60
Resíduo	0.2	0.6	-0.9	2.4	-1.8	2.1	-0.9	5.2	-2.5	1.8
EP	0.8%	2.1%	-3.9%	7.6%	-4.2%	6.6%	-2.1%	12.4%	-12.0%	4.8%

Podemos representar os erros graficamente, como segue na Figura 3.3:

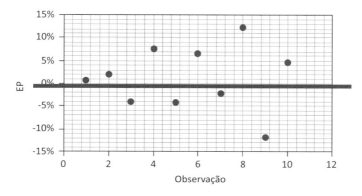

Figura 3.3 – Erros percentuais.

Quando y assume valores muito pequenos, os valores de EP podem ser muito grandes. O analista deve ficar atento a estas situações.

Uma medida que permite comparar a capacidade preditiva de dois ou mais modelos é o MAPE – *Mean Absolute Percentual Error*, que considera os erros percentuais em valores absolutos.

$$\text{MAPE} = \frac{1}{n}\sum_{1}^{n}\text{abs}(\text{EP}_i)$$

Alguns analistas costumam definir como *acurácia de um modelo preditivo* a quantidade 100% – MAPE. Mas não é uma boa medida, posto que, teoricamente, a MAPE pode ser superior a 100%. Ademais, quando o valor observado y é igual a zero, não podemos calcular o correspondente EP. Nesses casos a MAPE não é uma métrica viável.

3.3.4 CÁLCULO DAS MEDIDAS COM R

Alguns pacotes do R permitem calcular as medidas acima. O pacote MLmetrics permite calcular todas essas métricas, bem como as que veremos adiante, para modelos de classificação. Devemos tomar cuidado, pois o valor do MAPE calculado por esse pacote, apesar do nome, não é expresso em porcentagens.

3.4 AVALIAÇÃO DE MODELOS DE CLASSIFICAÇÃO BINÁRIA

Consideremos o caso em que a variável alvo possui apenas duas categorias: $y = 1$ ou $y = 0$. Em geral, costuma-se atribuir o valor 1 àquela categoria mais crítica do problema em estudo, mas isso é arbitrário. Por exemplo, se os clientes forem classificados como "bom pagador" ou "mau pagador", a categoria $y = 1$ costuma representar o mau pagador. Quando queremos classificar os pacientes em função da possibilidade de infartar ou não no futuro, atribuímos $y = 1$ à categoria "infartado" e $y = 0$ a "não infartado". Os indivíduos da categoria $y = 1$ costumam ser denominados *casos positivos (positive cases)* e os da categoria $y = 0$ *casos negativos (negative cases)*.

3.4.1 UM EXEMPLO SIMPLES

Para ilustrar os cálculos devemos considerar a tabela a seguir, que representa a aplicação de um modelo de classificação a uma amostra teste contendo apenas 8 casos positivos e 10 casos negativos. A Tabela 3.3 apresenta a categoria de cada cliente (status = 1: positivos ou status = 0: negativos), e os correspondentes valores das probabilidades de serem positivos *pr.pos*. Vamos admitir que essas probabilidades foram estimadas pelo modelo sendo avaliado.[3] Os clientes foram ordenados pelas probabilidades de serem positivas (pr.pos) estimadas pelo modelo.

Tabela 3.3 – Resultados de um modelo de classificação binária

cliente	A	B	C	D	E	F	G	H	I	J	K	L	M	N	O	P	Q	R
status	0	0	0	0	0	1	0	1	0	1	0	0	1	1	1	0	1	1
pr.pos	0.1	0.1	0.2	0.2	0.2	0.3	0.3	0.4	0.4	0.6	0.6	0.6	0.7	0.7	0.8	0.8	0.9	0.9

---

[3] Nos próximos capítulos veremos como obter essas probabilidades para os diferentes algoritmos a serem apresentados.

3.4.2 MATRIZ DE CLASSIFICAÇÃO E MEDIDAS ASSOCIADAS

Para construir a matriz de classificação necessitamos definir um ponto de corte (pc). Observações cujas probabilidades estimadas de serem positivas forem iguais ou superiores a pc serão classificadas como positivas. Caso contrário, serão classificadas como negativas.

pr.pos ≥ pc ➜ classificamos como caso positivo

pr.pos < pc ➜ classificamos como caso negativo

A matriz de classificação (*confusion matrix*) resume as classificações para dado ponto de corte. Sua forma geral é mostrada no Quadro 3.1.[4]

Quadro 3.1 – Matriz de classificação

pc		Realidade	
		Positivo	**Negativo**
Previsão	Positivo	TP (verdadeiros positivos) ☑	FP (falsos positivos) ☒
	Negativo	FN (falsos negativos) ☒	TN (verdadeiros negativos) ☑

Em nosso exemplo, adotando pc = 0,50, classificaremos como y = 1 quando pr.pos ≥ 0,5:

Tabela 3.4 – Probabilidades estimadas e ponto de corte

Status	0	0	0	0	0	1	0	1	0	1	0	0	1	1	1	0	1	1
pr.pos	0.1	0.1	0.2	0.2	0.2	0.3	0.3	0.4	0.4	0.6	0.6	0.6	0.7	0.7	0.8	0.8	0.9	0.9

---

[4] As notações TP, FP, TN e FN correspondem às iniciais das categorias em inglês. Mantivemos desta forma pois é a convenção em praticamente todos os textos.

E a matriz de classificação será:

Tabela 3.5 – Matriz de classificação

pc = 0,50		Realidade		
		Positivo	Negativo	
Previsão	Positivo	TP = 6	FP = 3	9
	Negativo	FN = 2	TN = 7	9
		8	10	18

A partir da matriz de classificação, podemos definir as métricas acurácia, precisão, *recall*,[5] especificidade, CME, MMC e F1 e aplicá-las a nosso exemplo. Essas medidas podem ser utilizadas quando um algoritmo é do tipo *output classifier*.

3.4.2.1 Acurácia

$$ACC = \frac{TP + TN}{TP + TN + FP + FN}$$

Em nosso exemplo numérico, temos: ACC = 13/18 = 0,72 (72%).

Essa medida considera a taxa de acertos como um todo. Pode ser severamente afetada se a amostra não for balanceada. Por exemplo, admitamos que em uma amostra teste de 1.000 clientes apenas 5 cometeram fraude (positivos). Classificando todos os clientes como não fraudadores, nossa matriz de classificação fica igual a:

---

[5] Mantivemos o nome Recall em inglês por não dispor de uma tradução apropriada. Talvez o termo *Recuperação* (de casos positivos) fosse o mais adequado.

Tabela 3.6 – Matriz de classificação – dados não balanceados

pc = 0,5		Realidade		
		Positivo	Negativo	
Previsão	Positivo	TP = 0	FP = 0	0
	Negativo	FN = 5	TN = 995	1000
		5	995	

e ACC = 995/1000 = 0,995 (99,5%). Esse valor pode parecer ótimo. Dificilmente um algoritmo conduziria a uma taxa de acerto dessa magnitude. Mas a Acurácia não mostra que classificamos todos os fraudadores de forma incorreta.

A Acurácia foi calculada sem considerar os custos dos possíveis erros de classificação. Quando dispusermos desses valores, o que na prática, em geral, é difícil, podemos calcular o CME (Custo Médio do Erro).

$$CME = \frac{1}{n}(FP \times CFP + FN \times CFN)$$

onde CFP é o custo de um falso-positivo e CFN o custo de um falso-negativo.

Em nosso exemplo da Tabela 3.5, com ponto de corte pc = 0,5 e admitindo que classificar uma observação positiva incorretamente tenha um custo de CFN = \$50 e a classificação incorreta de um negativo tenha custo CFP = \$10, como mostra a figura seguinte:

Tabela 3.7 – Matriz de classificação – custos dos erros

pc = 0,5		Realidade		
		Positivo	Negativo	
Previsão	Positivo		FP = 3 × 10	9
	Negativo	FN = 2 × 50		9
		8	10	18

CME = (2*50 + 3*10)/18 = \$7,2. A determinação do pc ideal será o que minimiza os custos dos erros de classificação. Podemos estender esses cálculos quando conhecemos o ganho dos TP e TN.

Em casos em que a desproporção entre as duas classes de indivíduos é grande, uma das formas de melhorar a performance do algoritmo é o balanceamento das amostras, visto anteriormente. Por exemplo, se apenas 3% (π_p = 0,03) dos indivíduos da população tem uma doença rara, ao desenvolver um modelo para prever a probabilidade que uma pessoa dessa população venha a contraí-la, o analista normalmente recorre à amostragem separada, selecionando amostras de tamanhos semelhantes de portadores (casos positivos) e não portadores da doença (casos negativos). Por exemplo, selecionamos n_p = 500 portadores e n_n = 500 não portadores da doença rara. Após rodar o algoritmo de classificação considerado obtemos a seguinte matriz de classificação:

Tabela 3.8 – Matriz de classificação

pc = 0,5		Realidade		
		Positivo	Negativo	
Previsão	Positivo	TP = 420	FP = 120	540
	Negativo	FN = 80	TN = 380	420
		500	500	1000

A ACC = (420 + 380)/1000 = 0,80 não corresponde ao que será esperado ao aplicar o algoritmo a uma amostra aleatória simples da população. Devemos, então, corrigir os resultados considerando as probabilidades *a priori* π_p = 0,03 e π_n = 0,97. Da tabela temos que 84% (420/500 = 0,84) dos casos positivos foram corretamente classificados e 76% (380/500 = 0,76) negativos foram corretamente classificados. A acurácia, considerando as probabilidades *a priori*, será igual a ACC = 0,03 × 0,80 + 0,97 × 0,76 = 0,76.

3.4.2.2 Precisão

$$PREC = \frac{TP}{TP + FP}$$

Essa medida mostra a proporção de verdadeiros positivos em relação a todos os classificados como positivos. Em nosso pequeno exemplo, a precisão será igual a 6/9 = 0,67. Dos casos classificados como positivos, apenas 67% realmente o são. Se o objetivo do modelo fosse detectar uma doença rara, em 33% dos casos estaríamos incorretamente tendo falsos alarmes.

3.4.2.3 Recall

$$REC = \frac{TP}{TP + FN}$$

Recall também é denominada *sensibilidade* (SENS) ou TPr (*True Positive Rate*). Mostra, entre as observações positivas, quantas foram classificadas corretamente. Em nosso exemplo, recall = 6/8 = 0,75 (75%) e estaríamos deixando de detectar 25% dos casos positivos. Se o objetivo do modelo fosse detectar uma doença rara, em 25% dos casos não acertaríamos, o que é um valor alto, especialmente se for de uma doença contagiosa.

No exemplo dos fraudadores (5 positivos e 995 negativos), se classificássemos todos os clientes como fraudadores, o valor de recall seria máximo e igual a 1,0, mas o classificador não teria utilidade.

3.4.2.4 Especificidade

$$SPEC = \frac{TN}{TN + FP}$$

A especificidade é a contrapartida da recall quando consideramos os casos negativos. É a proporção de casos negativos corretamente classificados (*TNr – True negative rate*). A quantia **FPr = 1- SPEC** é denominada *False Positive Rate*.

Baixando o valor do ponto de corte, aumentamos a quantidade de falsos-positivos e reduzimos a quantidade falsos-negativos. Por exemplo, para pc = 0,25 teremos:

Tabela 3.9 – Probabilidades estimadas por um modelo de classificação

Status	0	0	0	0	0	1	0	1	0	1	0	0	1	1	1	0	1	1
pr.pos	0.1	0.1	0.2	0.2	0.2	0.3	0.3	0.4	0.4	0.6	0.6	0.6	0.7	0.7	0.8	0.8	0.9	0.9

A matriz de classificação será:

Tabela 3.10 – Matriz de classificação

pc = 0,25		Realidade		
		Positivo	Negativo	
Previsão	Positivo	TP = 8	FP = 5	13
	Negativo	FN = 0	TN = 5	5
		8	10	

PREC = 8/13 = 0,62, inferior ao valor anterior. REC = 8/8 = 1,0. Ou seja, perdemos precisão e ganhamos em recall. A acurácia, por coincidência, não se altera.

Aumentando o valor de pc para 0,65, teremos PREC = 5/6 = 0,83 e REC = 5/8 = 0,62. A Precisão aumenta e a recall decresce. A acurácia cresce para 14/18 = 0,78.

Se nosso modelo de classificação não for "perfeito" (isto é, FP = 0 e FN = 0), à medida que aumentamos o valor de pc, a precisão cresce e a recall decresce. Caberá ao analista determinar o ponto de corte que satisfaça suas necessidades.

Quando ambas, precisão e recall, são importantes para o analista, uma forma de comparar dois modelos é utilizando a métrica F1, denominada *F1 – score*, definida a seguir, que é a média harmônica entre as duas medidas.[6] Quanto maior o valor de F1, melhor. O valor máximo de F1 é igual a 1, atingido quando precisão = 1,0 e recall = 1,0, ou seja, quando temos um modelo perfeito, sem falsos-positivos e falsos-negativos.[7]

$$F1 = \frac{2 \times \text{Precisão} \times \text{Recall}}{\text{Precisão} + \text{Recall}}$$

Em nosso exemplo, para pc = 0,5, teremos F1 = (2 × 0,67 × 0,75)/(0,67 + 0,75) = 0,71.

---

[6] A média harmônica é menos sensível a valores grandes que a média aritmética.

[7] O analista pode eventualmente calcular a estatística F dando maior peso para Precisão ou para Recall de acordo com os objetivos de seu problema.

3.4.2.5 Cálculo das métricas com MLmetrics

```
#   mm : é O arquivo com a tabela do exemplo acima
> mm$klas=ifelse(mm$pr.pos>.5, 1,0) #ponto de corte=0.5
> library(MLmetrics)
> ConfusionMatrix(mm$Status,mm$klas)
      y_pred
y_true 0 1
     0 7 2
     1 3 6
> Precision(mm$Status,mm$klas, positive=1)
[1] 0.7777778
> Recall(mm$Status,mm$klas, positive=1)
[1] 0.7
> Specificity(mm$Status,mm$klas, positive=1)
[1] 0.75
> F1_Score(mm$Status,mm$klas, positive=1)
[1] 0.7368421
```

3.4.2.6 MCC – *Matthews correlation coeficiente*

Este coeficiente mede o grau de associação entre duas variáveis qualitativas binomiais: a classificação real e a classificação prevista. Na realidade, é a medida de correlação binária *phi* de Pearson aplicada a problemas de classificação. Sua principal vantagem é lidar bem com o problema de não balanceamento das amostras.

Já vimos que a acurácia (ACC) não é uma boa medida quando as amostras não são balanceadas. As medidas precisão (PREC) e recall (REC) também são problemáticas, pois não consideram em suas fórmulas o valor de TN e, portanto, dependem de quem foi considerada como classe positiva, o que é uma decisão arbitrária. F1 score, por ser função da precisão e recall, apresenta o mesmo problema.

Para ilustrar isto consideremos o caso seguinte.

Tabela 3.11 – Matriz de classificação

pc = 0,5		Realidade	
		Positivo	Negativo
Previsão	Positivo	TP = 90	FP = 4
	Negativo	FN = 5	TN = 1

Teremos ACC = 91,0%, PREC = 95,7%, REC = 94,7% e F1 score = 95,2%. Aparentemente, esses valores são satisfatórios, mas não mostram que apenas 20% dos casos negativos foram corretamente classificados.

O MCC contorna esse problema ao não depender da escolha de quem é a classe positiva, considerando igualmente todos os elementos da matriz de classificação. A fórmula do MCC é dada a seguir.

$$MCC = \frac{TP \times TN - FP \times FN}{\sqrt{(TP+FP)(TP+FN)(TN+FP)(TN+FN)}}$$

A fórmula contempla igualmente todos os valores da matriz de classificação. No denominador temos as somas de linhas e colunas. É possível demonstrar que $-1 \leq MCC \leq 1$. Quando o valor é igual a 1, a concordância entre previsão e realidade é perfeita, ou seja, FP = FN = 0. O valor MCC = 0 corresponde à associação nula, ou seja, equivale à previsão obtida aleatoriamente (TP = FP e TN = FN). O valor de MCC pode ser negativo, mas isso corresponderia a um classificador que erra mais do que acerta. Na prática isso é muito raro; o mais provável é que seja um erro do analista ao interpretar a saída do algoritmo.

No caso do exemplo anterior (Tabela 3.11), teremos

$$MCC = \frac{90 \times 1 - 4 \times 5}{\sqrt{(90+4)(90+5)(1+4)(1+5)}} = 0,135$$

Um valor baixo, mostrando que a classificação não é satisfatória. Se invertêssemos as definições das classes positivas e negativa a matriz teria os valores seguintes:

Avaliação de modelos de previsão e classificação

Tabela 3.12 – Matriz de classificação

pc = 0,5		Realidade	
		Positivo	Negativo
Previsão	Positivo	TP = 1	FP = 5
	Negativo	FN = 4	TN = 90

O valor de MCC não se alteraria.

Para calcular com o R utilizamos o pacote `mltools`:

```
> library(mltools)
> mcc(TP = 90, FP = 4, TN = 1,FN = 5)
[1] 0.135242
```

3.4.3 MÉTRICAS BASEADAS EM PROBABILIDADES

Quando um classificador é do tipo *Probability Output*, temos, além das métricas acima descritas, outras formas para avaliar o modelo de classificação, que não dependem da escolha de um ponto de corte. Essas novas medidas, baseadas nas probabilidades, não medem a acurácia. A acurácia depende do ponto de corte considerado. Contemplam as distribuições das probabilidades estimadas pelos algoritmos, favorecendo os modelos em que as distribuições das probabilidades estimadas das classes positiva e negativa apresentam maior distância entre si. Em outras palavras, medem a *capacidade de discriminação* ou *capacidade de separação* do modelo.

3.4.3.1 A curva ROC

A curva ROC (*receiver operating characteristics*) foi utilizada na Segunda Guerra pelo exército americano para teste de radares. O objetivo era verificar a capacidade de diferenciar sinais que correspondiam à entrada de aviões inimigos (TP) dos sinais que eram apenas ruído e, portanto, falsos alarmes (FP). Desde então tem sido utilizada em avaliação de algoritmos de classificação binária. Inicialmente, veremos como obter a curva ROC utilizando nosso exemplo com apenas 18 observações. Posteriormente, veremos com utilizar a curva para comparar diferentes modelos.

3.4.3.2 Construção da curva

Vimos anteriormente que para cada ponto de corte pc obtemos diferentes valores de TPr e FPr. A curva ROC é um gráfico com TPr no eixo das coordenadas e FPr no eixo das abscissas. Cada ponto da curva corresponde aos valores de TPr e FPr relativos a um ponto de corte. A curva apresenta a relação entre a sensibilidade e especificidade.

Em nosso exemplo, por ser muito simples, teremos uma curva poligonal correspondente a poucos pontos de corte.

Tabela 3.13 – Probabilidades estimadas pelo modelo

Status	0	0	0	0	0	1	0	1	0	1	0	0	1	1	1	0	1	1
pr.pos	0.1	0.1	0.2	0.2	0.2	0.3	0.3	0.4	0.4	0.6	0.6	0.6	0.7	0.7	0.8	0.8	0.9	0.9

Os valores dos pontos de corte pc, TPr e FPr estão na tabela abaixo.

Tabela 3.14 – TPr e FPr para diferentes pontos de corte pc

pc	0.00	0.15	0.25	0.35	0.45	0.55	0.65	0.75	0.85	1.00
TP	8	8	8	7	6	6	5	3	2	0
FP	10	8	5	4	3	3	1	1	0	0
TPr	1.000	1.000	1.000	0.875	0.750	0.750	0.625	0.375	0.250	0.000
FPr	1.000	0.800	0.500	0.400	0.300	0.300	0.100	0.100	0.000	0.000

```
> library(ROCit)
> x<- rocit(score=mm$pr.pos, class=mm$Status)
> x$AUC #área sob a curva
[1] 0.84375
> plot(x, col=2, YIndex = F)
> abline(h=1, lwd=3, lty=3)
> abline(v=0, lwd=3, lty=3)
```

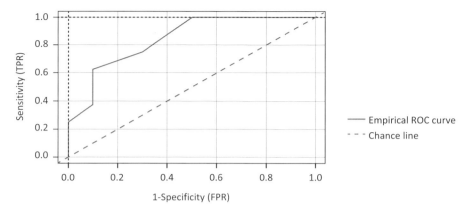

Figura 3.4 – Curvas ROC.

A linha cheia mostra a curva ROC para nosso exemplo. A diagonal tracejada corresponde à curva ROC, que seria obtida se o método de classificação fosse aleatório (classificação baseada em cara ou coroa). As linhas pontilhadas pretas passando por FPr = 0 e por TPr = 1 mostram a curva ROC para o caso em que a separação entre as duas curvas é perfeita. Entre cada par de pontos da curva, o algoritmo traça uma reta, o que corresponde à interpolação linear entre esses valores.

3.4.3.3 Área sob a curva ROC

A área sob a curva ROC obtida com o modelo é denominada AUROC (*Area under ROC*) ou simplesmente AUC (*area under curve*). A área sob a curva perfeita é igual a 1,0, como pode ser observado na figura anterior. Quanto mais a curva ROC do modelo se aproximar da curva do modelo perfeito, maior será a área sob ela. Esta área é uma métrica muito utilizada para comparar modelos de classificação. Quanto maior AUC, "melhor" o modelo no sentido que separa melhor as probabilidades estimadas das duas categorias da variável alvo. Note-se que não depende de um ponto de corte específico.

Para entender melhor a relação entre as distâncias das distribuições das probabilidades estimadas pelo modelo e a curva ROC, vamos utilizar três algoritmos de classificação distintos, como mostra a Figura 3.5, com base numa mesma amostra balanceada de 1.000 observações (500 de cada categoria). Vamos denominar os modelos obtidos com esses algoritmos por modelo 1, modelo 2 e modelo 3.

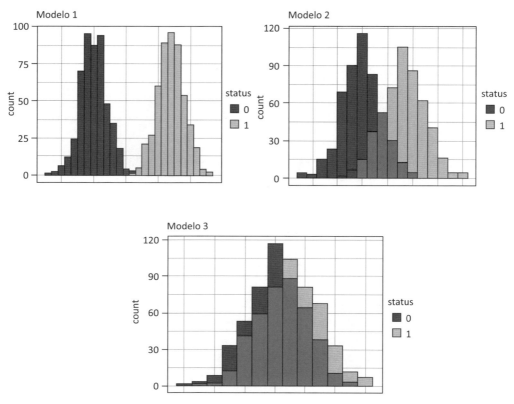

Figura 3.5 – Comparação das distribuições das probabilidades de positivos e negativos estimadas por diferentes modelos.

No modelo 1, as distribuições das probabilidades das observações positivas (y = 1) e negativas (y = 0) estão perfeitamente separadas. O modelo 1 permite, portanto, discriminar bem as duas categorias. No modelo 2, tem-se uma pequena superposição das duas distribuições; a capacidade discriminatória é satisfatória, mas menor que a do modelo 1. No caso do modelo 3, as distribuições das probabilidades fornecidas pelo modelo apresentam grande superposição. Esse modelo não permite discriminar bem as duas categorias. Vejamos como ficam as curvas ROC desses três modelos:

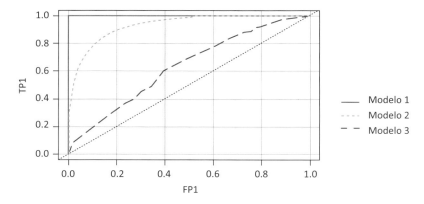

Figura 3.6 – Curvas ROC para os três modelos.

Quanto menor a capacidade de discriminação do modelo, menor a área sob a curva ROC. Os valores das áreas, calculadas com o pacote PRROC do R, são respectivamente iguais a AUC1 = 1,0, AUC2 = 0,93 e AUC3 = 0,63.

A área sob a curva ROC pode ser calculada diretamente, por exemplo, com o pacote Hmeasure do R, que fornece uma série de outras métricas interessantes:

```
> HMeasure(mm$Status, mm$pr.pos)$metric[[3]]
[1] 0.84375
```

A Tabela 3.15, a seguir, baseada na experiência, mostra a capacidade discriminadora em função da AUROC:

Tabela 3.15 – Capacidade de discriminação em função dos valores da AUROC

AUROC	Capacidade de discriminação
Abaixo de 0,70	Muito fraca
0,70 a 0,80	Aceitável
0,80 a 0,90	Excelente
Acima de 0,90	Acima do normal

Algumas observações relativas ao ROC:
- O coeficiente de Gini, utilizado por alguns analistas em vez do AUROC, é definido como Gini = 2 × AUROC - 1.

- A utilização da ROC limita-se ao problema de classificação binária para comparar modelos testados com as mesmas bases de dados.

- Utilizar a medida AUROC para selecionar um modelo com base em sua capacidade de discriminação é bastante razoável se este for o objetivo do modelo desenvolvido. Mas deve ficar claro que não é uma medida de acurácia nem de validação das probabilidades estimadas pelo modelo.

- Se o objetivo é a boa estimação das probabilidades de pertencer a cada uma das categorias da variável alvo, AUROC não é uma boa medida para selecionar um modelo. Observamos que a construção da curva ROC não depende do valor das probabilidades, mas da ordenação dessas probabilidades dentro de cada uma das categorias. Dois modelos com diferentes capacidades de estimação das probabilidades podem dar a mesma ROC, ainda que um deles gere melhores estimativas dessas probabilidades.

- Vamos selecionar aleatoriamente uma observação A da categoria positiva e uma observação B da categoria negativa. Sejam P(A) e P(B) as probabilidades estimadas pelo algoritmo de que essas observações pertençam à categoria positiva. Pode-se demonstrar que AUROC é a probabilidade que P(A) > P(B).

- Dois modelos podem gerar curvas ROC que se cruzam. Isso mostra que um modelo pode ser mais acurado que outro, dependendo da região onde se seleciona o ponto de corte.

- Ao classificar indivíduos, procuramos maximizar a TPr e minimizar a FPr. É possível mostrar que a diferença J = TPr - FPr (J: estatística de Youden) é máxima para o ponto de corte que gera o ponto da curva ROC mais próximo do vértice superior esquerdo (TPr = 1 r FPr = 0). Esse ponto é utilizado frequentemente como ponto de corte.

- A curva ROC e a área AUROC podem levar a interpretações enganosas quanto à qualidade de um modelo de classificação quando as amostras das duas categorias da variável alvo estão muito desbalanceadas, ou seja, uma é de tamanho muito superior à outra. As estatísticas TPr e FPr são calculadas "dentro" de cada amostra, não levando em consideração esse desbalanceamento. AUROC pode ter um valor que indique discriminação aceitável ou boa e, no entanto, a taxa de erro ser muito alta ao classificar a classe com menor amostra.

3.4.3.4 *Logloss*

A curva ROC, como vimos, não leva em consideração o valor das probabilidades de pertencer às duas categorias da variável alvo estimadas pelo modelo de classificação, mas apenas sua ordenação. A métrica *logloss* se baseia nos valores dessas probabilidades. Assim como a AUROC, tal métrica não mede a acurácia do algoritmo, mas

Avaliação de modelos de previsão e classificação

a magnitude das probabilidades estimadas. A justificativa da fórmula, que decorre da Teoria da Informação, foge do escopo deste texto.[8]

Seja p(i) a probabilidade estimada de que a observação i pertença à categoria positiva, ou seja, y(i) = 1. O ideal é que essa probabilidade estimada fosse igual a 1,0, no caso de uma observação da categoria positiva. Outrossim, se y(i) = 0 esperamos que um bom modelo gere uma probabilidade p(i) próxima de zero. Quanto mais próximos do valor ideal forem os valores estimados das probabilidades (1 ou 0), melhores serão as estimativas. E, como veremos, quanto melhores as estimativas, menor o valor de *logloss*.

Para entender a lógica dessa importante métrica, consideremos um exemplo simples, comparando dois modelos de classificação aplicados à classificação de cinco indivíduos. A Tabela 3.16 apresenta as probabilidades estimadas de serem casos positivos com cada um dos modelos. Adotamos o ponto de corte pc = 0,50.

Tabela 3.16 – Comparação das probabilidades calculadas estimadas de dois modelos

Observação	Realidade	Modelo 1		Modelo 2	
		Probabilidade	Classificação	Probabilidade	Classificação
A	+	0,94	+	0,54	+
B	-	0,28	-	0,41	-
C	+	0,72	+	0,61	+
D	-	0,68	+	0,52	+
E	-	0,22	-	0,43	-

Ambos classificaram corretamente os indivíduos A, B, C e E. Comparando a acurácia, poderíamos dizer que são modelos equivalentes, mas observamos que no modelo 1 as probabilidades para os casos positivos são bem superiores (mais próximas de 1) e a probabilidades para os casos negativos bem inferiores (mais próximas de 0). Isso nos leva a confiar mais nas probabilidades estimadas pelo modelo 1. A *logloss* mostra tal diferença.

A fórmula da *logloss* é dada a seguir.

$$\text{logloss} = -\frac{1}{n}\sum_{1}^{n}\left[y(i).\ln(p(i))+(1-y(i)).\ln(1-p(i))\right]$$

---

[8] Uma discussão mais formal e dedução podem ser encontradas em https://medium.com/ensina-ai/uma-explica%C3%A7%C3%A3o-visual-para-fun%C3%A7%C3%A3o-de-custo-binary--cross-entropy-ou-log-loss-eaee662c396c.

No caso ideal, o valor de *logloss* = 0,00. No caso extremo do modelo atribuir p(i) = 0 para os casos em que y(i) = 1 e p(i) = 1,0; quando y(i) = 0 teríamos *logloss* = ∞.

Em nosso exemplo teremos y(1) = 1, y(2) = 0, y(3) = 1, y(4) = 0 e y(5) = 1,

logloss(modelo1) = - [1 × ln(0,94) + 1 × ln(1 - 0,28) + 1 × ln(0,72) + 1 × ln(1 - 0,68) + 1 × ln(1 - 0,22)]/5

logloss(modelo1) = 0,42

logloss(modelo2) = - [1 × ln(0,54) + 1 × ln(1 - 0,41) + 1 × ln(0,61) + 1 × ln(1 - 0,52) + 1 × ln(1 - 0,43)]/5

logloss(modelo2) = 0,59

Portanto, o modelo 1 com probabilidades mais próximas das ideais apresenta menor *logloss*.

Esses valores podem ser calculados com o pacote MLmetrics do R, como segue:

```
> tru=c(1,0,1,0,0) #classes reais
> pre1=c(0.94,0.28,0.72,0.68,0.22) #previsão com modelo1
> pre2=c(0.54,0.41,0.61,0.52,0.43) #previsão com modelo2
> library(MLmetrics)
> LogLoss(pre1, tru) # sempre nessa ordem (estimado, real)
[1] 0.4213558
> LogLoss(pre2, tru)
[1] 0.5868407
```

Para um modelo de classificação aleatória (cara ou coroa), a probabilidade p(i) correspondente a cada observação é igual a 0,5. Neste caso, *logloss* = 0,693.

```
> prealea=c(0.5,0.5,0.5,0.5,0.5)
> LogLoss(prealea, tru)
[1] 0.6931472
```

Classificadores que fornecem valores acima de 0,693 são considerados inadequados. Como considera a soma dos logaritmos para as diferentes observações, a medida *logloss* é sensível ao desbalanceamento das amostras. A classe majoritária contribuirá com um número muito maior de parcelas ao calcular o *logloss*.

A métrica *logloss* apresenta duas sérias vantagens em relação ao AUROC. Primeiro, leva em conta o valor das probabilidades estimadas e não apenas sua ordinalidade. Segundo, o conceito que fundamenta a *logloss* pode ser generalizado para caso de classificação em mais de duas categorias.[9] O algoritmo de regressão logística, que será visto adiante, busca estimar os parâmetros da função que minimizem o valor da *logloss*.

3.4.3.5 KS – Kolmogorov – Smirnov

Esta métrica será incluída no texto por ser ainda utilizada na área financeira para avaliar modelos de classificação aplicados à análise de crédito (*credit scoring*). Não recomendamos seu uso, pois tem variabilidade muito superior ao AUROC, o que torna mais difícil a comparação dos valores para modelos distintos.

A métrica KS é calculada obtendo-se a maior diferença (distância) entre as funções distribuições acumuladas CDFn(pc) e CDFp(pc) que são, respectivamente, as proporções acumuladas de casos negativos e de casos positivos, cujas probabilidades estimadas de pertencer à categoria positiva são iguais ou inferiores ao ponto de corte pc, para $0{,}0 \leq pc \leq 1{,}0$.

$$KS = \max_{0 \leq pc \leq 1} \left| CDFn(pc) - CDFp(pc) \right|$$

Observemos que CDFn(pc) = 1 - FPr(pc) e CDFp(pc) = 1 - TPr(pc). Portanto

$$KS = \max_{0 \leq pc \leq 1} \left| TPr(pc) - FPr(pc) \right|$$

Tabela 3.17 – Probabilidades estimadas por um modelo de classificação

status	0	0	0	0	0	1	0	1	0	1	0	0	1	1	1	0	1	1
pr.pos	0.1	0.1	0.2	0.2	0.2	0.3	0.3	0.4	0.4	0.6	0.6	0.6	0.7	0.7	0.8	0.8	0.9	0.9

Por exemplo, quando pc = 0,65, temos 3 casos positivos e 9 casos negativos. Portanto, CDFp(0,65) = 3/8 = 0,375 e CDFn (0,65) = 9/10 = 0,900.

---

[9] Na realidade a *logloss* binária é um caso particular da medida *cross-entropy,* mais geral, que será vista adiante.

Tabela 3.18 – Proporções acumuladas (CDF)

Pc	0.00	0.15	0.25	0.35	0.45	0.55	0.65	0.75	0.85	1.00
CDFn(pc)	0,000	0,200	0,500	0,600	0,700	0,700	0,900	0,900	1,000	1,000
CDFp(pc)	0,000	0,000	0,000	0,125	0,250	0,250	0,375	0,625	0,750	1,00
Diferença	0,000	0,200	0,500	0,475	0,450	0,450	**0,525**	0,275	0,250	0,00

As curvas CDFn e CDFp, bem como o valor do KS, podem ser obtidos diretamente com o pacote ROCit. O pacote utiliza como pontos de corte os próprios valores das probabilidades estimadas *pr.pos,* e não valores intermediários como na tabela anterior.

```
> library(ROCit)
# mm é a tabela de probabilidades estimadas e status (Tabela 3.8)
> x<- rocit(score=mm$pr.pos, class=mm$Status)
> ks=ksplot(x)
> ks$`KS stat` #valor do KS
[1] 0.525
> ks$`KS Cutoff` #ponto de corte relativo ao KS
[1] 0.7
> plot(ks$Cutoff, ks$`F(c)`,type="b", ylim=c(0,1), col=1,
 ylab="CDF", xlab="pc")
> lines(ks$Cutoff, ks$`G(c)`,type="b", col=2, lty=2)
> grid()
> legend('bottomright', legend = c('CDFn', 'CDFp'),
 col=c(1,2),lty=c(1,2))
```

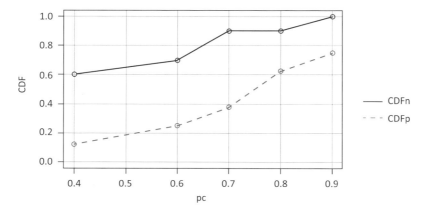

Figura 3.7 – Distribuições acumuladas CDFn e CDFp.

A distância entre as curvas para pc = 0,7 é o KS = 0,525.

3.5 AVALIAÇÃO DE MODELOS DE CLASSIFICAÇÃO MULTINOMIAL

Vamos considerar, para ilustrar as métricas, o caso em que o número de categorias da variável resposta é igual a três. Vamos denominar essas categorias por A, B e C. Cada indivíduo será classificado em apenas uma dessas categorias. A generalização para problemas com quatro ou mais categorias é imediata.

3.5.1 MATRIZ DE CLASSIFICAÇÃO E MÉTRICAS ASSOCIADAS

Vamos admitir que o algoritmo de classificação aplicado à amostra de teste deu origem à matriz de classificação seguinte.

Tabela 3.19 – Matriz de classificação

Classificação	Real			
	A	B	C	
A	470	20	20	510
B	20	280	20	320
C	10	0	160	170
	500	300	200	1000

A acurácia pode ser medida da mesma forma que para a classificação binomial, dividindo as classificações corretas pelo total de elementos. Em nosso exemplo teremos:

$$\text{ACC} = \frac{\text{classificações corretas}}{\text{total de observações}} = \frac{470 + 280 + 160}{1000} = 0,91$$

Da mesma forma que no caso binomial, essa medida não é interessante no caso de amostras não balanceadas. Podemos ter um valor alto de ACC enquanto as observações de uma ou mais classes minoritárias são mal classificadas.

Para definir precisão e recall, devemos fazê-lo para cada classe separadamente. Por exemplo, para o cálculo correspondente à categoria A, esta é considerada como positiva e as demais como negativas. Teremos então:

$$\text{REC}(A) = \frac{\text{observações de A corretamente classificadas}}{\text{observações classificadas como A}} = \frac{470}{510} = 0,92$$

$$\text{REC}(A) = \frac{\text{observações de A corretamente classificadas}}{\text{total de observações de A}} = \frac{470}{500} = 0,94$$

Repetindo o cálculo para todas as categorias teremos os valores seguintes:

Tabela 3.20 – Comparação das métricas para as diferentes categorias

	PREC	REC	F1
A	0.922	0.940	0.931
B	0.875	0.933	0.903
C	0.941	0.800	0.865

A última coluna apresenta o valor do F1 score para cada categoria. Uma alternativa para o cálculo do F1 multinomial, que denominaremos *F1 macro*, é a média das F1 scores de cada uma das categorias.

$$\text{F1macro} = \frac{0,931 + 0,903 + 0,865}{3} = 0,90$$

Avaliação de modelos de previsão e classificação **121**

Outra versão do F1 score, denominada *macro average F1*, resulta da aplicação da fórmula original de F1 score, considerando as PREC e REC médias. Estudos recentes sugerem que a fórmula F1 macro vista inicialmente é mais interessante.[10]

Para cálculo com R podemos utilizar o script seguinte:

```
> MC #matriz de classificação (linhas=previsão, colunas =real)
 [,1] [,2] [,3]
ahat 470 20 20
bhat 20 280 20
chat 10 0 160
> somalinhas= apply(MC, 1,sum)
> somacolunas=apply(MC, 2, sum)
> diagonal=diag(MC)
> ACC= sum(diagonal)/sum(MC)
> PREC= diagonal/ somalinhas
> REC= diagonal / somacolunas
> F1scores= 2*PREC*REC/(PREC+REC)
> data.frame(PREC, REC, F1scores)
   PREC REC F1scores
ahat 0.9215686 0.9400000 0.9306931
bhat 0.8750000 0.9333333 0.9032258
chat 0.9411765 0.8000000 0.8648649
> F1macro=mean(F1scores);F1macro
[1] 0.8995946
>F1macroavrg=2*mean(PREC)*mean(REC)/(mean(PREC)+mean(REC))
> F1macroavrg
[1] 0.9017186
```

---

[10] Opitz, Juri, and Sebastian Burst. *Macro F1 and Macro F1*. arXiv preprint arXiv:1911.03347 (2019) em https://arxiv.org/pdf/1911.03347.pdf.

3.5.2 MÉTRICAS BASEADAS EM PROBABILIDADES

3.5.2.1 A curva ROC aplicada ao caso multinomial

A curva ROC é definida para o caso de classificação binomial. Uma alternativa bastante utilizada para cálculo de uma métrica é utilizando um procedimento de classificação binomial denominado "um-versus-demais". Inicialmente, aplica-se o algoritmo, considerando apenas duas categorias A e (B+C), e calcula-se o valor da AUROC. Vamos denominar esse valor como AUROC(A). Repetimos o procedimento aplicando o algoritmo aos casos B e (A+C) e C e (A+B) obtendo, respectivamente, AUROC(B) e AUROC(C). O valor do AUROC generalizado é a média desses três valores de AUROC.

Outra generalização do AUROC para o caso multinomial foi desenvolvida por Hand and Till[11] em 2001. Sua lógica é complexa e não será discutida aqui. O software R permite calcular o valor desta generalização via pacote HandTill2001.

3.5.2.2 Cross-Entropy (Entropia cruzada)

Esta métrica avalia as probabilidades estimadas nas classificações multinomiais. É muito utilizada para comparar soluções em competições de *machine learning*. A fórmula é dada por:

$$CE = -\frac{1}{n} \sum_{i,k} y_{ik} \times \ln\left(p_{ik}\right)$$

onde $y_{ik} = 1$ se a observação i pertencer à categoria k, e $y_{ik} = 0$, caso contrário. Como explicamos para o caso binomial, quanto menor CE, melhor a estimativa das probabilidades.[12] Ademais, sendo uma soma de parcelas considerando todas as observações, será afetada no caso de não balanceamento, comprometendo seu uso para avaliar um modelo de classificação.

Para exemplificar o cálculo, consideremos a Tabela 3.21, onde as colunas identificam a categoria y_k (k = 1,2,3) a que pertence a observação e p_{ki} (i = 1, 2, ..., 10) a probabilidade estimada pelo algoritmo de que a observação pertença à categoria k.

---

[11] D. J. Hand & R. J. Till, A Simple Generalisation of the Area Under the ROC Curve for Multiple Class Classification Problems, Machine Learning volume 45, pages 171–186(2001) at https://link.springer.com/article/10.1023/A:1010920819831.

[12] A *logloss* binomial é um caso partícula da CE.

Avaliação de modelos de previsão e classificação

Tabela 3.21 – Valores de y_{ki} e probabilidades p_{ki} estimadas pelo modelo

Observação	y_{k1}	y_{k2}	y_{k3}	p_{k1}	p_{k2}	p_{k3}	$cross_i$
1	0	1	0	0.29	0.26	0.45	-1.347
2	0	0	1	0.06	0.04	0.90	-0.105
3	1	0	0	0.62	0.30	0.08	-0.478
4	0	0	1	0.05	0.50	0.45	-0.799
5	1	0	0	0.90	0.01	0.09	-0.105
6	0	0	1	0.25	0.04	0.71	-0.342
7	1	0	0	0.73	0.05	0.22	-0.315
8	0	1	0	0.57	0.20	0.23	-1.609
9	0	0	1	0.37	0.30	0.33	-1.109
10	0	1	0	0.34	0.59	0.07	-0.528

Calculamos $cross_1 = \ln(0{,}26)$, $cross_2 = \ln(0{,}90)$, e assim por diante. CE será a média dessas parcelas, com o sinal trocado, ou seja, CE = 0,674.

Esse valor pode ser obtido com o pacote `MLmetrics`, como segue:

```
library(MLmetrics)
# cross é a Tabela 3.11  acima
> ypred=as.matrix(cross[, 6:8]) #probabilidades p_ik
> ytrue=as.matrix(cross[,3:5])  #indicador de categoria y_ik
> round(MultiLogLoss(ypred, ytrue),3)
[1] 0.674
```

3.6 REAMOSTRAGEM PARA ESTIMAÇÃO DAS MÉTRICAS

O valor de uma métrica calculada com a amostra teste (ou de validação) é uma estimativa da performance do modelo na população. Se aplicarmos o modelo a diferentes amostras teste, observaremos que as estimativas obtidas variam. O mesmo ocorre quando utilizamos amostras de validação. Uma única amostra teste (ou de validação) não permite, portanto, uma estimativa precisa do verdadeiro valor da métrica, isto é, do valor que seria obtido aplicando o modelo a toda a população. Em particular, se a amostra original não é grande,[13] dividi-la em treinamento, eventual validação e teste, geraria subamostras bem menores. Uma amostra de treinamento muito pequena não é adequada para obter um modelo confiável e as métricas, calculadas com pequenas amostras de validação ou teste, não seriam bons indicadores de performance.

Para obter estimativas mais confiáveis, recorremos a uma série de técnicas denominadas de *reamostragens*. Embora difiram entre si, as diferentes técnicas de reamostragem basicamente consistem em selecionar diferentes subamostras da amostra original e estimar as métricas com essas diferentes subamostras. A estimativa final será a média das estimativas obtidas. Os procedimentos de reamostragem podem (na realidade, devem) ser aplicados tanto para a validação de um modelo, ajustando os hiperparâmetros, quanto para seu teste.

Vamos discutir aqui duas técnicas de reamostragem, a validação cruzada (*cross validation*) e o *bootstrap*. Não existe uma técnica que seja sempre superior. Para ilustrá-las utilizaremos um exemplo simples de regressão linear (arquivo resamp) e calcularemos a métrica MAPE (erro percentual absoluto médio), vista na página 99 desta seção. A regressão linear será detalhada no capítulo seguinte, mas é suficientemente simples para que o leitor possa entender a reamostragem sem preocupar-se com as especificidades da regressão. Os scripts podem ser facilmente adaptados para todas as demais técnicas de *machine learning*.

Nota importante: ao apresentar os diferentes algoritmos deste livro, vamos estimar as métricas com base em uma única amostra teste. O objetivo é simplificar as apresentações destes. No entanto, recomendamos que o leitor, ao aplicar os algoritmos, estime as métricas utilizando os métodos de reamostragem aqui descritos.

3.6.1 *CROSS-VALIDATION* (CV)

Este método de reamostragem é recomendado praticamente em todas as situações, quer as amostras sejam grandes ou não. É computacionalmente eficiente e alguns pacotes do R já permitem sua aplicação direta para algumas técnicas de previsão ou classificação. No entanto, mesmo quando isso não é possível, a programação (*script*) para uso da técnica é bem simples. O processo de CV é o seguinte:

---

[13] O conceito de "amostra grande" depende da técnica a ser utilizada e do número de variáveis consideradas no modelo. Em geral, os textos de *machine learning* falam em milhares de observações, mas isso não deve ser visto como uma limitação. Muitas técnicas a serem apresentadas neste livro podem apresentar bons resultados mesmo quando aplicadas a amostras com algumas centenas ou até mesmo dezenas de observações.

- A amostra original é particionada aleatoriamente em k subamostras (denominadas *folds*, em inglês), cada uma contendo aproximadamente o mesmo número de casos. Por exemplo, se nossa amostra tem 500 observações e k = 5, cada uma das subamostras terá aproximadamente 100 observações. Vamos denotar cada uma dessas subamostras por as1, SA2, ..., SA5.

Figura 3.8 – Partição da amostra original para realizar a *cross-validation*.

- Rodamos o algoritmo de previsão ou classificação considerando como amostra de treinamento a união das subamostras SA1, SA2, SA3 e SA4. A subamostra SA5 é utilizada para calcular a métrica escolhida. Seja M_5 o valor obtido da métrica escolhida.

Figura 3.9 – Testando o modelo com a SA5.

- Rodamos novamente o algoritmo, considerando agora a união de SA1, SA2, SA3 e SA5 como treinamento e SA4 como teste. Testamos o modelo em SA4, obtendo M_4.

Figura 3.10 – Testando o modelo com a SA4.

- Prosseguimos até que todas as subamostras tenham sido utilizadas para teste e a união das demais como amostra de treinamento. Calculamos em cada caso o valor da métrica selecionada.

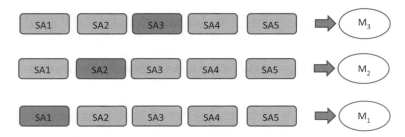

Figura 3.11 – Calculando a métrica com as demais subamostras.

- O valor estimado da métrica será igual à média das métricas obtidas.

$$CV(M) = \frac{1}{k}\sum_{i=1}^{k} M_i$$

Em geral, adota-se k = 10, pois a experiência mostra ser um valor satisfatório. No caso de classificação, é conveniente que as diferentes subamostras sejam selecionadas utilizando amostragem estratificada de forma que todas elas apresentem a mesma distribuição da variável alvo. O pacote caret tem a função createFolds, que permite obter essa estratificação automaticamente.

Quando o tamanho n da amostra original não é grande, adota-se um caso particular do *cross-validation*, conhecido por LOOCV (*leave-one-out cross-validation*). A cada passo apenas uma das observações é excluída da amostra. Seja h a observação removida. O algoritmo é treinado com as n-1 observações restantes e o modelo resultante aplicado à observação h que foi removida. Estima-se o resíduo (ou classificação) correspondente a essa observação. Após repetir esse processo de remoção para cada uma das n observações, calcula-se a métrica desejada em função dos resultados obtidos com as observações removidas. O método é computacionalmente demorado, mas, considerando que é aplicado apenas no caso de pequenas amostras, isso não vem a ser um problema.

Vamos aplicar a técnica de CV ao caso acima citado do arquivo resamp. O analista deve estar atento à ocorrência de algum valor de *mape* significativamente diferente dos demais. Pode sugerir a ocorrência de uma subamostra atípica.

```
> library(MLmetrics) #para calcular MAPE
> library(caret) #para gerar k folds
 #geração das sub amostras (observações para treinamento)
> set.seed(123)
> cv10=createFolds(resamp$y, k = 10, returnTrain = T)
> str(cv10)
List of 10
 $ Fold01: int [1:1080] 1 3 4 5 6 7 9 10 11 12...
 $ Fold02: int [1:1080] 1 2 3 4 5 6 7 8 9 10...
 ------------------------------
 $ Fold10: int [1:1080] 1 2 3 4 5 6 7 8 9 10...
# programa para cálculo da medida via CV
> mape=rep(0, 10) #inicializando vetor mape
> for (i in 1:10) {
 test=resamp[-cv10[[i]], ]
 train=resamp[cv10[[i]], ]
 fit=lm(y~x, data = train)
 yhat=predict(fit, newdata = test)
 mape[i]= MAPE(yhat, test$y); mape[i]
 }
> print(mape,3)
 [1] 0.00794 0.00805 0.00846 0.00816 0.00850 0.00903 0.00788 0.00824
 [9] 0.00781 0.00824
> MAPE=mean(mape); MAPE*100
[1] 0.8232052
> sd(mape)
[1] 0.0003624444
```

3.6.1.1 CV múltiplo

A precisão da estimativa da métrica, obtida via CV, pode ser aumentada repetindo o processo de CV várias vezes, cada um com diferentes formas de particionar a amostra original. O pacote caret do R permite calcular as várias partições utilizando a função createMultiFolds.

```
> set.seed(123)
> cvm=createMultiFolds(resamp$y, k=10, times=5)
> mape=rep(0, 50) #inicializando o vetor mape
> for (i in 1:50) {
 train=resamp[cvm[[i]],]
 test=resamp[-cvm[[i]],]
 fit=lm(y~x, data = train)
 pred=predict(fit, newdata = test)
 mape[i]= MAPE(pred, test$y)
 }
> MAPE=mean(mape); MAPE*100
[1] 0.8231049
> sd(mape)
[1] 0.0004787431
```

3.6.2 BOOTSTRAP

Este é um processo muito utilizado em estatística para estimação de parâmetros. Uma *bootstrap sample* é uma amostra aleatória, extraída com repetição, da amostra original. Tem o mesmo tamanho da amostra original n. Parte das observações poderão ser selecionadas mais de uma vez na mesma *bootstrap sample*; outras não serão selecionadas e formarão uma amostra adicional denominada OOB (*out-of-bag sample*). A *bootstrap sample* é utilizada como amostra de treinamento. A amostra OOB será utilizada como amostra teste. Repetindo o processo k vezes, obteremos a partir das OOB uma boa estimativa da métrica considerada.

Consideremos a título de ilustração uma amostra com apenas 9 observações.

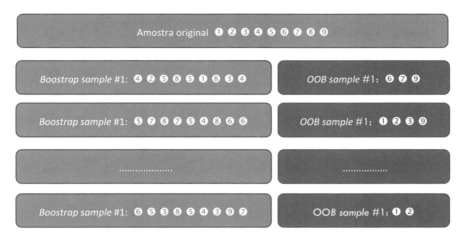

Figura 3.12 – *Bootstrap sampling.*

Esse procedimento não é recomendável para pequenas amostras, pois as OOB serão formadas por poucos elementos e as métricas calculadas serão pouco confiáveis. O número de repetições k deve ser alto, da ordem de dezenas de vezes. Isso pode comprometer seu uso com amostras muito grandes em razão do tempo de processamento. Nesse caso, preferimos o *cross-validation*.

Utilizando o pacote caret do R, aplicamos a função createResample para gerar as *bootstrap samples* e as OOB. Exemplificamos a seguir.[14]

---

[14] Uma boa alternativa para *bootstrap* é o pacote boot do R.

```
> library(caret)
> library(MLmetrics)
> set.seed(123)
> bst=createResample(resamp$y, times=50, list=T)
 #str(bst) → bst tem estrutura de "list" com 50 amostras
> mape=rep(0, 50) #inicializando o vetor mape
> dimtest=rep(0, 50) # para registro do tamanho de OOB
> for (i in 1:50) {
 train=resamp[bst[[i]],]
 test=resamp[-bst[[i]],]
 dimtest[i]=nrow(test) #OOB
 fit=lm(y~x, data = train)
 pred=predict(fit, newdata = test)
 mape[i]= MAPE(pred, test$y) }

> summary(dimtest) # tamanho das amostras OOB
 Min. 1st Qu. Median Mean 3rd Qu. Max.
 422.0 439.0 445.0 444.5 454.2 462.0
> MAPE=mean(mape); MAPE*100
[1] 0.820695
> sd(mape)
[1] 0.0001998873
```

Observamos que a estimativa de MAPE é praticamente igual à obtida com *cross-validation*; a variabilidade dos *mape* calculados com as *bootstrap* samples é menor que a dos obtidos com CV e CV múltiplo.

EXERCÍCIOS

1. A planilha METRICAPREV contém os valores observados dos preços de casas e os valores previstos com um algoritmo de previsão. Calcule as métricas apresentadas na seção 3 deste capítulo.

2. A planilha METRICACLASS contém a classificação dos vendedores domiciliares de uma empresa de cosméticos (variável status com as categorias *bom* e *mau*) e as (pseudo)probabilidades estimadas com um algoritmo de *machine learning*. Calcule as métricas apresentadas para estes casos na seção 4.

CAPÍTULO 4
Regressão múltipla

Prof. André Samartini

4.1 INTRODUÇÃO

A técnica de regressão linear é uma das mais conhecidas e utilizadas na Estatística. É a "porta de entrada" para diversos modelos preditivos mais sofisticados, já que muitos destes usam conceitos também utilizados na regressão linear. Essencialmente, a regressão linear pode ser utilizada para prever o valor de uma variável quantitativa (dependente) em função das outras variáveis (independentes ou preditoras). Como veremos nos exemplos a seguir:

- Prever o preço de um apartamento (variável quantitativa dependente) em função da área útil, localização e idade do imóvel (variáveis preditoras).

- Prever a demanda por um determinado produto (variável quantitativa dependente) em função do preço, concorrentes, promoção e sazonalidade (variáveis preditoras).

- Prever o desempenho de um funcionário (variável quantitativa dependente) em função de sua escolaridade, gênero, anos de experiência e cargo (variáveis preditoras).

- Prever o preço da oferta pública inicial de uma empresa (variável quantitativa dependente) com base nas suas características (variáveis preditoras).

- Prever o desempenho de uma loja de uma franquia (variável quantitativa dependente) de acordo com a sua localização, tamanho, experiência do gerente e renda per capita da região (variáveis preditoras).

A quantidade de variáveis preditoras define se o modelo é chamado de regressão linear simples ou múltipla. A regressão simples, que veremos em seguida, possui apenas uma variável preditora, enquanto na regressão múltipla há mais de uma variável preditora.

4.2 REGRESSÃO LINEAR SIMPLES

Para ilustrar a regressão simples, vamos começar com um exemplo em que queremos estudar a relação entre idade (variável preditora X) e salário (variável dependente Y) com uma amostra de 80 funcionários do Supermercado Império, descrito no Capítulo 1. Vamos assumir que o salário varia linearmente conforme a idade. Matematicamente, diremos que o salário é uma função linear da idade: salário $= \beta_0 + \beta_1{}^*$idade. Entretanto, sabemos que esta relação não é determinística, isto é, não necessariamente a diferença salarial entre uma pessoa com 30 anos e outra com 31 será β_1. Isso ocorre porque há outros fatores que interferem no salário e não estão incluídos no modelo. Este 'ruído' será representado por um termo de erro do modelo:

$$\text{salário} = \beta_0 + \beta_1{}^*\text{idade} + \text{erro}$$

No modelo de regressão simples tradicional, o termo de erro tem valor esperado igual a zero, e isso implica no salário médio das pessoas com determinada idade, denotado por E(Salário), dado pela parte determinística da equação:

$$E(\text{salário}) = \beta_0 + \beta_1{}^*\text{idade}$$

β_0 e β_1 são parâmetros do modelo e podem ser estimados a partir dos dados da amostra. No exemplo, usaremos os dados amostrais para estimar esses parâmetros. O primeiro passo é construir um gráfico de dispersão em que colocamos a idade no eixo X e o salário no eixo Y. O código para fazer o gráfico de dispersão no R é mostrado na Figura 4.1 a seguir.

```
> library(ggplot2)
> ggplot(mercado, aes(x=idade, y=salario)) + geom_point() +
+ geom_smooth(method=lm, se=FALSE)
```

Regressão múltipla 133

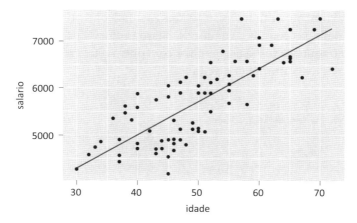

Figura 4.1 – Dispersão entre idade e salário com reta de mínimos quadrados.

O gráfico (Figura 4.1) mostra que há uma tendência de crescimento do salário quando a idade aumenta, ilustrado pela reta inclinada, que chamaremos de reta de mínimos quadrados.

4.2.1 OBTENDO A RETA DE MÍNIMOS QUADRADOS

A seguir, vamos ver como encontrar a reta que estabelece uma relação entre as duas variáveis:

$$\hat{y} = \hat{\beta}_0 + \hat{\beta}_1 x$$

O símbolo "^" em β_0 e β_1 indica que estamos estimando os parâmetros do modelo populacional, já que contaremos apenas com dados amostrais no nosso cálculo. $\hat{y}$ é o valor previsto do salário médio dos funcionários com idade "x".

O objetivo é obter estimadores $\hat{\beta}_0$ e $\hat{\beta}_1$, isto é, a reta, que melhor se ajusta aos dados. Como critério de ajuste utilizaremos a "Soma de Quadrados dos Resíduos" (SQR), definida a seguir. O resíduo da observação "i" da amostra é a diferença entre o seu valor observado y_i e o valor previsto, $\hat{y}_i$.

$$SQR = \min \sum_{i=1}^{n} \left(y_i - \hat{y}_i \right)^2 = \min \sum_{i=1}^{n} e_i^2 \text{, em que } e_i \text{ é o resíduo da observação "i".}$$

Essa reta é facilmente obtida nos softwares estatísticos e no Excel. O gráfico (Figura 4.2) mostra, para o conjunto de dados do nosso exemplo, os resíduos do ajuste com a reta de mínimos quadrados (à esquerda) e com outra reta em que a soma de quadrados dos resíduos não é mínima (à direita).

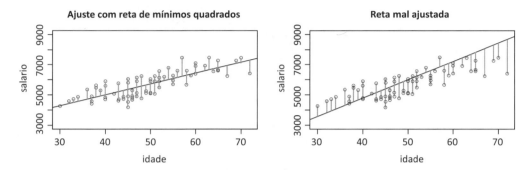

Figura 4.2 – Dispersão com reta de mínimos quadrados (esquerda) e reta mal ajustada (direita).

No gráfico à direita, a soma dos quadrados é 43.803.867, mas é possível encontrar outra reta em que a soma dos quadrados dos resíduos (soma dos quadrados dos segmentos de reta do gráfico à esquerda) é menor. No gráfico à esquerda, com a reta obtida no R, a SQR é 20.833.068, a menor possível para esse conjunto de dados.

4.2.2 INTERPRETAÇÃO DOS COEFICIENTES DA REGRESSÃO E PREVISÃO

Com a equação da reta de mínimos quadrados é possível estimar o salário de um funcionário com base na sua idade. Nesse exemplo, $\hat{\beta}_0 = 2165{,}81$ e $\hat{\beta}_1 = 71{,}08$. Podemos, portanto, estimar a média do salário dos funcionários com 40 anos de idade:

$$\hat{y} = \hat{\beta}_0 + \hat{\beta}_1 \text{ idade} = 2165{,}81 + 71{,}08 * 40 = 5009$$

A interpretação dos coeficientes da regressão, ilustrada na Figura 4.1, nos permite entender melhor a relação entre idade e salário:

- $\hat{\beta}_1$ representa a inclinação da reta estimada, ou seja, quanto o salário médio muda ao variar a idade em um ano. Podemos dizer então que, quando a idade varia um ano, estima-se que o salário médio varie R$71,08;

- $\hat{\beta}_0$ representa o intercepto estimado, isto é, onde a reta de regressão cruza o eixo X. Portanto, uma pessoa com "0" ano de idade teria um salário estimado igual a R$2165,80, conforme mostra a Figura 4.3. Obviamente esta estimativa serve apenas como interpretação matemática, já que a amostra contém apenas pessoas com mais de 30 anos e devemos utilizar o modelo de previsão apenas para pessoas nesta faixa etária.

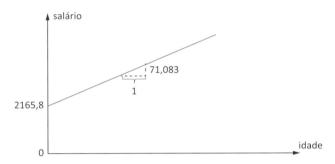

Figura 4.3 – Ilustração do intercepto e da inclinação da regressão.

4.2.3 COEFICIENTE DE DETERMINAÇÃO

A reta de mínimos quadrados é a que melhor se ajusta aos dados, mas não nos diz se os pontos estão ou não próximos a ela, ou, numa outra leitura, se o erro ao utilizar a reta como valor previsto para o salário é melhor (menor) do que utilizar a média geral da variável Y como previsão.

O coeficiente de determinação, R^2, nos diz quanto o modelo de regressão explica da variabilidade total do salário, medida pela soma de quadrados total (SQT).[1] A Figura 4.2 mostra a SQT e a SQR para os dados do exemplo.

---

[1] A soma de quadrados total é obtida pela soma dos quadrados da diferença entre os valores observados Y_i e a média amostral $\overline{Y}: \sum_{i=1}^{n}(y_i - \overline{y})^2$.

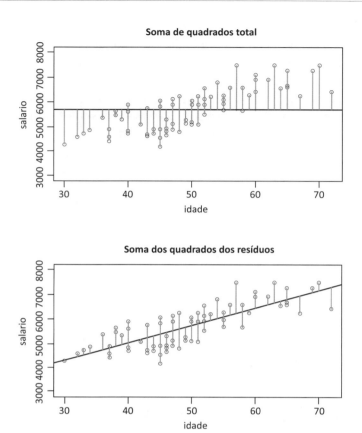

Figura 4.4 – Ilustração da soma de quadrados total e soma dos quadrados dos resíduos.

O R² é dado por: $R^2 = \dfrac{SQT - SQR}{SQT} = \dfrac{57044295 - 20833068}{57044295} = 0,6348$

Pode-se dizer que 63,48% da variabilidade (soma de quadrados total) do salário é explicada pelo modelo com a variável anos de estudo.

O R² varia entre 0 e 100%, que também pode ser obtido pelo quadrado do coeficiente de correlação de Pearson. Quanto mais próximo de 1 estiver o R², melhor.

4.2.4 REGRESSÃO LINEAR SIMPLES NO R

Para fazer uma análise de regressão no R, usaremos a função lm, do pacote básico do R, e os dados do Supermercado Império. A sintaxe para rodar a regressão simples é lm(y ~ x). Podemos guardar o resultado da regressão no objeto "regressão" e depois pedir um resumo dos resultados, como mostrado a seguir.

```
> attach(mercado)
> regressao=lm(salario~idade)
> summary(regressao)

Call:
lm(formula = salario ~ idade)

Residuals:
    Min       1Q   Median       3Q      Max
-1177.94  -445.50   -14.98   417.77  1263.66

Coefficients:
            Estimate Std. Error t value Pr(>|t|)
(Intercept) 2165.813    310.449   6.976 9.21e-10 ***
idade         71.083      6.144  11.569  < 2e-16 ***
---
Signif. codes:  0 '***' 0.001 '**' 0.01 '*' 0.05 '.' 0.1 ' ' 1

Residual standard error: 520.2 on 77 degrees of freedom
Multiple R-squared:  0.6348,       Adjusted R-squared:  0.63
F-statistic: 133.8 on 1 and 77 DF,  p-value: < 2.2e-16
```

Na saída acima podemos ver os estimadores $\hat{\beta}_0$ e $\hat{\beta}_1$ (*Estimate*), seus erros padrão (*Std. Error*), a estatística t (*t value*) e o valor-p do teste de hipótese (Pr(>|t|)).

Os estimadores $\hat{\beta}_0$ e $\hat{\beta}_1$ possuem um erro padrão que depende de vários fatores, entre eles o tamanho da amostra e o desvio-padrão do erro do modelo. Com esses valores podemos construir uma estimativa intervalar, com determinado nível de confiança, para os parâmetros populacionais desconhecidos β_0 e β_1.

No R, para obter o intervalo de 95% confiança para a inclinação da reta, utiliza-se o comando:

```
> confint(regressao, 'idade', level=0.95)
         2.5 %    97.5 %
idade 58.84792 83.31777
```

Portanto, pode-se concluir que o intervalo [58,85; 83,32] contém a verdadeira inclinação populacional.

Pode-se também testar a hipótese de que o parâmetro β_1 é diferente de zero, isto é, há relação linear entre as variáveis. As hipóteses são:

H_0: não há relação linear entre as variáveis X e Y ($\beta_1 = 0$)

vs

H_A: há relação entre as variáveis X e Y ($\beta_1 \neq 0$)

Para rejeitar H_0 é necessário que $\hat{\beta}_1$ esteja suficientemente longe de zero (geralmente consideramos mais de 2 erros padrão de distância do zero). A estatística t abaixo mostra esta distância:

$$t = \frac{\hat{\beta}_1 - 0}{\widehat{EP\left(\hat{\beta}_1\right)}}$$

O erro padrão de $\hat{\beta}_1$, $\widehat{EP\left(\hat{\beta}_1\right)}$, pode ser encontrado na saída do R (*std error* = 6,144). A estatística t, também mostrada na saída do R, é igual a t = (71,083/6,144) = 11,569. Essa estatística segue uma distribuição t-student com n-2 graus de liberdade. O valor crítico a partir do qual H_0 é rejeitada pode ser obtido em softwares estatísticos. Analogamente, pode-se utilizar o valor-p para decidir se a hipótese nula será ou não rejeitada. Se valor-p for menor que um dado nível de significância, digamos 5%, rejeitamos H_0 em favor de H_A.

A saída da análise de regressão também nos mostra que o valor-p do teste de hipótese sobre a inclinação β_1 é praticamente zero. O menor valor mostrado pelo R é 2×10^{-16} (2e-16 em notação científica), e o valor-p é menor que este número. Portanto, concluímos que há evidências estatísticas de que a inclinação é diferente de zero, isto é, há relação entre as variáveis idade e salário. Quando o valor-p é baixo, o R mostra códigos de significância. Por exemplo, no caso em que o valor-p é menor que 0,001, são mostrados 3 asteriscos (***) ao seu lado.

Usualmente, não há interesse nos testes de hipótese sobre o intercepto β_0, mas podemos ver na tabela que também há evidências de que β_0 é diferente de zero, pois valor-p é menor que, digamos, 5%.

Também podemos ver na saída que o modelo explica 63% da variabilidade do salário (*Multiple R-squared*), o que é um valor razoável.

Um aspecto importante a ser levado em conta ao se fazer previsões é o erro de previsão. A saída do R acima mostra o desvio-padrão do resíduo: *Residual standard error: 520,2*. Quanto maior este valor, mais imprecisa é a nossa previsão.

Como vimos no Capítulo 3, também podemos utilizar o MAPE como medida do erro do modelo:

```
> MAPE(y_pred = regressao$fitted.values, y_true = salario)
[1] 0.0792827
```

Isso mostra que o erro percentual médio absoluto é aproximadamente 8%. Em outras palavras, ao fazermos uma previsão, o erro médio percentual que teremos é de aproximadamente 8%.

Para fazer previsão do salário usando o R, pode-se utilizar a função predict. Digamos, por exemplo, que queremos prever o salário de um funcionário de 40 anos e outro de 50 anos. O código no R é dado a seguir:

```
> novaidade=data.frame(idade=c(40,50))
> predict(regressao,newdata=novaidade,interval="prediction")
  fit   lwr   upr
1 5009.127  3960.210  6058.044
2 5719.956  4677.653  6762.258
```

Pode-se concluir, por exemplo, que um funcionário de 40 anos terá um salário entre R$3.960 e R$6.058 com 95% de probabilidade.

O R pode gerar dois tipos de intervalos: de confiança, para a média do salário das pessoas com determinada idade (interval="confidence"), e o intervalo de predição (interval="prediction"), para o salário de uma pessoa qualquer com determinada idade. Geralmente o último é mais útil em modelos de previsão. O gráfico (Figura 4.5) mostra os intervalos de 95% de confiança (pintado em cinza) e predição (95%, em retas tracejadas), para idade entre 30 e 75 anos:

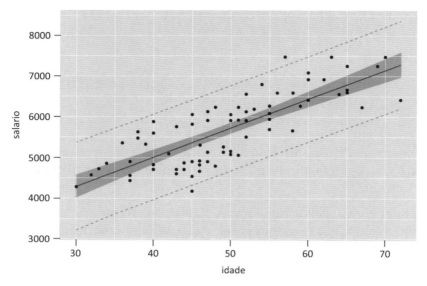

Figura 4.5 – Dispersão do salário pela idade, com intervalos de confiança (pintado em cinza) e predição (em tracejado).

Para que estes intervalos sejam válidos, é importante que as suposições do modelo de regressão linear simples estejam satisfeitas. Essas suposições podem ser verificadas por meio da análise dos resíduos.

4.2.5 VERIFICANDO AS SUPOSIÇÕES DO MODELO DE REGRESSÃO

O modelo de regressão linear clássico tem três suposições, todas relacionadas ao erro do modelo:

- O erro tem distribuição normal com média zero.
- O erro tem variância constante.
- Os erros são independentes.

Tais suposições podem ser verificadas por meio de gráficos de resíduos e testes estatísticos. O Quadro 4.1 mostra as suposições, como verificá-las visualmente e por meio de testes estatísticos e o que fazer caso não sejam válidas. Mais detalhes dos testes estatísticos podem ser encontrados nas referências citadas na tabela.

Regressão múltipla

141

Quadro 4.1 – Suposições do modelo de regressão, como verificá-las e testá-las

Suposição	Como verificar visualmente	Teste estatístico	Consequência se suposição não estiver satisfeita	Alternativa
Distribuição normal	Histograma do resíduo e Q-Q plot	Testes de normalidade de Kolmogorov-Smirnov e Shapiro-Wilk[2]	Se o tamanho da amostra (n) for pequeno, testes não têm validade; para qualquer "n", não pode ser feita a previsão intervalar apresentada anteriormente	Transformação nas variáveis para atingir normalidade; uso de regressão não normal
Variância constante	Gráfico de dispersão do valor previsto (eixo horizontal) x resíduos (eixo vertical)	Teste de Breusch-Pagan[3]	Erro padrão da estimativa não é constante e, portanto, intervalos de confiança, predição e testes estatísticos do modelo não são válidos.	Transformação nas variáveis; correção dos intervalos para variâncias não constantes
Erros independentes	Gráfico de dispersão da ordem da observação (eixo X) x resíduos (eixo Y)	Teste de Durbin-Watson[4]	Intervalos e testes não têm validade. Previsão pode ser subestimada ou superestimada.	Transformação nas variáveis; verificar motivo da correlação da(s) variável(is) com o erro

O código a seguir no R permite fazer os principais gráficos de resíduos para verificar pressupostos de normalidade, variância constante e independência:

---

[2] Mais informações sobre testes de normalidade no R podem ser encontradas neste link: https://cran.r-project.org/web/packages/nortest/nortest.pdf.

[3] Mais informações sobre o teste de Breusch-Pagan no R podem ser encontradas neste link: https://www.rdocumentation.org/packages/lmtest/versions/0.9-38/topics/bptest.

[4] Mais informações sobre o teste de Durbin-Watson no R podem ser encontradas no link: https://www.rdocumentation.org/packages/car/versions/1.2-6/topics/durbin.watson.

```
> hist(residuals(regressao),main="Histograma do resíduo")
> plot(predict(regressao),rstandard(regressao),xlab="valor previsto",ylab="resíduo pad
ronizado",main="Gráfico de resíduos")
> abline(a=0,b=0)
```

O resultado pode ser conferido na Figura 4.6:

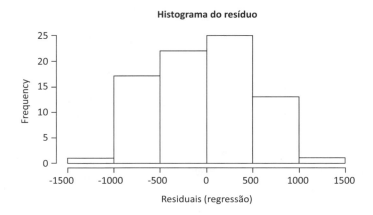

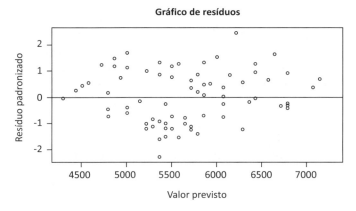

Figura 4.6 – Gráficos de resíduos para verificar normalidade, variância constante e independência dos erros.

O histograma mostra uma distribuição razoavelmente normal para os resíduos. O gráfico à direita mostra que a variância não aumenta nem diminui conforme o valor previsto varia e não há nenhum padrão de dependência entre os resíduos, isto é, os resíduos estão aleatoriamente distribuídos em torno do zero, sem sequências de resíduos positivos ou negativos. Portanto, pode-se dizer que as suposições estão satisfeitas.

Note que no gráfico da direita foi utilizado o resíduo padronizado no eixo Y. O resíduo padronizado é dado pelo resíduo dividido pelo seu erro padrão e pode ser obtido no R pela função `rstandard(regressao)`. A vantagem de usar o resíduo padronizado é que podemos identificar facilmente os *outliers*. Se a distribuição for normal, espera-se que praticamente nenhum resíduo padronizado seja maior que 3 em número absoluto.

É possível produzir gráficos parecidos com os acima usando o comando `plot(regressao)`.

4.2.6 *OUTLIERS* E PONTOS INFLUENTES

Originalmente havia um *outlier* no banco de dados, que foi removido antes da análise. O diretor da empresa ganha R$12460,00. O gráfico de dispersão original, com todos os dados, é mostrado a seguir (Figura 4.7):

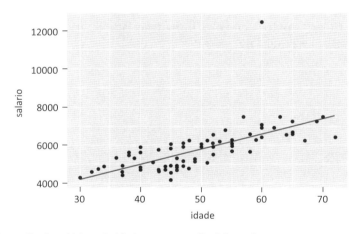

Figura 4.7 – Dispersão do salário pela idade, com o *outlier* (diretor).

A presença desse *outlier* tem consequências importantes para o resultado da regressão:

- os valores de $\hat{\beta}_0$ e $\hat{\beta}_1$ mudam de 2166 e 71 para 1818 e 80, respectivamente, o que faz com que os valores previstos também mudem, especialmente nos extremos, isto é, para idades muito baixas e muito altas. Isso significa que esse ponto, além de *outlier*, é um ponto influente, isto é, a presença dele muda as estimativas do modelo;

- o desvio-padrão do resíduo, ou erro padrão, aumenta de 522 para 849, o que torna os intervalos de predição mais largos e, portanto, menos informativos;
- o R^2 diminui de 63% para 45%;
- os resíduos deixam de ter distribuição normal.

Ao rodar a regressão com este *outlier* (observação 69) e executar o comando `plot(regressao)`, obtemos os gráficos mostrados na Figura 4.8. O primeiro gráfico mostra que a observação 69 tem um resíduo extremamente alto – é um *outlier* da regressão. O segundo gráfico, na direita superior, é chamado de QQ plot e é uma alternativa ao histograma para averiguar se há normalidade dos erros. Espera-se que, se a distribuição for normal, os pontos estarão próximos a uma reta. A observação 69 está bem longe dessa reta, colocando em dúvida a suposição de que os erros têm distribuição normal. O gráfico na esquerda inferior pode ser utilizado para averiguar se a variância do erro é constante. Quando a variância é constante, a linha cinza-claro não apresenta oscilações significativas ao longo do eixo X. Por fim, o gráfico inferior à direita nos ajuda a identificar pontos influentes na regressão. Utiliza-se como critério a distância de Cook.[5] Pontos acima da linha tracejada inferior são considerados influentes – caso da observação 69.

---

[5] A distância de Cook mede o quanto determinada observação influencia o resultado da regressão. Se uma observação é muito influente, ao deletá-la, pode haver uma grande mudança nos coeficientes do modelo.

Regressão múltipla

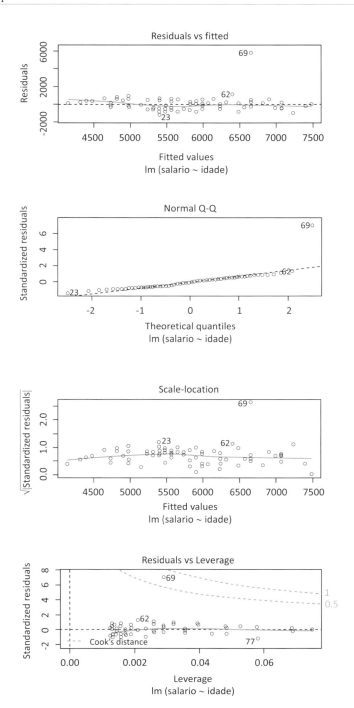

Figura 4.8 – Gráficos para analisar resíduos da regressão.

4.2.7 LIMITAÇÕES DA REGRESSÃO

Ao interpretar os resultados da regressão, é tentador concluir que X "causa" Y. Isso não pode ser dito com base em um modelo de regressão linear simples. A correlação pode ser espúria, mesmo havendo significância estatística. Há diversos exemplos na literatura. Ao digitar *"spurious correlations"* no Google, você vai encontrar várias correlações entre variáveis que não fazem nenhum sentido. Por exemplo, há uma correlação de 67% entre a quantidade de filmes que o ator Nicolas Cage faz por ano e a quantidade de pessoas que morrem afogadas por ano em piscinas nos EUA.[6]

Outro erro comum é extrapolar os resultados do modelo para valores que não foram observados na amostra. Por exemplo, fazer previsão do salário de uma pessoa com 15 ou 100 anos. Os resultados da regressão são válidos apenas para o intervalo em que foram observados dados da variável X. No exemplo anterior, pessoas entre 30 e 75 anos.

4.3 REGRESSÃO LINEAR MÚLTIPLA

Geralmente os modelos de regressão linear simples possuem alto erro padrão e baixo R^2. Isso porque a variável Y (salário) é explicada por diversos fatores, não só pela idade do funcionário. Portanto, seria interessante utilizar mais de uma variável preditora no modelo para prever o salário com maior precisão. Quando há mais de uma variável preditora, temos o modelo de regressão múltipla.

Vamos acrescentar a variável "tempo de casa" ao modelo de regressão linear simples ajustado anteriormente. O novo modelo, com as duas variáveis preditoras, é dado por:

$$\text{Salário} = \beta_0 + \beta_1 \text{idade} + \beta_2 \text{tempo\_casa}$$

Em termos gerais, um modelo de regressão linear múltipla é dado por:

$$Y_i = \beta_0 + \sum_{j=1}^{k} \beta_j X_{ji} + \varepsilon_i$$

Em que k = número de variáveis preditoras.

Com a adição de variáveis ao modelo, espera-se que o R^2 aumente consideravelmente. Na verdade, mesmo uma variável irrelevante para o modelo provocará um aumento – insignificante – do R^2. Dessa forma, não é recomendável utilizar o R^2 para comparar um modelo com uma variável preditora e outro modelo com duas preditoras. O modelo com duas preditoras sempre possuirá um R^2 maior, principalmente se o número de variáveis preditoras for grande em comparação com o tamanho da amostra.

---

[6] http://tylervigen.com/spurious-correlations. Acesso em: 09 set. 2020.

O R^2 ajustado é uma medida que permite comparar modelos com diferentes tamanhos, pois para cada variável adicionada ao modelo a medida sofre uma penalização. O R^2 ajustado de um modelo com mais variáveis só aumentará se essa nova variável ajudar a prever o Y. Caso contrário, o R^2 ajustado pode diminuir em relação ao modelo sem tal variável.

4.3.1 ESTIMAÇÃO DOS PARÂMETROS

Como na regressão simples, devemos procurar $\hat{\beta}_0$, $\hat{\beta}_1$ e $\hat{\beta}_2$ que minimizem a soma de quadrados do resíduo. As estimativas de mínimos quadrados podem ser obtidas em qualquer pacote estatístico. Assim como na regressão simples, podemos utilizar essas estimativas para construir intervalos de confiança sobre os parâmetros populacionais e testar as hipóteses de que os parâmetros populacionais são diferentes de zero.

4.3.2 REGRESSÃO MÚLTIPLA NO R

Para exemplificar uma análise de regressão múltipla no software R, vamos utilizar o banco de dados de 80 funcionários do supermercado Império. As seguintes variáveis fazem parte do banco de dados:

Quadro 4.2 – Banco de dados de funcionários do supermercado Império

Variável	Descrição	Tipo
Educação	Nível educacional do funcionário	Qualitativa com duas categorias: secundário e superior
Cargo	Cargo do funcionário da loja	Qualitativa com três categorias: gerente, auxiliar e diretor
Local	Local do supermercado	Qualitativa com duas categorias: capital e interior
Idade	Idade do funcionário	Quantitativa, em anos
Tempo casa	Tempo em que trabalha no supermercado	Quantitativa, em anos
Salário	Salário mensal do funcionário	Quantitativa em R$

Usaremos a função lm para rodar a regressão múltipla. No R, ao ler o arquivo de dados, as variáveis qualitativas são reconhecidas como *character*. É importante prestar atenção no tipo de variável, pois muitas vezes as variáveis qualitativas já estão com códigos numéricos e o R reconhece como numérica. Se não corrigirmos o tipo de variável, ajustaremos uma função linear entre Y e os valores da variável qualitativa, o que não é adequado na maioria dos casos.

Nosso primeiro modelo de regressão múltipla utilizará as variáveis idade e tempo de casa para prever o salário. A função utilizada para rodar a regressão múltipla é a mesma que usamos para a regressão simples, mas agora colocaremos as variáveis preditoras após o '~' e separadas por '+':

```
> modelo1<-lm(salario~idade+tempocasa)
> summary(modelo1)
Call:
lm(formula = salario ~ idade + tempocasa)
Residuals:
   Min      1Q Median      3Q     Max
-911.0 -323.9  -78.4   169.1  5755.5
```

```
Coefficients:
             Estimate Std. Error t value Pr(>|t|)
(Intercept)  2843.98      595.94   4.772 8.63e-06 ***
idade          45.23       14.67   3.083 0.002857 **
tempocasa      64.03       18.62   3.438 0.000954 ***
---
Signif. codes:
0 '***' 0.001 '**' 0.01 '*' 0.05 '.' 0.1 ' ' 1

Residual standard error: 790.5 on 76 degrees of freedom
Multiple R-squared: 0.5341,       Adjusted R-squared: 0.5218
F-statistic: 43.56 on 2 and 76 DF, p-value: 2.489e-13
```

Note que a saída do R para regressão múltipla é bem similar à da simples. A diferença é que agora há várias linhas, uma para cada variável independente, com suas estimativas, erros padrão, estatística t e valor-p.

4.3.3 SIGNIFICÂNCIA GERAL DO MODELO E DOS COEFICIENTES

Antes de testar as hipóteses sobre os parâmetros individualmente, devemos verificar se o modelo como um todo é significante para prever Y. Temos então as seguintes hipóteses:

H_0: $\beta_1 = \beta_2 = \ldots = \beta_k = 0$, isto é, nenhuma variável tem relação linear com a variável dependente Y;

H_A: pelo menos um β_j é diferente de zero, isto é, pelo menos uma variável tem relação linear com Y.

Essas hipóteses são testadas por meio da estatística F, mostrada na saída do R. Quando a estatística F é alta, o valor-p relativo a ela é pequeno e H_0 é rejeitada. No nosso exemplo, F = 43,56 e o valor-p associado ao teste é 2.49e-13, isto é, praticamente zero. Portanto, há evidências estatísticas de que o modelo é útil, isto é, pelo menos um coeficiente é diferente de zero na população. O teste F deve ser feito antes de olhar os testes individuais das variáveis; quando o H_0 não é rejeitado, não há motivos para continuar a análise do modelo.

Em seguida verificamos se há evidências de que o coeficiente de cada variável é diferente de zero na população. O valor-p de ambas as variáveis é menor que 0,05, e, portanto, concluímos que há evidências de que os dois coeficientes são diferentes de zero.

A equação final da regressão é dada por:

$$\hat{y} = \hat{\beta}_0 + \hat{\beta}_1 \text{ idade} + \hat{\beta}_2 \text{ tempocasa} = 2843,98 + 45,23 * \text{idade} + 64,03 * \text{tempocasa}$$

Novamente usamos a função `predict` para prever um salário de uma pessoa com 40 anos e 10 anos de casa:

```
> novo_x=data.frame(idade=40,tempocasa=10)
> predict(modelo1,newdata=novo_x,interval="prediction")
       fit      lwr      upr
1 5289.923 4432.949 6146.896
```

Portanto, o salário previsto de uma pessoa com 40 anos e 10 anos de casa estará entre R\$4433,00 e R\$6147,00 com 95% de probabilidade.

4.3.4 USO DE VARIÁVEIS CATEGORIAS NO MODELO: CRIANDO VARIÁVEIS *DUMMY*

No modelo de regressão é possível inserir variáveis preditoras qualitativas ou categóricas. Por exemplo, podemos utilizar a variável "local do mercado", que pode ser capital ou interior.

Para inserir esse tipo de variável no modelo de regressão, devemos criar uma variável *dummy* que assume valores numéricos de acordo com as categorias da variável qualitativa. Por exemplo, podemos criar uma variável *dummy* da seguinte forma:

$$x_i = \begin{cases} 0, \text{ se local = "capital"} \\ 1, \text{ se local = "interior"} \end{cases}$$

O modelo de regressão com esta variável seria:

$$E(Y_i) = \beta_0 + \beta_1 X_i$$

Dessa forma, o salário médio dos funcionários da capital seria $\beta_0 + \beta_1 \times 0 = \beta_0$ e o salário médio dos funcionários do interior seria $\beta_0 + \beta_1 \times 1$. Com esta codificação para a variável *dummy*, β_1 é a diferença entre os salários médios dos funcionários do interior e da capital.

E se a variável qualitativa possuir mais de duas categorias? Podemos ficar tentados a codificar as categorias como 0, 1 e 2, mas esta codificação gera uma restrição importante no modelo.

Como exemplo, vamos usar a variável "cargo", que possui três categorias: auxiliar, gerente e diretor. Digamos que a nossa variável seja codificada da seguinte forma:

$$x_i = \begin{cases} 0, \text{ se cargo = "auxiliar"} \\ 1, \text{ se cargo = "diretor"} \\ 2, \text{ se cargo = "gerente"} \end{cases}$$

No nosso modelo de regressão, o salário médio dos auxiliares seria β_0, dos diretores $\beta_0 + \beta_1$ e dos gerentes $\beta_0 + 2\beta_1$. A restrição imposta é que o β_1 seria tanto a diferença entre os salários médios de diretores e auxiliares quanto a diferença entre gerentes e diretores. Isso na maioria das vezes não é verdade. Devemos começar com um modelo com mais liberdade, em que há duas diferenças: uma entre o salário médio entre diretores e auxiliares (β_1) e outra entre o salário médio entre gerentes e auxiliares (β_2). Para fazer isto, criaremos duas variáveis *dummy*:

$$x_{i1} = \begin{cases} 1, \text{ se cargo = "diretor"} \\ 0, \text{ caso contrário} \end{cases}$$

$$x_{i2} = \begin{cases} 1, \text{ se cargo = "gerente"} \\ 0, \text{ caso contrário} \end{cases}$$

O modelo de regressão fica:

$$E(Y_i) = \beta_0 + \beta_1 X_{i1} + \beta_2 X_{i2}$$

Note que com esta codificação, β_0 é o salário médio dos auxiliares, $\beta_0 + \beta_1$ dos diretores e $\beta_0 + \beta_2$ dos gerentes.

De maneira geral, quando há uma variável qualitativa com k categorias, devemos criar k-1 variáveis *dummy* para representá-la.

Há diversas formas de codificar as variáveis *dummy*. Pode-se, por exemplo, codificar as categorias com 1 e -1. Mas, independentemente da forma da codificação, os valores previstos serão os mesmos.

Quando a variável é categórica (character no R), as variáveis dummy são criadas automaticamente. Por *default*, as categorias são ordenadas por ordem alfabética; a primeira categoria é o "*baseline*" e assumirá o valor 0 na regressão. No nosso exemplo, o R criará as seguintes *dummies*:

$$x_{i1} = educacaoSUPERIOR = \begin{cases} 0, \text{ se local = "secundário"} \\ 1, \text{ se local = "superior"} \end{cases}$$

$$x_{i2} = cargoDIRETOR = \begin{cases} 1, \text{ se cargo = "diretor"} \\ 0, \text{ caso contrário} \end{cases}$$

$$x_{i3} = cargoGERENTE = \begin{cases} 1, \text{ se cargo = "gerente"} \\ 0, \text{ caso contrário} \end{cases}$$

$$x_{i4} = localINTERIOR = \begin{cases} 0, \text{ se local = "capital"} \\ 1, \text{ se local = "interior"} \end{cases}$$

Vamos agora ajustar um modelo de regressão com todas as variáveis do banco de dados: educação (x_{i1}), cargo (x_{i2} e x_{i3}), local (x_{i4}), idade (x_{i5}) e tempo de casa (x_{i6}). O modelo de regressão a ser ajustado é dado por:

$$Y_i = \beta_0 + \beta_1 X_{i1} + \beta_2 X_{i2} + \beta_3 X_{i3} + \beta_4 X_{i4} + \beta_5 X_{i5} + \beta_6 X_{i6} + \varepsilon_i$$

O resultado da regressão é guardado no objeto "modelo1". A função `summary(modelo1)` detalha os resultados da regressão. Para esta análise, também foi desconsiderado o *outlier*.

```
> modelo1<-lm(salario~educacao+cargo+local+idade+tempocasa)
> summary(modelo1)
Call:
lm(formula = salario ~ factor(educacao) + factor(cargo) +
factor(local) +
 idade + tempocasa)

Residuals:
 Min  1Q Median  3Q  Max
-786.95 -246.45 -14.05 188.33 1315.44

Coefficients:
                   Estimate Std. Error t value Pr(>|t|)
(Intercept)        3547.185    300.270  11.813  < 2e-16 ***
educacaoSUPERIOR    128.199    108.170   1.185 0.239849
cargoDIRETOR        737.071    143.260   5.145 2.22e-06 ***
cargoGERENTE        345.073     93.222   3.702 0.000416 ***
localINTERIOR       139.279     94.337   1.476 0.144198
idade                18.689      7.306   2.558 0.012636 *
tempocasa            75.007      9.198   8.154 7.89e-12 ***
---
Signif. codes:  0 '***' 0.001 '**' 0.01 '*' 0.05 '.' 0.1 ' ' 1

Residual standard error: 365.8 on 72 degrees of freedom
Multiple R-squared: 0.8311,       Adjusted R-squared: 0.8171
F-statistic: 59.07 on 6 and 72 DF, p-value: < 2.2e-16
```

Muito do que vimos na saída de regressão múltipla anterior é similar à regressão simples. O R^2 vale 83,11%, indicando um bom ajuste. O R^2 ajustado é um pouco menor, como vimos anteriormente. Isso se dá pela grande quantidade de variáveis no modelo e pelo tamanho de amostra relativamente pequeno. Mesmo assim ainda é alto: 81,71%, e representa um aumento razoável em comparação ao R^2 da regressão simples (63%). A estatística F vale 59,07, gerando um valor-p ínfimo, próximo de zero. Portanto, temos evidências estatísticas de que pelo menos uma variável no modelo tem relação linear com o salário.

O próximo passo é interpretar os coeficientes e verificar a significância das variáveis no modelo. O primeiro coeficiente, relativo a "educacaoSUPERIOR", mostra uma

Regressão múltipla

estimativa da diferença média entre os salários dos funcionários com nível superior e com nível secundário, mantidas todas as variáveis constantes. O valor estimado é 128,199. Entretanto, o erro padrão dessa estimativa é grande (108,170) e acarreta um valor-p alto (0.23). Portanto, não conseguimos rejeitar a hipótese de que o coeficiente β_1 é diferente de zero. Dessa forma, a variável "educação" não se mostrou significante no modelo.

O segundo e o terceiro coeficiente estão relacionados ao cargo. Como vimos, nossa categoria base é "auxiliar". Todos os coeficientes estimam a diferença entre a categoria em questão e a categoria base. Portanto, "cargoDIRETOR", que vale 737,071, mostra a diferença estimada entre os salários médios dos diretores e auxiliares, mantidas todas as variáveis constantes. O coeficiente relativo a "cargoGERENTE", que vale 345,073, mostra a diferença estimada entre os salários médios dos gerentes e auxiliares, mantidas todas as variáveis constantes. O valor-p de ambas é muito baixo, menor que 0,0001, indicando fortes evidências estatísticas de que esses coeficientes na população são diferentes de zero.

O quarto coeficiente, relativo a "localINTERIOR", assim como o primeiro, não é significante (valor-p = 0,14). Portanto, não há evidências estatísticas ao nível de 5% de significância de que os salários médios na capital e no interior são diferentes.

O quinto coeficiente, relativo à idade, mostra que o salário médio tem um aumento estimado de 18,689 por ano. Ao nível de significância de 0,05, podemos dizer que há evidências estatísticas de que o coeficiente na população é diferente de zero.

O sexto coeficiente, relativo ao tempo de casa, indica que a cada ano adicional do funcionário na empresa há um aumento estimado no salário de 75,007. Nesse caso, conclui-se também que há evidências de que o coeficiente relativo ao tempo de casa na população, β_6, é diferente de zero, pois p valor < 0,001.

4.3.5 ANÁLISE DE RESÍDUOS

Os testes de hipóteses anteriores só têm validade se as suposições do modelo estiverem satisfeitas. As suposições são as mesmas do modelo de regressão simples: o erro deve ter distribuição normal com média 0, variância constante e independentes. A seguir, vamos fazer a análise dos resíduos no R para avaliar se as suposições do modelo estão satisfeitas.

Novamente, há diversos pacotes no R para fazer a análise dos resíduos, mas enfatizaremos aqui apenas os gráficos mais comuns, que podem ser feitos sem a instalação de nenhum pacote adicional. A sintaxe a seguir cria os mesmos gráficos vistos na regressão simples.

```
> par(mfrow=c(2,2))
> plot(modelo1)
```

Ao rodar essas linhas de comando, obtemos os gráficos mostrados na Figura 4.9:

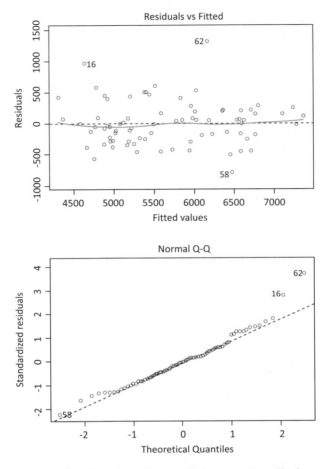

Figura 4.9 – Gráficos para análise de resíduos do modelo de regressão múltipla.

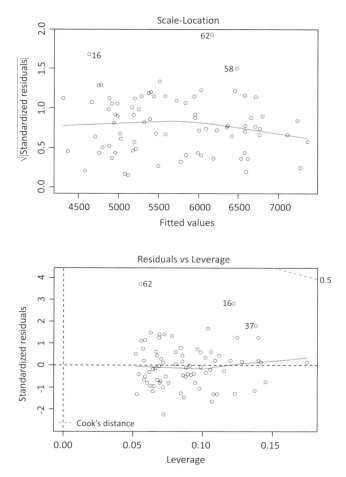

Figura 4.9 – continuação.

O segundo gráfico mostra que, exceto por um *outlier* (resíduo padronizado > 3), a distribuição é razoavelmente próxima da normal. Também, pelo terceiro gráfico, não se nota a variância do resíduo aumentando ou diminuindo conforme variamos o valor previsto e não há nenhum padrão de correlação entre resíduos que possa ser destacado (ex. sequência de resíduos positivos ou negativos). Assim, podemos considerar que as suposições do modelo estão satisfeitas.

4.3.6 MULTICOLINEARIDADE

Quando uma variável preditora possui alta correlação com outras variáveis preditoras ou com uma combinação delas, temos um problema de multicolinearidade na regressão. Quando isso ocorre, as estimativas dos coeficientes apresentam alto erro padrão e geralmente são não significantes, tornando difícil avaliar o efeito de cada preditor no modelo. No caso limite, em que um preditor é uma combinação linear perfeita dos outros preditores, não temos uma solução única de mínimos quadrados para as estimativas dos coeficientes e obtemos erro ao rodar o modelo de regressão nos softwares estatísticos.

Há diversas formas de detectar multicolinearidade, sendo as mais utilizadas a tolerância e o VIF (*Variance inflation fator*). Ambas baseiam-se em quanto uma variável preditora pode ser explicada pela combinação linear das outras variáveis preditoras. Uma boa medida disto é o R^2 da regressão em que a variável preditora "*j*" é explicada por todas as outras variáveis preditoras. Um R^2 alto indica multicolinearidade. A tolerância e o VIF da variável preditora "*j*" são dados por:

$$\text{tolerância} = 1 - R_j^2 \, ; \, \text{VIF} = \frac{1}{\text{tolerância}}$$

Observe que, se o R^2 da regressão do preditor "j" sobre as outras variáveis for 80%, a tolerância será 20% ou 0,2 e o VIF será 5. Considera-se que R^2 maiores que 80% (e, portanto, VIF>5) indicam problema de multicolinearidade.

O cálculo do VIF no R pode ser feito utilizando-se o pacote car do R. Esse pacote permite fazer várias análises adicionais no seu modelo de regressão. O car usa o GVIF, que é um VIF generalizado e apenas gera diferença em relação ao VIF usual quando a variável tem mais de duas categorias (ex.: cargo).[7]

```
vif(modelo1)
```

	GVIF	Df	GVIF^(1/(2*Df))
educacao	1.062805	1	1.030925
cargo	1.502308	2	1.107107
local	1.296742	1	1.138746
idade	2.859579	1	1.691029
tempocasa	2.704690	1	1.644594

Vimos que nenhuma variável possui VIF (ou GVIF) maior que 5, portanto, não temos problema de multicolinearidade no nosso modelo.

4.3.7 SELEÇÃO DE VARIÁVEIS

Nem sempre o modelo com todas as variáveis é o melhor. Há diversos critérios para fazer a seleção de variáveis do modelo final, entre os quais destacamos:

---

[7] Para ajustar pela dimensionalidade maior da variável, a função também calcula o GVIF^(1/(2*gl)), onde gl = graus de liberdade da variável.

- R^2 ajustado: o modelo com o maior R^2 ajustado é o preferido. Note que não faz sentido usar o R^2 usual, pois o modelo com todas as variáveis sempre será o preferido.

- AIC – *Akaike's Information Criterion.*[8]

- Mallow's Cp: similar ao AIC.

Perceba que, se houver 20 possíveis variáveis preditoras no nosso banco de dados, temos que analisar 2^{20} modelos diferentes, e, se formos analisar cuidadosamente cada um, o processo fica trabalhoso ou até mesmo inviável.

Uma possibilidade menos trabalhosa é analisar modelos de um mesmo tamanho q. Esse procedimento é chamado de *best subsets*. Note que neste caso, além das medidas mencionadas anteriormente, podemos utilizar também o R^2, já que o tamanho do modelo não varia.

A terceira possibilidade é utilizar um método de seleção sequencial usando como critério o valor-p. Nesse procedimento, vamos selecionando variáveis até termos um modelo final apenas com variáveis cujo valor-p dos coeficientes é menor que um determinado nível de significância α escolhido. Há três abordagens para colocar/tirar variáveis do modelo:

I) *Forward selection*: começamos com um modelo nulo, apenas com o intercepto. A próxima variável a entrar no modelo é aquela com o menor valor-p entre todas as preditoras. Em seguida, são ajustadas p - 1 regressões lineares com a variável escolhida no passo anterior, mais cada uma das outras p - 1 existentes. Aquela que tiver o menor valor-p no modelo de regressão com dois preditores será a escolhida. Esse processo é feito até que não haja mais nenhuma variável com valor-p menor que o nível de significância fora do modelo.

II) *Backward selection*: começamos com um modelo com todas as variáveis. Caso haja variáveis com valor-p maior que o nível de significância, escolhemos a com o maior valor-p e a retiramos do modelo. Rodamos a regressão com as p - 1 variáveis preditoras restantes e, novamente, verificamos a com maior valor-p. O processo se repete até que não haja nenhuma variável com valor-p maior que o nível de significância no modelo.

III) *Stepwise selection*: é uma mistura das duas abordagens anteriores. Começamos com um modelo nulo, como no *forward selection*. A cada passo, além de adicionar a variável com menor valor-p, verificamos também se há alguma variável no modelo que deixou de ser significante, isto é, que passou a ter valor-p maior que o nível de significância. Nesse caso, a variável é removida do modelo. Esse procedimento se repete até que não haja mais nenhuma variável para entrar ou sair do modelo.

---

[8] Considera tanto o ajuste do modelo quanto o número de parâmetros k do modelo. O melhor modelo é aquele com menor AIC: AIC = 2k - 2ln(L).

É importante destacar que, ao selecionar as variáveis e chegar ao modelo final, ainda devemos fazer a análise dos resíduos para verificar se as suposições do modelo de regressão estão satisfeitas.

Há diversos pacotes no software R que permitem fazer uma seleção automática das variáveis do modelo de regressão. Vamos mostrar aqui o pacote "olsrr" e os principais procedimentos de seleção de variáveis.

Primeiramente, vamos instalar os pacotes e transformar os dados para formato "dataframe":

```
install.packages("olsrr")
library(olsrr)
mmmerc=as.data.frame(mercado) #transforma dados em dataframe
```

A seguir, rodamos o modelo:

```
modelo1=lm(salario~educacao+cargo+local+idade+tempocasa,data=mmmerc)
```

A sintaxe a seguir mostra todos os modelos possíveis com os subconjuntos de variáveis independentes:

```
test = ols_step_all_possible(modelo1,data=mmmerc)
plot(test)
options(tibble.print_max = Inf) hhyoptions(tibble.width = Inf)
print(test)
```

E o resultado é dado a seguir:

```
# A tibble: 31 x 6
   Index     N Predictors                              `R-Square` `Adj. R-Square` `Mallow's Cp`
 * <int> <int> <chr>                                        <dbl>           <dbl>          <dbl>
 1     1     1 tempocasa                                    0.691           0.687          56.9
 2     2     1 idade                                        0.635           0.630          80.7
 3     3     1 cargo                                        0.266           0.247         238
 4     4     1 local                                        0.116           0.104         302
 5     5     1 educacao                                     0.0684          0.0563        322
 6     6     2 cargo tempocasa                              0.805           0.797          10.1
 7     7     2 idade tempocasa                              0.755           0.749          31.4
 8     8     2 educacao tempocasa                           0.697           0.689          56.1
 9     9     2 local tempocasa                              0.692           0.683          58.5
10    10     2 cargo idade                                  0.668           0.655          68.6
11    11     2 educacao idade                               0.641           0.632          80.0
12    12     2 local idade                                  0.640           0.631          80.5
13    13     2 educacao cargo                               0.309           0.282         222
14    14     2 cargo local                                  0.291           0.262         229
15    15     2 educacao local                               0.170           0.148         281
16    16     3 cargo idade tempocasa                        0.823           0.813           4.60
17    17     3 cargo local tempocasa                        0.811           0.801           9.58
18    18     3 educacao cargo tempocasa                     0.810           0.800          10.0
19    19     3 educacao idade tempocasa                     0.758           0.749          32.1
20    20     3 local idade tempocasa                        0.755           0.745          33.4
21    21     3 educacao local tempocasa                     0.698           0.686          57.7
22    22     3 educacao cargo idade                         0.675           0.657          67.8
23    23     3 cargo local idade                            0.669           0.651          70.3
24    24     3 educacao local idade                         0.646           0.632          79.9
25    25     3 educacao cargo local                         0.331           0.294         214
26    26     4 cargo local idade tempocasa                  0.828           0.816           4.40
27    27     4 educacao cargo idade tempocasa               0.826           0.814           5.18
28    28     4 educacao cargo local tempocasa               0.816           0.803           9.54
29    29     4 educacao local idade tempocasa               0.758           0.745          34.1
30    30     4 educacao cargo local idade                   0.675           0.653          69.5
31    31     5 educacao cargo local idade tempocasa         0.831           0.817           5.00
```

Qual modelo escolhemos dados os resultados obtidos? Como vimos anteriormente, há vários critérios. O R^2 não deve ser utilizado, pois sempre o modelo com todas as variáveis (nesse caso, 5) possuirá o maior R^2. Pelo critério do R^2 ajustado, escolheríamos o modelo 31, com todas as variáveis. Pelo critério do Mallow's CP escolheríamos o modelo 26, com as variáveis cargo, local, idade e tempo de casa.

O pacote olsrr também permite utilizar o procedimento *best subsets* para selecionar as variáveis. A sintaxe e a saída são dadas a seguir:

```
k2= ols_step_best_subset(modelo1,data=mmmerc)
plot(k2)
print(k2)
```

```
Best Subsets Regression
-----------------------------------------------------

Model Index     Predictors
-----------------------------------------------------

    1           tempocasa
    2           cargo tempocasa
    3           cargo idade tempocasa
    4           cargo local idade tempocasa
    5           educacao cargo local idade tempocasa
-----------------------------------------------------


                                        Subsets Regression Summary
```

Model	R-Square	Adj. R-Square	Pred R-Square	C(p)	AIC
1	0.6907	0.6867	0.6741	56.8815	1203.1909
2	0.8051	0.7973	0.7843	10.1213	1170.7243
3	0.8227	0.8131	0.8007	4.6024	1165.2340
4	0.8278	0.8161	0.8007	4.4046	1164.9035
5	0.8311	0.8171	0.7976	5.0000	1165.3771

Regressão múltipla

Novamente, há vários critérios para decidir qual o melhor modelo. A saída foi editada para mostrar apenas alguns – há diversos critérios disponíveis, mas no geral eles vão na mesma direção. Utilizando, por exemplo, o "Mallows-Cp" e o AIC, escolheríamos o modelo 4 – com as variáveis cargo, local, idade e tempo de casa.

Por fim, podemos fazer o procedimento sequencial *stepwise* utilizando o seguinte comando no R:

```
k = ols_step_both_p(modelo1,data=mmmerc)
```

Esse procedimento, como visto anteriormente, seleciona as variáveis pelo valor-p. A saída a seguir mostra que três variáveis foram selecionadas: tempocasa, cargo e idade. Após a entrada dessas variáveis no modelo, nenhuma outra se mostrou significante com nível de significância 5%.

```
Stepwise Selection Method
--------------------------


Candidate Terms:

1. educacao

2. cargo

3. local

4. idade

5. tempocasa
```

We are selecting variables based on p value...

Variables Entered/Removed:

✔ **tempocasa**

✔ **cargo**

✔ **idade**

No more variables to be added/removed.

```
Final Model Output
------------------

                        Model Summary
-----------------------------------------------------------------
R                 0.907    RMSE                369.704
R-Squared         0.823    Coef. Var             6.494
Adj. R-Squared    0.813    MSE            136680.934
Pred R-Squared    0.801    MAE                 276.931
-----------------------------------------------------------------
 RMSE: Root Mean Square Error
 MSE: Mean Square Error
 MAE: Mean Absolute Error
```

```
                                    ANOVA
-------------------------------------------------------------------

                  Sum of
                  Squares       DF    Mean Square      F        Sig.
-------------------------------------------------------------------

Regression     46929905.741      4    11732476.435   85.838    0.0000

Residual       10114389.105     74      136680.934

Total          57044294.846     78

-------------------------------------------------------------------



                          Parameter Estimates
-------------------------------------------------------------------

        model    Beta   Std. Error  Std. Beta      t       Sig      lower      upper
-------------------------------------------------------------------

  (Intercept)  3696.434   292.911                12.620   0.000   3112.796   4280.073
    tempocasa    72.340     9.001     0.626       8.037   0.000     54.406     90.274
  cargoDIRETOR  673.404   137.882     0.284       4.884   0.000    398.667    948.141
 cargoGERENTE   326.859    93.630     0.187       3.491   0.001    140.298    513.420
        idade    19.932     7.347     0.223       2.713   0.008      5.292     34.572
-------------------------------------------------------------------
```

Chegamos, portanto, a diferentes modelos finais de acordo com o método utilizado. Com qual ficamos, então? A decisão está entre o modelo com 3 ou 4 variáveis. A diferença das medidas de ajuste do melhor modelo com 3 variáveis e com 4 variáveis é muito pequena. Os dois modelos são, portanto, muito similares. A tendência é escolhermos o menor modelo por critério de parcimônia, entretanto é também importante uma avaliação de especialistas sobre a importância de se ter no modelo a 4ª variável (no nosso caso, "local").

Note que o modelo final não fica "guardado" em nenhum objeto no R. É preciso rodar novamente apenas com as variáveis selecionadas:

```
Modelofinal=lm(salario~factor(cargo)+idade+tempocasa)
summary(modelofinal)
```

```
Call:
lm(formula = salario ~ factor(cargo) + idade + tempocasa)

Residuals:
    Min       1Q   Median       3Q      Max
-807.51  -215.10   -37.22   180.78  1274.19

Coefficients:
                         Estimate Std. Error t value Pr(>|t|)
(Intercept)              3696.434    292.911  12.620  < 2e-16 ***
factor(cargo)DIRETOR      673.404    137.882   4.884 5.84e-06 ***
factor(cargo)GERENTE      326.859     93.630   3.491 0.000815 ***
idade                      19.932      7.347   2.713 0.008292 **
tempocasa                  72.340      9.001   8.037 1.10e-11 ***
---
Signif. codes:  0 '***' 0.001 '**' 0.01 '*' 0.05 '.' 0.1 ' ' 1

Residual standard error: 369.7 on 74 degrees of freedom
Multiple R-squared:  0.8227,        Adjusted R-squared:  0.8131
F-statistic: 85.84 on 4 and 74 DF,  p-value: < 2.2e-16
```

4.3.8 USO DO MODELO PARA PREVISÃO

Com todas as suposições do modelo satisfeitas e com o modelo final selecionado, o próximo passo é fazer previsões. Por exemplo: qual é o salário estimado de um gerente com 30 anos e 5 anos de casa? Note que as outras variáveis preditoras, por não entrarem no modelo, não importam. Deve-se primeiro montar um dataframe com os valores das variáveis preditoras que utilizaremos para estimar os salários:

```
>novosvalores=data.frame(cargo="DIRETOR",idade=30,tempocasa=5)
```

Agora podemos pedir para o R calcular o intervalo de predição com 95% de probabilidade para o salário de um funcionário com esse perfil:

```
>predict(modelofinal,newdata=novosvalores,interval="prediction")
       fit       lwr       upr
1 5329.496  4498.176  6160.815
```

Portanto, o salário de um funcionário com o perfil estudado estará entre R$4498,00 e R$6161,00 com 95% de probabilidade.

Não devemos confundir intervalo de predição com intervalo de confiança. Este último é utilizado apenas para estimativas intervalares para a média da população, por exemplo, para a média salarial de todos os funcionários gerentes com 30 anos e 5 anos de casa. Geralmente, o que queremos é a previsão para uma pessoa específica, e, neste caso, utilizamos o intervalo de predição.

4.3.9 MODELOS COM INTERAÇÃO

No modelo anterior, o salário possui uma relação linear com idade. Entretanto, o aumento do salário ao variar a idade pode ser diferente para capital e interior, por exemplo. O gráfico (Figura 4.10), feito a partir da sintaxe abaixo, mostra regressões entre idade e salário para cada local:

```
ggplot(mercado,aes(y = salario, x = idade, colour = local, shape = local)) +
  geom_point() + geom_smooth(method = "lm", fill = NA)
```

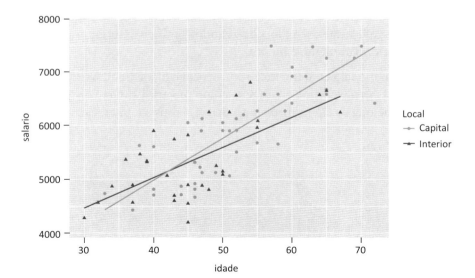

Figura 4.10 – Regressão entre idade e salário por local.

Observe que os salários na capital têm um aumento esperado maior do que no interior ao aumentar a idade em um ano. Quando isso ocorre, dizemos que há interação entre as variáveis idade e local. Isto significa que o efeito da idade no salário varia conforme o local. Entretanto, o modelo de regressão ajustado anteriormente não prevê tal possibilidade; o coeficiente da idade é um só, tanto na capital quanto no interior:

$$E(Y_i) = \beta_0 + \beta_1 * idade + \beta_2 * X_i$$

$$x_i = \begin{cases} 0, \text{se local} = \text{"capital"} \\ 1, \text{se local} = \text{"interior"} \end{cases}$$

Para construir um modelo com interação, é necessário adicionar um termo de interação, que consiste em multiplicar as variáveis idade e local, como no exemplo a seguir:

$$E(Y_i) = \beta_0 + \beta_1 * idade + \beta_2 * X_i + \beta_3 * idade * X_i$$

Esta equação pode ser reescrita como:

$$E(Y_i) = \beta_0 + (\beta_1 + \beta_3 * X_i) * idade + \beta_2 * X_i$$

Agora, portanto, o coeficiente da idade é dependente do valor de X_i; será apenas β_1 se o local for capital e $\beta_1 + \beta_3$ se o local for interior. Veja que podemos testar se $\beta_3 = 0$. Se a hipótese nula não for rejeitada, dizemos que não há evidência de interação. β_3 pode ser interpretado como a diferença do efeito da idade no salário médio para capital e interior. Note que neste exemplo, observando o gráfico anterior, β_3 deve ser negativo, pois no interior o aumento é menor.

Para rodar um modelo com interação entre local e idade no R, basta usar o operador * entre as duas variáveis que interagem, como mostra a sintaxe a seguir. Automaticamente o R adiciona os efeitos principais das variáveis e a interação.

```
> modeloint=lm(salario~idade*factor(local))
> summary(modeloint)

Call:
lm(formula = salario ~ idade * factor(local))

Residuals:
    Min       1Q   Median       3Q      Max
-1127.79  -418.97    28.54   354.98  1183.61

Coefficients:
                             Estimate Std. Error t value Pr(>|t|)
(Intercept)                  1882.100    448.025   4.201 7.25e-05 ***
idade                          77.465      8.401   9.220 5.68e-14 ***
factor(local)INTERIOR         908.731    651.672   1.394    0.167
idade:factor(local)INTERIOR   -21.386     13.152  -1.626    0.108
---
Signif. codes:  0 '***' 0.001 '**' 0.01 '*' 0.05 '.' 0.1 ' ' 1

Residual standard error: 514.3 on 75 degrees of freedom
Multiple R-squared:  0.6523,      Adjusted R-squared:  0.6384
F-statistic:  46.9 on 3 and 75 DF,  p-value: < 2.2e-16
```

A saída do R mostra que o valor-p associado à interação entre as variáveis é 0,108, o que indica que não há evidências de interação. Portanto, podemos voltar ao modelo original apenas com os efeitos principais das duas variáveis.

4.3.10 REGULARIZAÇÃO/*SHRINKAGE* METHODS

Os métodos de seleção de variáveis apresentados anteriormente chegam a um modelo final com um subconjunto de variáveis com poder preditivo similar. Uma alternativa é fazer um modelo contendo todas as "k" variáveis usando uma técnica que restringe ou regulariza as estimativas dos coeficientes, ou, equivalentemente, reduz (*shrinks*) as estimativas para próximo de zero. Há dois principais métodos de regularização ou *shrinkage*: *ridge* e *lasso*.

4.3.11 REGRESSÃO *RIDGE*

Vimos anteriormente que para encontrar as estimativas de mínimos quadrados de um modelo de regressão linear múltipla, devemos minimizar a SQR:

$$SQR = \sum_{i=1}^{n} \left(y_i - \left(\hat{\beta}_0 + \sum_{j=1}^{k} \hat{\beta}_j X_{ji} \right) \right)^2$$

Na regressão *ridge*, a minimização é um pouco diferente, porém, adicionamos à SQR uma penalidade:

$$\lambda \sum_{j=1}^{k} \hat{\beta}_j^2$$

Portanto, devemos minimizar

$$\sum_{i=1}^{n} \left(y_i - \left(\hat{\beta}_0 + \sum_{j=1}^{k} \hat{\beta}_j X_{ji} \right) \right)^2 + \lambda \sum_{j=1}^{k} \hat{\beta}_j^2$$

Note que a função anterior, ao mesmo tempo que minimiza a soma de quadrados dos resíduos, é penalizada quando os coeficientes são distantes de zero. A intensidade desta penalização é determinada pelo parâmetro λ: quanto maior for o valor deste parâmetro, maior a penalização dos valores dos coeficientes da regressão na fórmula.

Portanto, cada valor de λ produzirá estimativas diferentes para os coeficientes. Se $\lambda = 0$, a regressão *ridge* produzirá estimativas de mínimos quadrados, como visto anteriormente.

4.3.12 REGRESSÃO *LASSO*

A regressão *ridge* mantém todas as variáveis no modelo final, mesmo quando λ é grande. Isso pode ser um problema na interpretação do modelo, por conta da quantidade de variáveis e pelos baixos coeficientes. O *lasso* é uma alternativa à regressão *ridge* que permite obter um modelo final com um subconjunto de variáveis. Na regressão *lasso*, a penalização é dada por

$$\lambda \sum_{j=1}^{k} \left| \hat{\beta}_j \right|$$

Portanto, a função a minimizar é:

$$\sum_{i=1}^{n}\left(y_i - \left(\hat{\beta}_0 + \sum_{j=1}^{k}\hat{\beta}_j X_{ji}\right)\right)^2 + \lambda \sum_{j=1}^{k}\left|\hat{\beta}_j\right|$$

Quando λ é suficiente grande, essa nova função de penalização não apenas reduz alguns coeficientes, mas também pode zerá-los. Dessa forma, o modelo final conterá apenas um subconjunto de variáveis preditoras.

É importante observar que, antes de rodar a regressão *ridge* ou *lasso*, deve-se padronizar as variáveis preditoras. Ademais, os coeficientes ficam na mesma escala e podem ser somados para calcular a penalização na função a ser minimizada.

4.3.12.1 Regressões *Ridge* e *Lasso* no R

Para rodar regressões Ridge e Lasso no R, usaremos o pacote `glmnet`.

```
install.packages("glmnet")
library("glmnet")
```

Vamos começar com a regressão Ridge, em que Y = salário e as variáveis independentes são educação, cargo, local, idade e tempocasa. Note que as variáveis categóricas devem ser transformadas em dummies antes de rodar a regressão ridge. Para isso, usaremos a função `dummy_cols` do pacote `fastDummies`.

```
#transforma em dummy todas as variáveis do tipo character ou factor
> xvarsdummy<-dummy_cols(mercado)
```

Em seguida, colocamos as variáveis X e Y em matrizes:

```
Xvars=data.matrix(xvarsdummy[,c("educacao_SUPERIOR","cargo_DIRETOR", "cargo_GERENTE",
"local_INTERIOR", "idade","tempocasa")])
Yvar=data.matrix(mercado[,"salario"])
```

Vamos usar a função `cv.glmnet` para rodar a regressão ridge, selecionando a opção standardize = TRUE para termos as variáveis padronizadas. Para rodar a regressão ridge, o parâmetro alpha deve ser igual a zero. O hiperparâmetro *lambda* vai variar entre 10^4 e 10^{-2}, como mostra a sintaxe a seguir:

```
lambda_seq = 10^seq(4, -2, by = -.1)
ridge_reg = cv.glmnet(xvars, yvar, alpha = 0, lambda = lambda_seq,standardize = TRUE)
```

O *lambda* que minimiza a soma de quadrados do erro é obtido por meio da sintaxe:

```
> best_lambda=ridge_reg$lambda.min
> best_lambda
[1] 39.81072
```

Os coeficientes da regressão são dados por:

```
> coef(ridge_reg)
7 x 1 sparse Matrix of class "dgCMatrix"
         1
(Intercept)          3763.61
educacao_SUPERIOR    141.65
cargo_DIRETOR        449.88
cargo_GERENTE        127.69
local_INTERIOR       -34.97
idade                 24.96
tempocasa             43.97
```

Finalmente, podemos obter o R^2 desta regressão com o seguinte cálculo "manual":

```
> y_predicted = predict(best_fit, s = ridge_reg$lambda.min, newx = xvars)
> sst = sum((yvar - mean(yvar))^2)
> sse = sum((y_predicted - yvar)^2)
> # R squared
> rsq = 1 - sse / sst
> rsq
[1] 0.829209
```

Para rodar a regressão *lasso*, basta fazer `alpha` = 1. Podemos usar os mesmos comandos da regressão *ridge*. Observe na sintaxe a seguir que apenas o nome do modelo mudou:

```
> lambda_seq = 10^seq(4, -2, by = -.1)

> lasso_reg = cv.glmnet(xvars, yvar, alpha = 1, lambda = lambda_seq,standardize = TRUE
)

> coef(lasso_reg)
7 x 1 sparse Matrix of class "dgCMatrix"
                            1
(Intercept)         3851.1
educacao_SUPERIOR     .
cargo_DIRETOR       443.0
cargo_GERENTE       102.2
local_INTERIOR        .
idade                21.6
tempocasa            61.5
> best_lambda=lasso_reg$lambda.min

> best_lambda
[1] 1.585
> best_fit=lasso_reg$glmnet.fit

> best_fit
#R2
> y_predicted = predict(best_fit, s = lasso_reg$lambda.min, newx = xvars)

> sst <- sum((yvar - mean(yvar))^2)

> sse <- sum((y_predicted - yvar)^2)


> rsq = 1 - sse / sst

> rsq
[1] 0.8311
```

A principal diferença entre a regressão *lasso* e a *ridge* é que, na primeira, algumas variáveis possuem coeficiente igual a zero, tornando o modelo mais simples. No caso apresentado, a *dummy* de educação e local possuem coeficiente igual a zero. Mesmo assim, o R^2 da regressão *lasso* (83,1%) foi maior que o da regressão *ridge* (82,9%) e igual ao da regressão tradicional mostrada a seguir.

```
> modelo1=lm(salario~xvars)
> summary(modelo1)

Call:
lm(formula = salario ~ xvars)

Residuals:
 Min  1Q Median  3Q Max
 -787 -246 -14 188 1315

Coefficients:
                        Estimate Std. Error t value Pr(>|t|)
(Intercept)              3547.18     300.27   11.81  < 2e-16 ***
xvarseducacao_SUPERIOR    128.20     108.17    1.19  0.23985
xvarscargo_DIRETOR        737.07     143.26    5.15  2.2e-06 ***
xvarscargo_GERENTE        345.07      93.22    3.70  0.00042 ***
xvarslocal_INTERIOR       139.28      94.34    1.48  0.14420
xvarsidade                 18.69       7.31    2.56  0.01264 *
xvarstempocasa             75.01       9.20    8.15  7.9e-12 ***
---
Signif. codes:  0 '***' 0.001 '**' 0.01 '*' 0.05 '.' 0.1 ' ' 1

Residual standard error: 366 on 72 degrees of freedom
Multiple R-squared: 0.831,      Adjusted R-squared: 0.817
F-statistic: 59.1 on 6 and 72 DF, p-value: <2e-16
```

No geral, não podemos dizer que uma técnica é melhor que a outra. Se o seu modelo contém muitas variáveis independentes ou as variáveis são muito correlacionadas, a regressão tradicional de mínimos quadrados não é a mais apropriada. Nesse caso, é melhor usar uma técnica de regularização, como vimos aqui. A regressão *lasso* faz uma seleção de variáveis ao fixar alguns coeficientes em zero, enquanto a regressão *ridge* mantém todas as variáveis no modelo. A regressão *lasso* tende a ser melhor se há um pequeno número de variáveis significantes para prever Y e as outras possuírem coeficientes próximos de zero. A regressão *ridge* funciona melhor quando há muitas variáveis com coeficientes com valores altos, isto é, quando várias variáveis predizem Y.

Regressão múltipla

EXERCÍCIOS

1. O banco de dados "happiness.xls", descrito no Capítulo 1, contém dados de grau de felicidade de 122 países. O objetivo é prever o escore de felicidade do país pelas seguintes variáveis: hemisfério, HDI (índice de desenvolvimento humano), GPD (PIB per capita), consumo de cerveja per capita, consumo de álcool per capita e consumo de vinho per capita. Construa um modelo de regressão múltipla pelo método de mínimos quadrados para índice de felicidade de um país com base nas variáveis preditoras e responda:

   a) Faça uma análise descritiva dos dados. Veja que há um erro na variável "Hemisphere". Corrija o erro.

   b) Quais variáveis são significantes para prever o índice de felicidade? Use 5% de nível de significância.

   c) Interprete o coeficiente de cada variável significante.

   d) Faça a análise dos resíduos e verifique se as suposições do modelo estão satisfeitas.

   e) Verifique se há multicolinearidade.

   f) Escolha um critério de seleção de variáveis e obtenha o modelo final para prever o escore de felicidade.

   g) As variáveis incluídas no modelo permitem fazer uma boa previsão do índice de felicidade? Justifique com medidas estatísticas.

2. O banco de dados "cardata2005.xls", descrito no Capítulo 1, contém dados de 12 variáveis de 810 carros com menos de um ano. O objetivo é prever o preço de venda do carro pelas variáveis: mileage, make, cylinder, liter, doors, cruise, sound and leather (ver capítulo 1 para descrição das variáveis).

   a) Construa um modelo de regressão múltipla, pelo método de mínimos quadrados, para o prever o preço de venda.

   b) Faça uma análise de resíduos. Note que há suposições não satisfeitas. Quais?

   c) Refaça a regressão, mas agora use o logaritmo da variável preço. Refaça a análise de resíduos e verifique se as suposições estão satisfeitas.

   d) Faça novamente a regressão, usando logaritmo e retirando carros com preço acima de 50.000. Verifique as suposições do modelo.

   e) No modelo do item c há multicolineariedade? Se houver, retire a variável responsável pela multicolinearidade do modelo.

   f) Qual é o valor previsto do preço para o 1º carro do banco de dados? Construa um Intervalo de predição de 95% para o preço e compare com o valor observado.

3. O arquivo "spendx.xls", descrito no Capítulo 1, contém dados de 357 clientes de um banco. O objetivo é prever o valor médio da fatura mensal de um cartão em um período de doze meses.

a) Construa um modelo de regressão múltipla com todas as variáveis preditoras (exceto ID), pelo método de mínimos quadrados, para prever o preço de venda.

b) Construa um modelo de regressão usando o método *lasso* para prever o valor médio da fatura.

c) Construa um modelo de regressão usando o método *ridge* para prever o valor médio da fatura.

d) Compare os três modelos. Qual dos três modelos você escolheria?

CAPÍTULO 5
Regressão logística

Prof. Abraham Laredo Sicsú

5.1 INTRODUÇÃO

A regressão logística permite estimar as probabilidades de que uma observação pertença a cada um de K grupos (ou categorias) predeterminados. Posteriormente, poderemos classificá-la em um desses grupos, de acordo com os valores dessas probabilidades.

Por exemplo, consideremos o caso de um *Call Center*. A rotatividade de operadores nessa atividade é muito grande. Isso é prejudicial para as empresas do setor, pois investem bastante na formação de seus quadros. O ideal seria contratar operadores que permaneçam na função, pelo menos, durante um determinado intervalo de tempo definido pela empresa. Comparando dados históricos das características de operadores que permaneceram na empresa nesse intervalo de tempo (operadores estáveis) com os que ficaram menos que esse período (operadores não estáveis) podemos identificar as características que diferenciam os dois tipos e gerar um modelo que permita estimar a probabilidade de um candidato a operador permanecer ou não pelo prazo mínimo desejado. Apenas candidatos com alta probabilidade estimada de permanecer seriam contratados.

Esse exemplo considera a classificação dos candidatos em apenas dois grupos: operadores estáveis e operadores não estáveis. No entanto, a regressão logística pode ser aplicada quando há mais de dois grupos. Por exemplo, clientes de uma instituição financeira podem ser classificados de acordo com o tipo de investimento preferido, alto, médio ou baixo risco, oferecendo-lhes, dessa forma, produtos mais adequados.

Neste texto vamos focar apenas o problema de regressão logística quando há apenas dois grupos. É o caso mais utilizado. A regressão logística quando há mais de dois grupos não é complexa do ponto de vista teórico e há bons softwares disponíveis.

5.2 DEFINIÇÃO DOS GRUPOS

Um dos problemas operacionais mais complexos na aplicação da regressão logística é a diferenciação correta e clara dos dois grupos considerados, evitando qualquer tipo de ambiguidade. Por exemplo, no caso da análise do risco de crédito, a definição do que seja um bom ou um mau cliente é extremamente controversa. A qualificação pode referir-se a atrasos nos pagamentos ou à rentabilidade do cliente, bem como pode variar de credor para credor. Se a definição de mau cliente for relativa à inadimplência, cabe definir quantos dias de atraso caracterizam o mau pagador. Por exemplo, a credora pode definir mau pagador em função do número de parcelas pagas com atraso superior a 30 dias nos últimos seis meses.

No caso de classificação de funcionários em dois grupos – bom e mau desempenho nos últimos doze meses –, o critério que define bom desempenho pode variar de empresa para empresa, ou até dentro de uma mesma empresa, entre diferentes analistas de RH. Antes de ajustar um modelo de regressão logística a caracterização dos dois grupos tem que ser definida sem ambiguidade.

Em geral, a definição dos dois grupos é uma tarefa difícil, que deveria envolver a alta direção da empresa. Deve ser feita de forma cuidadosa, atendendo aos objetivos a que se destina o modelo de regressão logística. Se no decorrer do tempo essa definição for alterada, o modelo previamente desenvolvido perderá sua eficácia, por menor que seja essa alteração. Quando a caracterização dos grupos é modificada, o analista deverá recomeçar o estudo novamente, desenvolvendo um novo modelo de regressão logística partindo praticamente do zero!

5.3 POR QUE NECESSITAMOS UM MODELO DE CLASSIFICAÇÃO?

Consideremos, por exemplo, que desejamos classificar os indivíduos de uma loja de departamentos em um de dois grupos quanto à frequência com que fazem suas compras (alta – AF; baixa – BF). Por simplicidade supõe-se que a classificação será feita a partir de duas variáveis:

- X1: sexo (F, M).

- X2: faixa etária (25 anos ou menos, 26 a 40 anos, 41 anos ou mais).

Regressão logística

A combinação de categorias dessas variáveis conduz a seis tipos de diferentes "perfis" de clientes.

Uma amostra de clientes dessa loja apresentou a distribuição de frequências na Tabela 5.1. Com base nessa experiência, se um futuro cliente for do sexo feminino e tiver 53 anos, a estimativa da probabilidade de que seja AF será igual a 0,08 (8%). Vemos, portanto, que a estimativa da probabilidade de que um futuro cliente seja classificado como de potencial alta frequência pode ser obtida diretamente dessa tabela.

Tabela 5.1 – Distribuição de frequências dos clientes

Perfil		BF	AF
sexo	faixa etária	%	%
F	≤ 25	95%	5%
F	26 - 40	85%	15%
F	*≥ 41*	*92%*	*8%*
M	≤ 25	99%	1%
M	26 - 40	87%	13%
M	≥ 41	88%	12%

Nas aplicações usuais, a estimação da probabilidade com uma tabela desse tipo é inviável. Em geral o número de variáveis nas aplicações empresariais é da ordem de dezenas ou, em muitos casos, centenas. Além das variáveis quantitativas, teremos variáveis qualitativas que podem assumir um número muito grande de categorias, como *estado civil* ou *estado da federação,* gerando um grande número de combinações. Por exemplo, se trabalharmos apenas com 20 variáveis previsoras binárias, o número de possíveis perfis (combinação de valores das variáveis binárias) será igual a $2^{20} = 1.048.576$. E, por maior que seja a amostra, muitos destes perfis apresentarão frequência igual a zero ou muito baixa, a ponto de não podermos estimar as probabilidades.

Uma das formas de lidar com este problema de dimensionalidade para estimar essas probabilidades é recorrendo a técnicas estatísticas ou de *machine learning*. Uma das técnicas estatísticas é a regressão logística.

5.4 A CURVA LOGÍSTICA

Consideremos o exemplo seguinte. Uma empresa de TV a cabo verificou que a proporção de clientes, visitados por seus vendedores, que adquiriam o pacote premium está relacionada com a faixa de renda dessas pessoas. A Tabela 5.2 a seguir mostra o valor de X, o centro de cada faixa de renda, e *prop*, a proporção de clientes em cada faixa, visitados que adquiriram o pacote premium.

Tabela 5.2 – Proporção de clientes que adquiriram o pacote premium

X	100	200	300	400	500	600	700	800	900	1000
prop	0.00	0.02	0.1	0.14	0.22	0.35	0.45	0.57	0.68	0.77

X	1100	1200	1300	1400	1500	1600	1700	1800	1900	2000
prop	0.82	0.85	0.88	0.93	0.95	0.98	0.97	0.99	0.99	0.99

Representemos graficamente esses pontos na Figura 5.1.

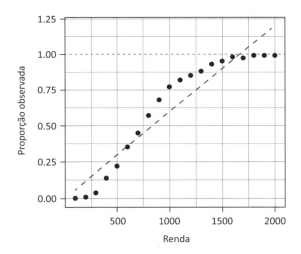

Figura 5.1 – Diagrama de dispersão da proporção de clientes *vs.* renda.

Os pontos das proporções estão grafados em preto. Observamos que, para baixos níveis de renda, a proporção de clientes que adquirirem o serviço é baixa. Posteriormente, essa proporção cresce "rapidamente" pois a disponibilidade de renda vai deixando de ser um obstáculo. Após certo valor, a renda não faz mais diferença e a proporção fica estável.

A utilização de um modelo linear (linha tracejada) para descrever a relação entre a proporção observada e a renda não é adequada. Além de não apresentar um ajuste satisfatório, pode conduzir a estimativas de proporções maiores que 1,0 (absurdo!).

Regressão logística

Uma curva que condiz melhor com esse comportamento é a logística (ou sigmoide), em forma de S, cuja equação é $prop = \dfrac{1}{1 + e^{-renda}}$. Ajusta-se convenientemente aos pontos. Nos problemas de regressão logística que vamos apresentar, o eixo das abscissas, X, corresponderá a uma combinação linear Z das variáveis previsoras, $Z = b_0 + b_1 X_1 + \ldots + b_p X_p$, ou seja, $p = \dfrac{1}{1 + e^{-Z}}$.

5.5 REGRESSÃO LOGÍSTICA PARA DOIS GRUPOS – FORMULAÇÃO

Vamos descrever o funcionamento da regressão logística para o caso em que um indivíduo pertence a um de dois grupos predeterminados. Denotemos esses grupos por G0 e G1. A variável resposta Y assume os valores Y = 1 se o indivíduo pertence ao G1 e Y = 0 se o indivíduo pertence ao G0. P(Y = 1) denota a probabilidade que um determinado indivíduo pertença ao grupo G1. Como temos apenas dois grupos, P(Y = 0) = 1 - P (Y = 1).

O grupo G1 é denominado *evento resposta* ou *grupo resposta*. Os softwares de regressão logística fornecem a estimativa da probabilidade de que um indivíduo pertença ao *evento resposta* selecionado. A escolha de qual dos grupos será o evento resposta é arbitrária e conduz às mesmas estimativas de probabilidades P(Y = 0) e P (Y = 1). É usual selecionar a categoria mais crítica como evento resposta. Por exemplo, ao prever a probabilidade de um paciente infartar ou não, o evento resposta é "cliente infarta". Em risco de crédito costuma-se definir como evento resposta a categoria "mau pagador" e não "bom pagador".

Os indivíduos de ambos os grupos são caracterizados por p variáveis, X_1, X_2, …, X_p. A partir dessas variáveis poderemos estimar a probabilidade que um indivíduo pertença ao grupo resposta. Tais variáveis são denominadas variáveis previsoras.[1]

Vimos que, ao prever probabilidades, a curva logística é uma boa candidata para modelar a relação entre a combinação linear $b_0 + b_1 X_1 + b_2 X_2 + \ldots + b_p X_p$ e a probabilidade de ocorrência do evento resposta P(Y = 1). O modelo de regressão logística pressupõe a seguinte relação entre as variáveis preditoras e a probabilidade do evento:

$$\ln\left(\frac{P(Y=1)}{1 - P(Y=1)}\right) = b_0 + b_1 X_1 + \ldots + b_p X_p,$$

onde ln representa o logaritmo natural (ou neperiano). O termo da direita costuma ser denotada por Z, isto é, $Z = b_0 + b_1 X_1 + \ldots + b_p$.

---

[1] Às vezes, são denominadas variáveis independentes ou variáveis preditoras.

Podemos verificar que a relação entre Z e P(Y = 1) pode ser expressa por:

$$P(Y=1) = \frac{e^Z}{1+e^Z} \quad \text{ou} \quad P(Y=1) = \frac{1}{1+e^{-z}}$$

A figura seguinte representa a curva logística:

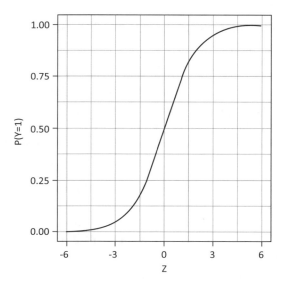

Figura 5.2 – Curva logística.

Dizemos que a curva logística é o *link* entre Z e P(Y = 1). É importante notar que embora Z possa variar de - ∞ a +∞ o valor de P (Y = 1) varia entre 0 e 1.

5.6 USO DE DADOS AGRUPADOS E DADOS NÃO AGRUPADOS

Na maior parte das aplicações de técnicas de classificação podemos contar com os dados brutos. Simplificando, cada indivíduo corresponde a uma linha da planilha e cada coluna a uma variável. É o que denominamos *dados não agrupados*. Há situações, pouco frequentes, em que o analista já recebe os *dados agrupados* de acordo com o perfil dos indivíduos. A Tabela 5.1 descrita anteriormente é um exemplo dessa formatação dos dados.

Pode haver interesse em ajustar um modelo de regressão logística para estimar e interpretar os parâmetros dessa regressão. Esses parâmetros podem ser estimados diretamente a partir dessa tabela. A maior parte dos conceitos para a estimação dos parâmetros e a análise dos modelos obtidos é a mesma quer sejam dados agrupados ou não. Há diferenças no que diz respeito às distribuições probabilísticas de algumas das estatísticas utilizadas para testes de hipóteses ou para análise de aderência do modelo. Por ser o caso mais comum, vamos focar apenas o uso de regressão logística com dados não agrupados.

5.7 REGRESSÃO LOGÍSTICA PARA DOIS GRUPOS – ESTIMAÇÃO DOS PARÂMETROS

No caso da regressão logística não utilizamos o critério de mínimos quadrados, como na regressão linear múltipla. Esse critério não tem boas propriedades quando a resposta Y é binária. Os softwares estatísticos utilizam um método denominado máxima verossimilhança para obter as estimativas b_i dos parâmetros β_i a partir dos dados amostrais.[2] A descrição formal desse método de estimação foge do objetivo deste texto e pode ser encontrada em livros mais avançados de análise estatística.

Nas raras situações em que temos a *"separação completa"* dos grupos, o algoritmo da razão de verossimilhança não converge. Essa separação completa ocorre quando todos os indivíduos com os mesmos valores para X_1, X_2, ..., X_p (indivíduos com o mesmo perfil) pertencem a um único grupo. Os softwares detectam e alertam quando isto ocorre.

A *"separação quase completa"* ocorre quando uma ou mais variáveis preveem quase que perfeitamente a resposta Y. Essa situação pode comprometer a convergência do algoritmo e nem sempre é detectada pelos softwares. Deve-se desconfiar desse problema quando os erros padrão dos estimadores dos coeficientes forem muito elevados e, consequentemente, as estatísticas de teste forem muito baixas.

5.8 EXEMPLO DE APLICAÇÃO: PROGRAMA TECAL

As diferentes etapas e conceitos envolvidos na construção de um modelo de regressão logística serão apresentados com auxílio da base de dados TECAL Comunicações, descrita no Capítulo 1, cujo objetivo é classificar os clientes entre cancelou ou não cancelou o contrato. Reproduzimos a seguir as variáveis a serem utilizadas nesse problema.

---

[2] Quando os dados estão agrupados há outros métodos de estimação.

Tabela 5.3 – Variáveis para a construção de um modelo de regressão logística

Variável	Descrição
Id	Identificação do assinante
Idade	Idade em anos do assinante
Linhas	Número de linhas do assinante
Temp cli	Tempo como assinante em meses
Renda	Renda familiar do assinante em G$1000
Fatura	Despesa média mensal do assinante em G$
Temp_rsd	Tempo na residência atual do assinante, em anos
Local	Região onde reside o assinante (A, B, C e D)
Tvcabo	Assinante possui TV a cabo?
Debtaut	Pagamento com débito automático?
Cancel	Assinante cancelou contrato? (variável alvo) – sim / nao

O primeiro passo, como em todos os problemas de modelagem, é a análise exploratória dos dados. Essa análise encontra-se no Apêndice A deste capítulo. O arquivo com as variáveis convenientemente transformadas para o desenvolvimento do modelo foi denominado *tecx*.

5.8.1 AMOSTRA DE DESENVOLVIMENTO E AMOSTRA TESTE

Antes de rodar o modelo vamos dividir a amostra em duas partes. Para isso, utilizaremos a função `createDataPartition` do pacote `caret` de R. Essa função divide as amostras de tal forma que ambas tenham as mesmas proporções de *cancel=sim* e *cancel=nao*. Vamos considerar uma amostra de treinamento selecionando 50% dos casos; os demais caso serão alocados em amostra teste.

```
> library(caret)
> set.seed(18)
> flag=createDataPartition(tecx$cancel, p=.5, list = F)
> train=tecx[flag,];dim(train)
[1] 998 10
> test=tecx[-flag,]; dim(test)
[1] 997 10
```

Regressão logística **183**

5.8.2 ESTIMAÇÃO DOS PARÂMETROS

Vamos, de forma arbitrária, selecionar a categoria "sim" da variável *cancel* como evento resposta. O software retorna à probabilidade de que um indivíduo seja classificado nessa categoria. Para estimar os parâmetros utilizando a função glm temos que transformar a variável alvo em uma variável dummy.

```
> train$cancel=ifelse(train$cancel=='sim',1,0)
 # cancel=sim será o evento resposta
> test$cancel=ifelse(test$cancel=='sim',1,0) # para uso do MLmetrics
```

Após obter o modelo inicial, procedemos à seleção das variáveis via *backward elimination*,[3] utilizando o critério AIC (*Akaike Information Criterion*) com a função step do R. Esse critério é uma estatística utilizada para avaliar a performance do modelo de regressão logística. O processo de seleção remove variáveis de forma a minimizar o valor de AIC.[4]

```
# utilizamos family = binomial() para obter a regressão logística
> fit=glm(data=train, cancel~., family = binomial())
> fit=step(fit, trace = 0) #seleção de variáveis utilizando AIC
> summary(fit) #saída editada pelo Autor
Coefficients:
```

	Estimate	Std. Error	z value	Pr(>|z|)	
(Intercept)	-1.98033	0.57472	-3.446	0.00057	***
idade	-0.03355	0.01418	-2.365	0.01801	*
temp_cli	-0.18358	0.02013	-9.121	< 0.0000000000000002	***
localB	2.18443	0.26590	8.215	< 0.0000000000000002	***
localC	-0.57969	0.33351	-1.738	0.08218	.
localD	1.33716	0.23995	5.573	0.0000000251	***
tr.fatura	0.23498	0.02207	10.648	< 0.0000000000000002	***

---

[3] Removendo as variáveis uma a uma, a partir do modelo completo (com todas as variáveis).

[4] Esta estatística é um balanceamento entre o ajuste do modelo para prever as probabilidades e a quantidade variáveis que o definem. O aumento do número de variáveis provoca um aumento do AIC. Por outro lado, uma redução significativa do número de variáveis pode comprometer a qualidade do ajuste do modelo. A justificativa formal do AIC foge do escopo deste texto.

A equação linear Z obtida arredondando as estimativas dos parâmetros é:

$$Z = -1{,}980 - 0{,}0336 \times idade - 0{,}184 \times temp\_cli + \ldots + 0{,}235 \times tr.fatura$$

Essa equação permite estimar as probabilidades pcancel=P (*cancel=sim*) pela fórmula

$$pcancel = \frac{e^{z}}{1+e^{z}} = \frac{1}{1+e^{-z}}$$

5.8.3 PREVISÃO DAS PROBABILIDADES

Para calcular a pcancel de um indivíduo A para o qual, por exemplo, idade = 40, temp_cli = 25, local = B e fatura = 900, utilizaremos a função predict, não esquecendo de transformar a variável *fatura* utilizando *BoxCox* como discutido no apêndice.

```
> dadosA=data.frame(idade=40,temp_cli=25, local='B', tr.fatura=BoxCox(900, 0.3))
> pcancel_A=predict(fit, newdata = dadosA, type = 'response')
> pcancel_A
   0.3816578
```

5.8.4 TESTE DOS PARÂMETROS[5]

As hipóteses a serem testadas para cada parâmetro β_i (i = 0,1, …, 6) são Ho: $\beta_i = 0$ vs. Ha: $\beta_i \neq 0$. A última coluna da saída do R dá os valores dos valor-p para esses testes.[6]

---

[5] Estamos assumindo que a hipótese Ho da nulidade simultânea de todos os parâmetros correspondentes às variáveis do modelo, denominado teste de significância da regressão, foi rejeitada. Esse é o caso na quase totalidade das aplicações em que as variáveis previsoras são cuidadosamente identificadas.

[6] A estatística z do teste corresponde ao quociente da estimativa do coeficiente pelo seu erro padrão. O quociente elevado ao quadrado é denominado estatística de Wald e tem distribuição aproximadamente χ^2 com 1 grau de liberdade.

```
Coefficients:
              Estimate Std. Error z value              Pr(>|z|)
(Intercept)   -1.98033    0.57472  -3.446              0.00057 ***
idade         -0.03355    0.01418  -2.365              0.01801 *
temp_cli      -0.18358    0.02013  -9.121 < 0.0000000000000002 ***
localB         2.18443    0.26590   8.215 < 0.0000000000000002 ***
localC        -0.57969    0.33351  -1.738              0.08218 .
localD         1.33716    0.23995   5.573           0.0000000251 ***
tr.fatura      0.23498    0.02207  10.648 < 0.0000000000000002 ***
```

Nesse exemplo notamos que os valores-p são "pequenos" (todos menores que 10%). Rejeitamos a hipótese de nulidade Ho desses parâmetros. Em termos menos formais, podemos simplesmente assumir que os parâmetros são diferentes de zero. Quando o valor-p é "grande", não rejeitamos a hipótese de nulidade Ho. Da mesma forma, informalmente, assumimos que os parâmetros são diferentes de zero. O método de seleção adotado, cujo critério é o AIC, não se baseia no valor-p de cada variável. Eventualmente, pode manter variáveis cujos parâmetros apresentem valor-p "grandes", desde que a manutenção da variável não comprometa o AIC. Nesse caso, recomendamos não removê-los do modelo.

5.8.5 ANÁLISE E INTERPRETAÇÃO DOS COEFICIENTES

Em regressão linear múltipla, a interpretação dos coeficientes das variáveis na equação é bastante simples. O coeficiente de uma variável preditora representa a variação do valor previsto da variável resposta quando essa variável preditora aumenta em uma unidade (desde que as demais variáveis permaneçam constantes). No caso da regressão logística, a interpretação dos coeficientes na função linear Z não tem um significado simples. Por exemplo, na equação a seguir:

$$Z = -1,980 - 0,0336 \times idade - 0,184 \times temp\_cli + \ldots + 0,235 \times tr.fatura$$

o coeficiente da variável temp_cli é -0,184. Significa que um aumento unitário de temp_cli causa um decréscimo de 0,184 unidades em Z. Mas essa interpretação não demonstra diretamente o quanto se altera *pcancel* a estimativa da probabilidade de cancelar o contrato. A interpretação é um pouco mais complexa, pois o aumento de *pcancel* depende exatamente do valor *pcancel*. Para avaliar o impacto do aumento unitário de temp_cli trabalhemos inicialmente com o seguinte quociente de probabilidades, denominado *odds*:

$$odds = \frac{pcancel}{1 - pcancel}$$

A partir da fórmula da regressão logística pode-se mostrar que odds = e^Z.

$$pcancel = \frac{1}{1+e^{-Z}} \Rightarrow 1+e^{-Z} = \frac{1}{pcancel} \Rightarrow e^{-Z} = \frac{1}{pcancel} - 1 \Rightarrow e^{Z} = \frac{pcancel}{1 - pcancel} = odds$$

Se temp_cli cresce uma unidade, mantendo os valores das demais variáveis constantes, o novo valor de Z, que denotaremos Z^*, será igual a Z-0,184. Portanto,

$$odds^* = e^{Z^*} = e^{Z - 0,184} = e^{Z} \times e^{-0,184} = 0,832 \times e^{Z} = 0,832 \times odds$$

Para um aumento unitário de temp_cli, a relação entre odds é igual a 0,832. Note que 0,832 = $e^{(-0,184)}$, onde -0,184 é o coeficiente da variável temp_cli.

Vamos ver o que ocorre com os valores das probabilidades. Lembrando que $odds = \frac{pcancel}{1 - pcancel}$, se um cliente tiver a estimativa pcancel = 0,600, seu *odds* será igual a 0,600/0,400 = 1,500. Se tivesse um aumento unitário em temp_cli, então *odds** = 0,832 × 1,500 = 1,248. A probabilidade de preferir cancelar seria pcancel* = *odds**/(1 + *odds**) = 1,248/2,248 = 0,555. Por outro lado, se outro cliente para o qual pcancel = 0,300 tivesse um aumento unitário em temp_cli, sua razão de probabilidades seria odds* = 0,832 × (0,3/0,7) = 0,357 e sua probabilidade seria pcancel* = 0,263. Observe que os decréscimos das probabilidades nos dois casos diferem (0,600 - 0,555 ≠ 0,300 - 0,263). Em suma, a variação de pcancel depende do próprio valor de pcancel.

5.8.6 VERIFICAÇÃO DO AJUSTE DO MODELO (TESTES DE ADERÊNCIA)

Ao estimar os parâmetros de um modelo de regressão logística estamos assumindo que a relação:

$$\ln\left(\frac{pcancel}{1 - pcancel}\right) = b_0 + b_1 X_1 + \ldots + b_p X_p$$

é adequada para descrever a ligação entre as variáveis previsoras e a probabilidade do evento resposta. Em outras palavras, admitimos que, para um dado perfil *"i"* de cliente (i = 1, …, n), a probabilidade estimada pelo modelo, $pcancel_i$, é uma boa estimativa da probabilidade populacional de cancelamento para esse perfil, π_i. Se, por exemplo, 40% dos clientes da população com determinado perfil cancelam seu contrato com a

TECAL ($\pi_i = 0,40$), esperamos que a probabilidade *pcancel* estimada pelo modelo, quando aplicado a clientes com esse perfil, seja próxima de 0,40. Quando a relação é adequada, dizemos que o modelo está "calibrado".

Essa suposição pode não ser correta e cabe testá-la estatisticamente. A hipótese Ho é que o modelo logístico, com as variáveis consideradas, se ajusta aos dados (ou seja, é adequada para estimar as probabilidades). A hipótese alternativa Ha é que o modelo não se ajusta aos dados. Caso o modelo não seja adequado, as probabilidades estimadas não serão confiáveis. Em muitas aplicações a estimativa correta das probabilidades é muito importante. Por exemplo, na área de crédito, vários indicadores e decisões são função das probabilidades de inadimplência.

Poderíamos testar o ajuste do modelo utilizando a amostra de desenvolvimento (train). Mas é mais seguro verificar esse ajuste considerando a amostra de teste (test). Para isso precisamos inicialmente prever as probabilidades *pcancel* para cada um dos indivíduos desta amostra, armazenando-as com o nome *pcancel*.

```
# previsão de pcancel para as observações da amostra teste
> test$pcancel=predict(fit, newdata=test, type="response")
```

5.8.6.1 Teste de Hosmer-Lemeshow

Há várias formas de verificar esse ajuste (aderência) do modelo aos dados amostrais. Uma forma muito utilizada é o teste de Hosmer-Lemeshow, baseado na distribuição χ^2, encontrado em praticamente todos os softwares estatísticos. Basicamente, as probabilidades *pcancel* são discretizadas em g categorias, e então comparam-se, nessas categorias, as frequências estimadas pelo modelo e as observadas nos dados. Em nosso exemplo, temos:

```
> library(ResourceSelection)
> hoslem.test(test$cancel, test$pcancel, g=10)


        Hosmer and Lemeshow goodness of fit (GOF) test
data: test$cancel, test$pcancel
X-squared = 6.5013, df = 8, p-value = 0.5913
```

Como o valor-p = 0,59, não rejeitamos a hipótese Ho e podemos considerar concluir que não há evidências de inadequação.

O teste de Hosmer e Lemeshow baseia-se na estatística χ^2, o que o torna sensível ao tamanho da amostra. Ademais, os valores da estatística do teste são sensíveis ao valor de g e não há uma definição sobre qual o melhor valor. Em geral, utiliza-se g = 10. Podemos aumentar o valor de g desde que o número de casos dos dois grupos em cada uma das g categorias seja suficientemente grande para justificar a utilização da estatística χ^2. Alguns autores recomendam g > p + 1, onde p é o número de previsoras.

5.8.6.2 Teste de Spiegelhalter

Para cada elemento da amostra definimos o indicador d_i que assume valor 1 para os indivíduos do evento resposta (em nosso caso, *cancel=sim*) e valor 0, caso contrário. Podemos então calcular o *"Escore de Brier"* como segue:

$$bs = \frac{1}{n} \sum_{1}^{n} (d_i - pcancel_i)^2 \, ,$$

onde n é o tamanho da amostra utilizada para testar o ajuste do modelo. Se o modelo de regressão logística fosse "perfeito", quando $d_i = 1$ deveríamos ter *pcancel_i* = 1,00 e quando $d_i = 0$, *pcancel_i* = 0. Portanto *bs* = 0.

Quando a hipótese Ho de que o modelo logístico se ajusta aos dados for verdadeira, a estatística do teste, calculada a partir de bs, tem distribuição normal padronizada.[7] O teste de Spiegelhalter baseia-se nessa aproximação.

Para realizar o teste com o R teremos:

```
> library(rms)
> d=test$cancel
> val.prob (test$pcancel, test$cancel, smooth = F)[[18]] #p-value
[1] 0.07697867
```

Considerando-se um nível de significância de 5% não rejeitamos a hipótese Ho. O software fornece também a *curva de calibração*, que é um recurso interessante para visualizar o ajuste do modelo. Notamos que para valores baixos da probabilidade o modelo logístico superestima levemente sessa probabilidade; para valores mais altos o modelo subestima as probabilidades. Mas as diferenças são pequenas. Na Figura 5.3 verificamos que o valor do valor-p é denotado por S:p.

---

[7] A demonstração foge do escopo deste texto.

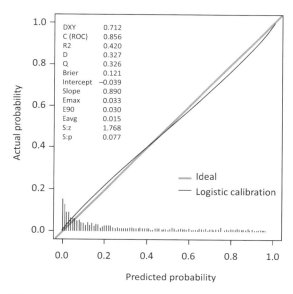

Figura 5.3 – Curva de calibração.

5.8.7 OS PSEUDOCOEFICIENTES R^2 PARA AVALIAÇÃO DO AJUSTE DO MODELO

Em regressão linear múltipla um indicador interessante para mostrar o quanto o modelo explica a variável resposta é o coeficiente de determinação R^2. Em regressão logística alguns autores sugeriram indicadores com esse mesmo propósito. São denominados pseudos-R^2. Os mais conhecidos são os R^2 de Cox e Snell, o R^2 de Nagelkerke e o R^2 de McFadden. Os pseudo-R^2 não devem ser interpretados com a porcentagem da variação da resposta explicada pelo modelo. Esses indicadores, se utilizados, servem apenas para comparar diferentes modelos sobre um mesmo conjunto de dados.

5.9 CORREÇÃO PARA AMOSTRAGEM ESTRATIFICADA

Quando trabalhamos com amostragem estratificada os tamanhos das duas amostras não são proporcionais às correspondentes porcentagens na população. Ao contrário, utilizamos a amostragem estratificada exatamente para ter um balanceamento das duas classes.

O modelo de regressão logística obtido com essa amostra pode ser utilizado para estimar os parâmetros da regressão logística. Como o método de estimação dos parâmetros leva em consideração as proporções de cada classe na amostra de desenvolvimento, as estimativas das probabilidades fornecidas pelo modelo deverão ser corrigidas para aplicá-lo à população.

Vamos supor, a título de ilustração, que, em uma instituição financeira, as amostras de bons e maus pagadores foram selecionadas separadamente. Admitamos que 10% dos indivíduos da população são maus pagadores. Formalmente, $\pi_m = 0,10$, onde π_m é denominada probabilidade *a priori* de ser mau pagador. Consequentemente, a probabilidade *a priori* de ser bom pagador é $\pi_b = 0,90$. Se ao desenvolver o modelo utilizamos uma amostragem estratificada com 50% de bons pagadores e 50% de maus pagadores, essas proporções diferem das probabilidades *a priori*. Portanto, a probabilidade de ser bom pagador estimada com o modelo para a população de clientes da instituição será subestimada.

Para contornar esse problema devemos corrigir o termo constante da função linear Z. Anderson (1982)[8] demonstrou que para o caso de amostras estratificadas, considerando Y = 1 como evento resposta, a correção deverá ser feita como segue:

$$b_0^{corrigido} = b_0^{original} + \ln\left(\frac{\pi_1}{\pi_0} \times \frac{n_0}{n_1}\right)$$

Suponhamos que $b_0^{original} = -14$, e que as amostras das duas categorias Y = 1 e Y = 0 sejam iguais ($n_0 = n_1$). Admitindo as probabilidades *a priori* $\pi_1 = 0,90$ e $\pi_0 = 0,10$ resulta:

$$b_0^{corrigido} = -14 + \ln\left(\frac{0,90}{0,10} \times \frac{n_0}{n_1}\right) = -14 + 2,2 = -11,8$$

Notamos que a estimativa corrigida da probabilidade de ser Y = 1 aumentará, o que é intuitivo, pois na população a proporção de casos Y = 1 é muito superior à da amostra.

Observe que, alterando apenas o valor de b_0, não alteramos a ordenação das probabilidades estimadas. Se a probabilidade, estimada com a amostra original, de que um indivíduo A seja Y = 1 for maior que a do indivíduo B, após a correção essa ordenação se mantém. Isso é importante, pois a classificação das observações não será alterada.

Recomendamos que mesmo utilizando essa correção, o analista construa e analise a curva de calibração, com as probabilidades corrigidas, considerando uma amostra aleatória simples da população.

---

[8]   Anderson J.A. (1982). Logistic Discrimination. Em: P.R. Krishnaiah and L.N. Kanal (eds.). *Handbook of Statistics*, Vol. 2, North Holland Publishing Company.

5.10 REGRESSÃO LOGÍSTICA COMO TÉCNICA DE CLASSIFICAÇÃO (DISCRIMINAÇÃO)

Os indivíduos da amostra em nosso exemplo (TECAL) estão classificados em duas categorias (cancelam/não cancelam). Em muitas situações, nosso objetivo não é estimar as probabilidades, mas, sim, obter um modelo para classificar novos indivíduos em uma dessas categorias. A classificação será em função dessas probabilidades, muitas vezes denominadas "escores".

Nessa seção não estamos discutindo a qualidade do ajuste do modelo logístico. Estamos analisando a sua capacidade de discriminar os indivíduos em um dos dois grupos. Um modelo pode ter uma excelente capacidade discriminadora ainda que sua aderência aos pontos amostrais não seja satisfatória.

Ao classificar indivíduos utilizando regressão logística, o analista deve fixar um ponto de corte (pc) de forma tal que, se para um novo indivíduo a estimativa *pcancel* for maior ou igual a pc, o indivíduo será classificado como *cancel=sim*; caso contrário o indivíduo será classificado como *cancel=nao*.

A maior parte dos softwares adota como default pc = 0,5. Mas, em função dos custos incorridos ao classificar de forma incorreta um indivíduo, o analista poderá selecionar outro ponto de corte. Como veremos adiante, conhecidos os custos decorrentes de erros de classificação, é possível determinar o ponto de corte ideal para minimizá-los.

5.10.1 AVALIAÇÃO DO MODELO DE CLASSIFICAÇÃO

No exemplo que estamos utilizando, analisaremos como ficam as classificações e as métricas usuais vistas no Capítulo 3, se utilizarmos, por exemplo, o pc = 0,40. Essa análise é facilitada construindo a matriz de classificação (*confusion matrix*) seguinte:

```
> test$pcancel=predict(fit, newdata = test, type='response')
> test$klass40=ifelse(test$pcancel>.4, 1, 0) #cria as duas classificações
> library(MLmetrics)
> ConfusionMatrix(y_true = test$cancel,y_pred =test$klass40)
# a matriz seguinte é denominada matriz de classificação
        y_pred
y_true   0   1
     0 679  82
     1  93 143
> Accuracy(test$klass40, test$cancel)
[1] 0.8244734
> Recall(test$klass40, test$cancel, positive=1)
[1] 0.6355556
> Precision(test$klass40, test$cancel,positive=1)
[1] 0.6059322
> LogLoss(test$pcancel, test$cancel)
[1] 0.3829528
> library(mltools)
> mcc(preds=test$klass40, actuals=test$cancel)
[1] 0.5065637  #Matthews correlation coefficient

> MLmetrics::AUC(y_pred=test$pcancel, y_true=test$cancel)
[1] 0.8560937
```

AUC = 0,86 sugere que o modelo que obtivemos tem boa capacidade discriminadora.

5.10.2 DETERMINAÇÃO DO PONTO DE CORTE

Para a determinação do ponto de corte é recomendável a utilização da amostra de teste. Os critérios seguintes podem ser empregados.

5.10.2.1 Decisão arbitrária do gestor

O gestor, com base em sua experiência ou objetivos, fixa o ponto de corte de forma arbitrária.

5.10.2.2 Classificação pela maior acurácia (menor taxa de erro)

Nesse caso, o analista determina o valor do ponto de corte que dá origem à maior acurácia. A obtenção é feita de forma iterativa, testando diferentes pontos de corte até obter uma taxa máxima de acerto.

5.10.2.3 Classificação considerando os custos de erros de classificação

Em muitas situações, os custos decorrentes da classificação equivocada de um indivíduo da população podem ter consequências bem distintas. Por exemplo, é preferível submeter a uma série de exames adicionais um paciente que, erroneamente, foi classificado como "com risco de desenvolver doenças cardíacas" que dispensar desses exames um paciente que foi classificado "sem risco de desenvolver doenças cardíacas" quando na realidade é um doente potencial.

Para minimizar essa assimetria devemos considerar os custos dos erros de classificação. Supomos que, em nosso exemplo, mal classificar um cliente *cancel=sim* incorra em um custo de R$100,00, enquanto o custo de mal classificar um cliente *cancel=nao* seja igual a R$250,00. Consideremos, por exemplo, o ponto de corte pc = 0,40. O custo médio do erro de classificação por indivíduo pode ser estimado como segue:

```
> ConfusionMatrix(y_true = test$cancel,y_pred =test$klass40)
        y_pred
y_true   0   1
     0 679  82
     1  93 143
```

CME $(40) = (93 \times 100 + 79 \times 250)/997 = 29{,}14$

194   *Técnicas de machine learning*

Alterando esse ponto de corte para 0,60 teríamos a matriz de classificação:

```
> ConfusionMatrix(y_true = test$cancel,y_pred =test$klass60)
        y_pred
y_true   0   1
     0 728  33
     1 139  97
```

CME(60) = (139 × 100 + 33 × 250)/997 = 22,22, ou seja, tivemos uma redução do custo médio do erro.

Na prática, a identificação desses custos é complexa. Por esse motivo, em muitas situações, os usuários acabam optando por selecionar o ponto de corte que maximiza a acurácia. Em outros casos, determinam o ponto de corte de forma a reduzir a porcentagem de mal classificados de uma das categorias, sem implicar em aumento exagerado do outro tipo de erro.

5.11 CLASSIFICAÇÃO DOS INDIVÍDUOS EM CLASSES

Em muitas aplicações de regressão logística objetiva-se classificar os indivíduos da população em diferentes classes de acordo com suas probabilidades de pertencer a um dos grupos considerados. Em análise de crédito, essas classes, definidas em função da probabilidade de inadimplência, são denominadas *classes de risco* ou *grupos homogêneos*.

Por exemplo, no caso dos clientes da TECAL poderíamos classificar os indivíduos em 5 classes, não necessariamente de mesma amplitude, conforme a tabela a seguir. A empresa poderá definir diferentes formas de campanhas de retenção em função da classe em que se classifica o cliente. A tabela seguinte dá a distribuição de frequências por classe da probabilidade *pcancel*.

```
> library(arules)
> limites=c(0,.25,.50, .75,.90,1 )
> krisk=discretize(test$pcancel, method="fixed", breaks = limites)
> table(krisk, test$cancel)

krisk            0    1
  [0,0.25)     620   66
  [0.25,0.5)    90   50
  [0.5,0.75)    37   61
  [0.75,0.9)    11   42
  [0.9,1]        3   17
```

EXERCÍCIOS

1. O leitor poderá aplicar a técnica de regressão logística para estimar as probabilidades e classificar os indivíduos das bases de dados seguintes, descritas no Capítulo 1.

- XZCALL
- BETABANK
- KIMSHOP
- BUXI
- PASSEBEM
- CAR UCI

Sugestões para análise dos dados.

- Identifique o grupo resposta (*event group*).
- Analise inicialmente cada variável individualmente (análise univariada).
- Analise a relação de cada variável previsora com a variável resposta (análise bivariada) e comente seu potencial preditivo.
- Realize as transformações de variáveis que lhe parecerem convenientes. Caso considere interessante, gere novas variáveis em função das existentes.
- Obtenha e analise um primeiro modelo de regressão logística.
- Analise as estimativas dos parâmetros; teste a significância do modelo e dos parâmetros.
- Analise o impacto de cada variável na estimação das probabilidades.

- Selecione as variáveis do modelo utilizando as técnicas de seleção disponíveis em seu software.

- Verifique o ajuste do modelo aos dados (teste a aderência do modelo logístico). Utilize o teste de Spiegelhalter e analise a curva de calibração.

- Determine o ponto de corte que maximiza a acurácia. Compare diferentes pontos de corte.

- Obtenha e analise as métricas precisão, recall, F1 e MCC para o ponto de corte selecionado.

- Avalie a capacidade discriminatória do modelo utilizando a métrica AUC (ROC).

APÊNDICE A – ANÁLISE E PREPARAÇÃO DA BASE DE DADOS TECAL

Variável alvo: *cancel* (assinante cancelou contrato? – variável alvo)

```
> prop.table(table(tec$cancel,useNA = 'ifany',dnn = c('cancel')) )
cancel
   nao    sim
 0.7615 0.2385
```

cancel=nao representa 76% da amostra; *cancel=sim*, 24%. Não caracteriza um desbalanceamento preocupante.

Variável previsora: *idade* (idade em anos do assinante).

Vamos apresentar os scripts do R apenas para essa variável. As demais variáveis quantitativas seguem o mesmo formato.

```
> summary(tec$idade)
  Min. 1st Qu. Median  Mean 3rd Qu.  Max.
 23.00  32.00  38.00  38.42  44.00  61.00
```

Não há *missing values*. Analisemos graficamente esta variável.

```
> library(ggplot2)
> library(gridExtra)
> myplot1= ggplot(tec, aes(idade)) +
+   geom_histogram(col=1, fill="lightblue", bins = 15) + theme_bw() +
+   theme(axis.title.x =element_text(size=15),
+         axis.title.y =element_text(size=15),
+         axis.text.x = element_text(size=15),
+         axis.text.y = element_text(size=15))
> myplot2=ggplot(tec, aes(idade, cancel))+
+   geom_boxplot(col=1, fill="lightblue")+ theme_bw()+
+   theme(axis.title.x =element_text(size=15),
+         axis.title.y =element_text(size=15),
+         axis.text.x = element_text(size=15),
+         axis.text.y = element_text(size=15)) +
+   coord_flip()
> grid.arrange(myplot1, myplot2, ncol=2)
```

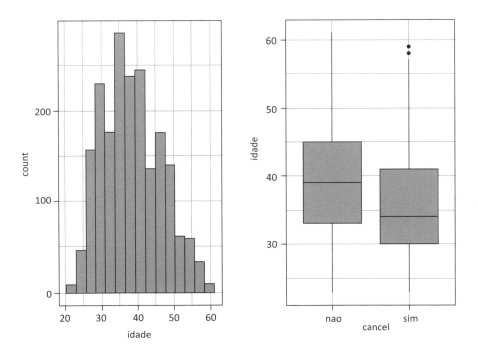

Figura 5.4 – Análise gráfica da variável idade.

A distribuição da variável é praticamente simétrica. No caso de *cancel=sim*, apresenta uma leve simetria, como pode ser observado no *box-plot*. Os dois pontos fora da cerca do *box-plot* se justificam em razão dessa assimetria. Os clientes que cancelam são aparentemente mais jovens.

Variável previsora: *linhas* (número de linhas do assinante).

```
> m=table(tec$linhas, tec$cancel, dnn=c('linhas', 'cancel'))
> round(prop.table(m,1),3)
   cancel
linhas  nao   sim
   1  0.802 0.198
   2  0.750 0.250
   3  0.661 0.339
```

Observamos que a proporção de clientes que cancelam cresce com o número de linhas.

Variável previsora: temp_cli (tempo como assinante em meses).

```
> summary(tec$temp_cli)
   Min. 1st Qu. Median  Mean 3rd Qu.  Max.
  12.00  15.00  19.00 20.61  25.00  50.00
```

Regressão logística

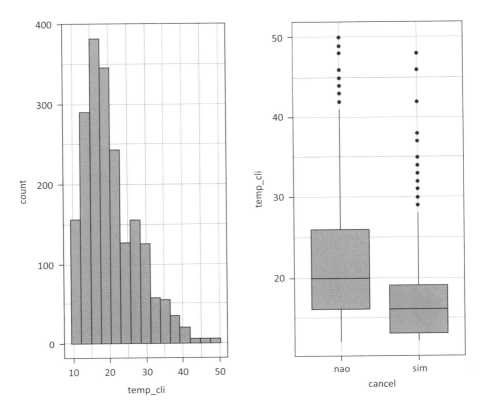

Figura 5.5 – Análise gráfica da variável temp_cli.

A distribuição da variável é assimétrica. Os vários pontos acima da cerca do *box-plot* se justificariam por esse motivo. No entanto, para *cancel=sim* alguns pontos estão mais separados dos demais. Por precaução vamos removê-los da amostra. Os clientes que cancelam têm, em geral, menor tempo de casa.

```
> which(tec$temp_cli>40 & tec$cancel=="sim") #removendo pontos suspeitos
[1] 601 656 762 1327
> tec=tec[-c(601, 656, 762, 1327),]
```

Uma alternativa para reduzir a assimetria seria a transformação logarítmica da variável. O ideal seria comparar os modelos obtidos com a variável original e com a variável transformada. Vamos, aqui, mantê-la na sua forma original.

Variável previsora: renda (número de linhas do assinante).

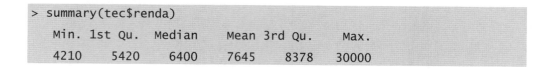

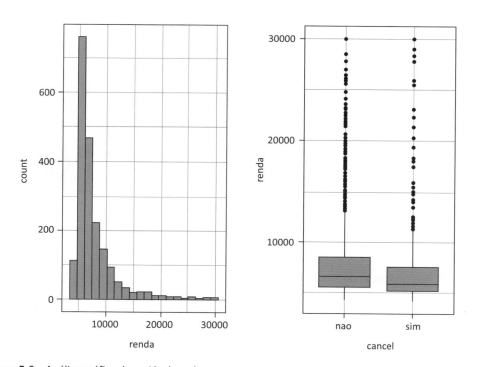

Figura 5.6 – Análise gráfica da variável renda.

Observamos que a variável renda é extremamente assimétrica. Em geral, recomendamos uma transformação da variável de forma a reduzir essa assimetria. Vamos utilizar uma transformação dessa variável obtida com base na *transformação de Box-Cox*.[9,10] Em nosso exemplo teremos:

---

[9] Uma explicação mais detalhada pode ser obtida em: http://www.css.cornell.edu/faculty/dgr2/_static/files/R_html/Transformations.html.

[10] Esta metodologia determina o valor mais adequado do parâmetro λ que transforma uma variável X em uma variável Y, com distribuição aproximadamente normal por meio da fórmula $Y = \log(X)$ para $\lambda = 0$

$Y = \dfrac{X^\lambda - 1}{\lambda}$ para $\lambda \neq 0$

```
> library(forecast)
> lambda<- BoxCox.lambda(tec$renda, lower=-2, upper=2)
> lambda  #desnecessário, apenas por curiosidade
[1] -1.765159
> tec$tr.renda =BoxCox(tec$renda, -1.765)
```

Esta transformação corresponde aproximadamente ao inverso do quadrado de renda (λ = -2). Valores negativos são interessantes para assimetria à direita. A transformação gera a nova variável tr_renda com as distribuições seguintes:

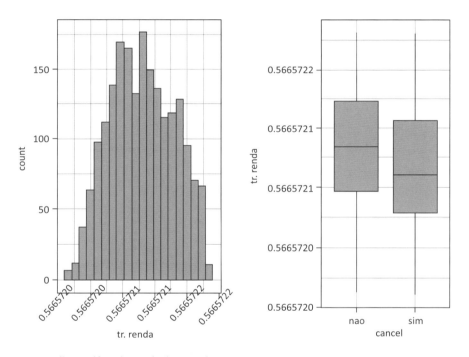

Figura 5.7 – Análise gráfica da variável tr_renda.

É importante que ao fazer previsões com o modelo de regressão logística, a variável renda seja sempre transformada como o fizemos acima. Por exemplo, se a renda de um cliente for 5.600, ao entrar na equação do modelo devemos utilizar sua transformada 0,5824027.

Dependendo do valor de λ, necessitamos somar uma constante aos valores de X para transformá-los todos em valores positivos (por exemplo, se λ = 0,5, que corresponde à raiz quadrada, X tem que ser positivo).

```
> #transformaçãode renda, por exemplo 5600:
> tr.renda= (5600^lambda -1)/lambda; tr.renda
[1] 0.566521
```

Variável previsora: *fatura* (despesa média mensal do assinante em G$).

```
> summary(tec$fatura)
   Min.  1st Qu.  Median    Mean  3rd Qu.    Max.
    9.0    326.8   582.0   748.8    972.5  4000.0
```

Observa-se que a distância entre o máximo e o terceiro quartil é muito maior que as demais diferenças. Isso pode ser visto na distribuição da variável, também muito assimétrica. Para corrigir esta assimetria, menos pronunciada que a da variável renda, vamos utilizar a transformação de *Box-Cox* com lambda = 0.3. Esse valor foi encontrado por tentativa e erro e pareceu-nos melhor que o sugerido pelo software.

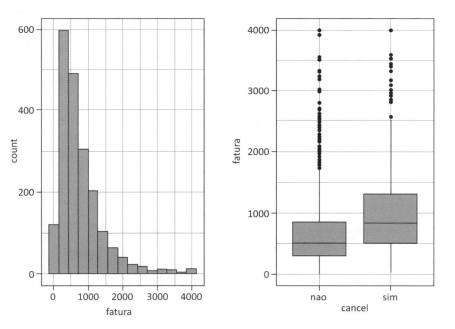

Figura 5.8 – Análise gráfica da variável fatura.

```
> tec$tr.fatura = BoxCox(tec$fatura, 0.3)
```

Não esquecer de transformar a variável fatura antes de aplicar o modelo. A distribuição da nova variável será dada pela figura seguinte:

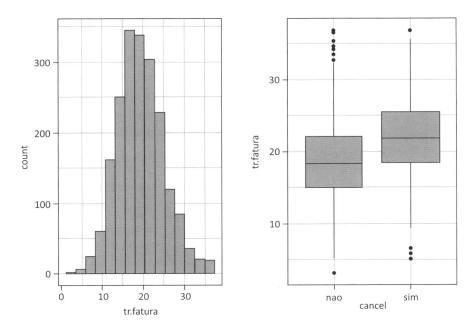

Figura 5.9 – Análise gráfica da variável tr.fatura.

Variável previsora: *temp_rsd* (tempo na residência atual do assinante, em anos).

```
> summary(tec$temp_rsd)
  Min.  1st Qu.  Median   Mean  3rd Qu.    Max.
 0.100   3.600   5.000   5.011   6.400   12.900
```

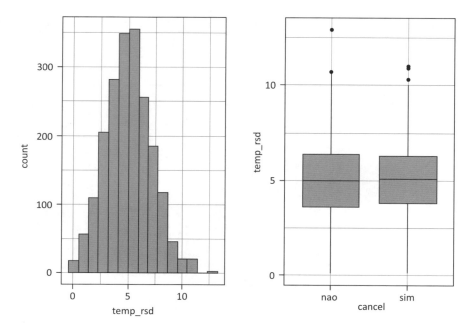

Figura 5.10 – Análise gráfica da variável temp_rsd.

Para *cancel=não* temos um ponto muito distante dos demais. Apesar de não ser um valor absurdo (tempo de residência = 12,9 anos) vamos removê-lo por diferenciar-se demais dos outros pontos.

Variável previsora: *local* (região onde reside o assinante).

```
> m=table(tec$local, tec$cancel, dnn=c('local', 'cancel'))
> round(prop.table(m,1),3)
     cancel
local  nao   sim
    A 0.848 0.152
    B 0.457 0.543
    C 0.919 0.081
    D 0.678 0.322
```

Nota-se que residentes na região B têm uma probabilidade muito maior de cancelar o contrato que os residentes das demais regiões.

Regressão logística

205

Variável previsora: *tvcabo* (assinante possui TV a cabo?).

```
> m=table(tec$tvcabo, tec$cancel, dnn=c('tvcabo', 'cancel'))
> round(prop.table(m,1),3)
      cancel
tvcabo   nao    sim
   nao 0.780 0.220
   sim 0.755 0.245
```

Aparentemente esta variável não apresenta uma diferença significativa entre as duas categorias.

Variável previsora: *debtaut* (pagamento com débito automático?).

```
> m=table(tec$debaut, tec$cancel, dnn=c('debaut', 'cancel'))
> round(prop.table(m,1),3)
   cancel
debaut  nao   sim
   nao 0.765 0.235
   sim 0.759 0.241
```

Aparentemente esta variável não apresenta uma diferença significativa entre as duas categorias.

Após a análise e preparação das variáveis vamos criar um arquivo contendo apenas as variáveis que serão utilizadas. Eliminamos renda e fatura, deixando suas transformações tr.renda e tr.fatura.

```
> tecx= tec[,-c(4,5)] #arquivo para rodar o modelo
> names(tecx)
 [1] "idade"   "linhas"  "temp_cli" "temp_rsd" "local"
 [6] "tvcabo"  "debaut"  "cancel"  "tr.renda" "tr.fatura"
```

CAPÍTULO 6
Árvores de classificação e regressão

Prof. Abraham Laredo Sicsú

6.1 ÁRVORES DE CLASSIFICAÇÃO E REGRESSÃO

Árvores são algoritmos que se destacam pela facilidade de visualização e interpretação dos resultados obtidos. Ao analisar uma árvore de classificação, ou uma árvore de regressão, é simples identificar a relação entre os atributos (as variáveis previsoras) e a variável alvo (a variável resposta). As árvores não são os melhores algoritmos de previsão ou classificação existentes, mas devem ser estudadas, pois são a base de algoritmos mais complexos, muito eficientes e bastante utilizados atualmente.

A lógica dos algoritmos para construir uma árvore de classificação ou de regressão é simples. O conjunto de dados é particionado gradativamente em subconjuntos cada vez mais "homogêneos" que o conjunto original. A partição continua até satisfazer um critério de parada previamente definido. Denominamos esse processo sequencial de "construção da árvore" ou "indução da árvore".

Para ilustrá-lo, consideremos o caso de uma empresa que classificou seus funcionários em duas categorias (BD – bom desempenho; MD – mau desempenho). A variável alvo foi denominada *desemp*. Utilizando-se as variáveis previsoras *idade*, estado civil (*eciv*), primeiro emprego (*primemp*) e curso completado (*curso*), construiu-se uma árvore para classificar futuros candidatos a emprego. Utilizando o pacote `rpart` do R, obtivemos a árvore de classificação a seguir.

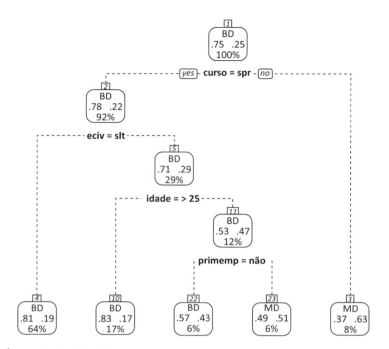

Figura 6.1 – Árvore de classificação.

A caixinha no topo da árvore é denominada *nó raiz*. As demais caixinhas são denominadas simplesmente de *nós*. Quando um nó não é mais particionado, ele é denominado *nó terminal*, *nó folha*, ou simplesmente *folha*. Um nó dividido em novos nós é denominado *nó pai*. Os nós resultantes são denominados *nós filhos*. Diremos que essa árvore tem 4 níveis ou "profundidade 4", por apresentar 4 camadas de nós.

No nó terminal, mais à esquerda, 81% dos indivíduos ali alocados têm desempenho BD; 19% têm desempenho MD (as porcentagens correspondem às categorias da variável alvo, descritas em ordem alfabética). Na amostra original (nó raiz), temos 75% de BD e 25% de MD. No nó terminal tais porcentagens representam 81% e 19%, respectivamente. Portanto, a separação entre as duas categorias da variável alvo é maior no nó terminal. É nesse sentido que dizemos que o nó terminal é "mais homogêneo" ou "mais puro" que o nó inicial. A Figura 6.1 também apresenta a porcentagem do total de funcionários da amostra contidos nesse nó terminal (64%).

Para classificar indivíduos com essa árvore podemos considerar, por exemplo, a classe com maior frequência em cada folha.[1] No nó terminal, mais à esquerda, temos 81% de BD e, portanto, os indivíduos que tiverem as características que conduzem a esse nó (curso superior e solteiro) serão classificados como BD. Se um candidato apresentar as características: curso superior, casado, idade ≤ 25 anos e primeiro emprego=sim, ele será alocado no quarto nó terminal da esquerda para a direita. Como a maioria (51%) nesse nó tem MD, ele será classificado com MD.

---

[1] Adiante veremos outras formas de utilizar o classificador.

6.2 LÓGICA DA CONSTRUÇÃO DE UMA ÁRVORE DE CLASSIFICAÇÃO

Ao construir uma árvore vamos recursivamente particionando os nós, tornando-os gradativamente mais homogêneos (puros). Na Figura 6.2, o nó pai tem círculos e triângulos praticamente na mesma proporção. É bastante heterogêneo, ou "impuro". Os nós filhos são mais homogêneos: em cada nó filho um dos tipos de figura, círculo ou triângulo, predomina. Por isso, dizemos que os nós filhos são mais puros.

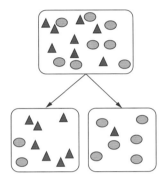

Figura 6.2 – Partição de um nó.

Para ilustrar o processo de construção de uma árvore de classificação vamos recorrer à representação dos indivíduos dos grupos A e B em um diagrama de dispersão, como mostra a Figura 6.3, que considera duas variáveis preditoras X e Y. Se classificarmos todos os indivíduos como A teremos um erro de classificação igual a 50%. Da mesma forma, teremos 50% de erro se classificarmos todos como B.

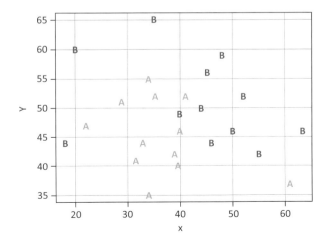

Figura 6.3 – Diagrama de dispersão.

Vamos dividir esse conjunto de dados em duas partes, considerando a linha X = 42. Obtemos o gráfico da Figura 6.4 a seguir.

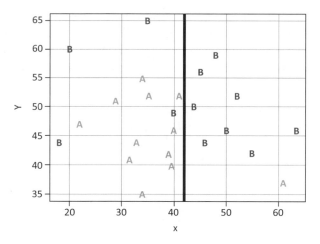

Figura 6.4 – Diagrama de dispersão.

Nota-se que o conjunto para os quais X > 42 é bastante homogêneo, pois a maioria dos indivíduos são do grupo B; apenas um é do grupo A. No conjunto para os quais X ≤ 42, a maioria dos indivíduos são do grupo A; temos quatro do grupo B. Classificando todos os indivíduos da direita como B e os da esquerda como A teremos apenas cinco casos mal classificados; a taxa de erro cai de 50% para 5/24 = 0,21 (21%).

Tracemos uma linha para Y = 57, apenas para X < 42. Obtemos a partição ilustrada na Figura 6.5, com três classes e apenas três indivíduos mal classificados. A taxa de erro de classificação cai para 3/24 = 0,125 (12,5%).

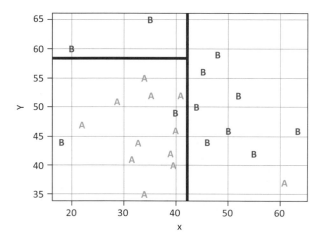

Figura 6.5 – Diagrama de dispersão.

Poderíamos continuar particionando gradativamente até que tivéssemos conjuntos contendo apenas uma classe de indivíduos. A taxa de erro seria igual a 0%. O excesso de subdivisões conduz a uma regra ótima de classificação para a amostra utilizada, porém pouco eficiente quando aplicadas a novas bases de dados da mesma população. É o que denominamos *overfitting*.

O objetivo deste texto não é detalhar aspectos teóricos que fundamentam a construção dos algoritmos de árvores de classificação ou de regressão. No entanto, alguns conceitos precisam ser apresentados para que o leitor, usuário desses algoritmos, sinta-se confortável ao aplicar os softwares apropriados e possa definir convenientemente os hiperparâmetros necessários para obter bons resultados.

6.3 QUE VARIÁVEL SELECIONAR PARA PARTICIONAR UM NÓ?

Um desafio ao construir uma árvore de classificação é selecionar a variável que conduz à "melhor" partição de um nó. O objetivo desses critérios é identificar a variável que conduz a um maior ganho de pureza ao particionar o nó. Na literatura, encontramos vários critérios que permitem fazer essa seleção. Exemplos de critérios mais utilizados são dados a seguir:

* Índice de Gini

* Entropia

* Taxa de erro de classificação

* Estatística qui-quadrado

* Estatística t de Tschuprow

Os diferentes algoritmos encontrados nos softwares disponíveis no mercado, em particular no R, utilizam um desses critérios. Por exemplo, o algoritmo `rpart`, que utilizaremos no exemplo de aplicação, baseia-se no Índice de Gini. A análise das fórmulas desses indicadores é interessante, mas foge do objetivo deste livro. O leitor interessado encontrará seu detalhamento no Apêndice A deste capítulo.

Recentemente tem sido dada grande atenção a algoritmos que utilizam testes estatísticos na seleção das variáveis para particionar os nós. Não consideram os critérios de pureza anteriormente mencionados. Serão apresentados no fim do capítulo.

6.4 UTILIZAÇÃO DE UMA VARIÁVEL QUALITATIVA PARA PARTICIONAR UM NÓ

Vamos admitir que a melhor forma de particionar um nó seja utilizar a variável sexo. Nesse caso, o nó pai dará origem a dois nós filhos. Uma correspondente a sexo = fem e, a outra, sexo = masc. É uma partição binária.

Se a variável utilizada para fazer a partição apresentar mais de duas categorias, por exemplo, setor de atividade (indústria, comércio, serviços e primário), a partição do nó pode gerar mais de dois nós filhos. Diremos que é uma partição múltipla.

Os algoritmos de árvores de classificação testam diferentes formas de quebra das categorias da variável. Por exemplo, no caso dos quatro setores de atividade (comércio, primário, indústria e serviços) poderíamos ter a partição em:

- quatro nós, um para cada setor;

- três nós, fundindo apenas dois desses setores; por exemplo um nó para comércio, outro para serviços e outro fundindo indústria e primário;

- dois nós fundindo os setores dois a dois (o que permitiria várias combinações possíveis) ou;

- dois nós, um para um dos setores (por exemplo, indústria) e o outro nó resultante da fusão dos demais setores (comércio, primário e serviços).

A quebra escolhida pelos algoritmos é aquela que conduz a nós filhos mais puros.

No caso de uma variável qualitativa ordinal, podemos tratá-la como se fosse nominal. Isso pode levar à fusão de categorias sem respeito à sua ordenação. Por exemplo, considerando a variável nível de instrução, com as categorias primário, secundário e superior, ao não considerar a ordem, pode ocorrer que um nó corresponda às categorias primário e superior e o outro nó à categoria secundário. Isso pode parecer incoerente, mas, em nossa experiência, há situações em que este tipo de partição faz mais sentido que se mantivermos a ordenação. Caso desejemos forçar a ordenação, podemos substituir cada categoria pela sua posição (primário = 1, secundário = 2, e superior = 3) e tratá-la como uma variável quantitativa.

Cabe a pergunta: o que é melhor, particionar o nó pai em menos nós filhos (fundindo categorias da variável qualitativa) ou em mais nós filhos (com poucas ou nenhuma fusão das categorias)? Quanto mais nós filhos gerarmos, maior será a pureza de cada um dos nós. Entretanto, ao aumentar o número de nós filhos, a quantidade de indivíduos em cada nó tende a decrescer significativamente.[2] Regras de classificação baseadas em nós com poucas observações são menos confiáveis. Ademais, podem conduzir ao *overfitting*. Outro inconveniente é que podem conduzir a árvores com muitas folhas e pouca "profundidade", pois os critérios de parada são atingidos mais cedo, o que nem sempre é conveniente.

Nos exemplos anteriores, a variável qualitativa foi considerada como um todo, deixando ao algoritmo a missão de encontrar a melhor forma de fundir (ou não) suas categorias, a fim de dar origem aos novos nós. Uma forma alternativa para lidar com variáveis qualitativas é gerar as variáveis binárias (*dummies*) correspondentes a cada categoria e trabalhar com essas novas variáveis binárias tratando-as de forma inde-

---

[2] Esse problema é conhecido como *fragmentação de dados*.

pendente. Isso pode gerar árvores mais complexas, mas pode também facilitar a análise e compreensão do papel de cada categoria na classificação dos indivíduos. Não podemos afirmar *a priori* qual das duas alternativas conduzirá a melhores resultados. Depende da base de dados utilizada e do algoritmo adotado.

6.5 UTILIZAÇÃO DE UMA VARIÁVEL QUANTITATIVA PARA PARTICIONAR UM NÓ

Para a construção de árvores de decisão, as variáveis quantitativas (discretas ou contínuas) devem ser discretizadas para definir as partições. Há várias formas de realizar essa transformação. Alguns exemplos de procedimentos são descritos a seguir:

- Considerar classes predefinidas baseadas na experiência do analista.

- Considerar as classes delimitadas pelo quartis da variável.

- Discretizar a variável em apenas duas categorias, considerando como possíveis pontos de corte as médias entre dois pontos sucessivos. Por exemplo, se a variável X assume os valores (0, 1, 2, 3, 4, …10), testam-se as quebras delimitadas pelos pontos médios desses valores: [$X \leq 0,5$ e $X > 0,5$] ou [$X \leq 1,5$ e $X > 2,5$]… ou [$X \leq 9,5$ $X > 9,5$]. Seleciona-se a discretização, que leva a um maior ganho de homogeneidade ao particionar o nó. Esse procedimento pode ser muito lento quando a variável assume muitos valores distintos.

- Discretizar considerando a ordenação dos valores e a classe a que pertencem os valores. Suponha-se que os indivíduos a serem classificados sejam ordenados conforme a idade e pertençam a uma das duas categorias da variável alvo, A e B.

Classe	A	A	B	B	B	B	A	A	B
Idade	31	35	36	42	45	45	49	51	58

Podemos considerar, nesse caso, as três faixas delimitadas pelos pontos médios das idades para cada mudança de classe. Os candidatos serão (35 + 36)/2; (45 + 49)/2 e (51 + 58)/2.

Os algoritmos de classificação, em geral, realizam essa discretização automaticamente, de acordo com um procedimento interno (por exemplo, um dos acima citados). Esse procedimento pode variar entre diferentes algoritmos.

6.6 COMO DIMENSIONAR UMA ÁRVORE DE DECISÃO?

Uma árvore de decisão é construída particionando sucessivamente os nós obtidos. Podemos ir desdobrando os nós até que todos eles sejam totalmente puros, ou seja, contenham apenas indivíduos de uma única classe da variável alvo. Dessa forma, a taxa de erro das regras de classificação derivadas de árvores, quando aplicadas à amostra de treinamento, será igual a zero. Como comentamos anteriormente, esse procedimento provavelmente conduzirá ao *overfitting*.

Para evitar esse tipo de situação, recomenda-se "podar" a árvore, ou seja, reduzir o número de nós terminais obtendo uma árvore de menor complexidade. A árvore podada será mais simples, ou seja, terá menos nós, e reduziremos a possibilidade de ocorrência de *overfitting*. Há duas estratégias para podar uma árvore: pré-poda e pós-poda.

6.6.1 PRÉ-PODA

Na pré-poda o processo de partição dos nós da árvore é interrompido quando se satisfazem determinados critérios. Por exemplo:

- O número de observações em um nó não pode ser inferior a um mínimo predefinido pelo analista. Por exemplo, nós com menos de 100 indivíduos não podem ser gerados. Esse hiperparâmetro, no algoritmo `rpart`, é denominado *minbucket*.

- Nós com menos que um número predefinido de indivíduos não poderão ser particionados. Esse hiperparâmetro, no algoritmo `rpart`, é denominado *minsplit*.

- Outro critério relacionado à estrutura da árvore de decisão é a profundidade da árvore. Podemos definir uma profundidade máxima para a árvore. Esse hiperparâmetro, no algoritmo `rpart`, é denominado *maxdepth*.

Os diferentes aplicativos permitem que o analista defina alguns hiperparâmetros para a pré-poda. Essa não é uma tarefa simples. Se formos rígidos, podemos obter com uma árvore com baixa performance: impedindo o crescimento de uma árvore podemos eliminar a possibilidade de desdobramentos posteriores que conduziriam a melhores resultados. Se formos permissivos, podemos obter árvores de classificação complexas que apresentem *overfitting*. O analista deve testar diferentes valores dos hiperparâmetros para determinar os mais convenientes para maximizar a performance do classificador.

6.6.2 PÓS-PODA

A pós-poda consiste basicamente em duas etapas: inicialmente, constrói-se uma árvore de decisão com todas as partições possíveis (até que todos os nós sejam puros ou até satisfazer uma regra de parada pré-especificada). Posteriormente, alguns ramos da árvore vão sendo podados, reduzindo a complexidade da árvore. A pós-poda é preferida pelos analistas, pois permite a ter uma visão mais ampla da árvore e depois decidir como reduzi-la.

A cada passo poda-se uma subárvore, transformando um nó intermediário em um nó terminal com a eliminação de todos os nós abaixo dele. Dessa forma, vai-se obtendo árvores com complexidade (número de nós terminais) cada vez menor. A pós-poda termina quando a eliminação de qualquer subárvore compromete a performance da árvore para classificar as observações da população.

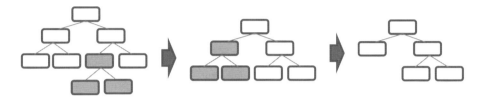

Figura 6.6 – Pós-poda de uma árvore.

Em geral, para aplicar e testar um algoritmo de classificação utilizamos uma amostra de treinamento e uma amostra de teste. No caso das árvores, a amostra de treinamento costuma ser dividida aleatoriamente em duas partes. A primeira, de treinamento propriamente dito, é utilizada para a construção da árvore mais complexa. A outra parte, denominada *amostra de validação*, é utilizada para orientar a poda dessa árvore. A árvore podada é posteriormente aplicada a uma terceira amostra, denominada amostra teste, para estimar sem viés indicadores como a acurácia ou AUROC.

Denomina-se *erro aparente* a taxa de erro de classificação obtida aplicando a árvore para classificar os indivíduos da amostra de treinamento. Qualifica-se como *erro real* (ou *erro generalizado*) o erro de classificação que seria obtido aplicando essa árvore para classificar todos os indivíduos da população. O erro aparente é um mau estimador do erro real, pois decresce naturalmente quando aumentamos a complexidade da árvore e oculta a possibilidade de *overfitting*. Por esse motivo, para orientar a poda da árvore, optamos pela estimação do erro real, utilizando a amostra de validação (*erro de validação*).

A Figura 6.7 compara as estimativas das taxas de erro aparente e de validação para um determinado estudo. Notamos que na amostra de treinamento a taxa de erro aparente (em inglês, *resubstitution error*) diminui à medida que aumenta o número de folhas. O que é óbvio, pois os nós ficam cada vez mais puros. O mesmo não ocorre com o erro de validação. Na amostra de validação o erro mínimo ocorre com quatro folhas e depois apresenta comportamento crescente.

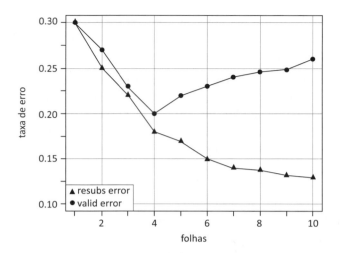

Figura 6.7 – Taxas de erro de aparente (*resubstitution error*) e validação (*validation error*).

O algoritmo rpart do R, que utilizaremos adiante, calcula o erro de validação baseado no método de *cross-validation*, explicado no Capítulo 3. Para determinar os ramos a serem podados, o algoritmo seleciona subárvores candidatas à poda utilizando um critério denominado *minimal cost complexity pruning*.[3] Intuitivamente, esse critério é um balanceamento entre a redução da acurácia ao podar essa subárvore (em razão da redução de nós terminais) e a redução da complexidade da árvore (para diminuir o risco de *overfitting*). A poda termina ao obter uma árvore para a qual esse balanceamento é ótimo.

6.7 DIFERENTES CRITÉRIOS DE CLASSIFICAÇÃO

Vimos anteriormente, a título de exemplo, como definir as regras de classificação de uma árvore com base na maior frequência de uma categoria da variável alvo no nó terminal.

Em cada nó terminal, utilizando a amostra teste, temos a proporção de indivíduos de cada categoria que "caíram" nesse nó. Essas proporções são estimativas das probabilidades de ter bom ou mau desempenho (BD ou MD). Da mesma forma, como fizemos no capítulo de regressão logística, podemos utilizar essas proporções para definir diferentes regras, considerando inclusive os custos dos erros de classificação.

A título de revisão, consideremos a classificação no caso em que a amostra original foi selecionada via estratificação. Admitamos, por exemplo, que em uma população as

---

[3] Esse critério é apresentado no relatório técnico *An Introduction to Recursive Partitioning Using the RPART Routines*, Terry M. Therneau & Elizabeth J. Atkinson, Mayo Foundation, June 29, 2015.

Árvores de classificação e regressão

probabilidades *a priori* das duas categorias da variável alvo são $\pi_A = 0,10$ (10%) e $\pi_B = 0,90$ (90%).[4] Selecionamos de forma estratificada duas amostras aleatórias. A primeira com 5.000 casos do tipo A e a segunda com 5.000 casos do tipo B. Dividimos aleatoriamente a amostra conjunta de 10.000 casos em duas partes iguais para treinamento e teste. Cada uma dessas terá aproximadamente 2.500 casos de A e 2.500 casos de B. Vamos supor que em um determinado nó terminal (NT) da árvore, desenvolvida com essa amostra estratificada, caíram 350 casos de A e 150 de B. Isso significa que 14% (350/2.500) dos casos A tem o perfil que conduz a esse nó (vamos designar como *perfil NT*) e 6% (150/2500) de B tem esse mesmo perfil. Em suma:

Observações que caem em NT
350 indivíduos de A (14% da amostra de A)
150 indivíduos de B (6% da amostra de B)

Imaginemos agora que selecionamos uma amostra aleatória simples de tamanho 10.000 da população. Teremos aproximadamente 1.000 indivíduos de A ($\pi_A = 0,10$) e 9.000 ($\pi_B = 0,90$) de B. Dentre estes teremos aproximadamente 140 (14%) indivíduos de A com o perfil NT e 540 (6%) de B com o perfil NT.

> Amostra aleatória não estratificada de 10000 indivíduos
> 1000 indivíduos de A ≈ 140 pertencem ao NT
> 9000 indivíduos de B ≈ 540 pertencem ao NT

Ao classificar os indivíduos da população que caem nesse nó (indivíduos com perfil NT) como "A" classificaremos de forma errada os indivíduos de B com esse perfil, ou seja, aproximadamente 5,4% da população. Se classificarmos como "B", então cometeremos um erro de 1,4%. Portanto, o correto é classificar os indivíduos de perfil NT como B, mesmo que no nó NT, na árvore original, esta classe seja minoritária.

6.8 TRATAMENTO DOS *MISSING VALUES*

Ao preparar a base de dados para construir uma árvore de classificação devemos verificar a existência de *missing values* e entender o porquê de sua ocorrência. Caberá ao analista a decisão de eliminar os indivíduos com missing values ou considerá-los convenientemente no estudo.

No caso das árvores de decisão, muitos algoritmos já trazem embutidos procedimentos para lidar automaticamente com *missing values*. No caso mais simples, o indivíduo com *missing value* é alocado ao nó filho com maior número de casos. Por

---

[4]   As probabilidades *a priori* indicam as frequências de cada classe na população.

exemplo, se o atributo para particionar um nó é *profissão* e um indivíduo não apresenta essa informação, este é alocado para o nó filho com mais indivíduos. A seleção da variável para realizar a partição baseia-se apenas nos casos que não apresentam *missing values*. De qualquer forma, mesmo contando com esses recursos, o analista deve investigar os dados originais antes de aplicar o algoritmo, identificar os *missing values* e entender o porquê de sua ocorrência, tomando as ações corretivas adequadas.

6.9 COMO INSERIR CUSTOS AO CONSTRUIR UMA ÁRVORE DE DECISÃO

Até agora discutimos a construção da árvore de decisão sem considerar os custos dos erros de classificação, considerando apenas critérios de redução de impureza nos nós. Os custos não influíram na seleção das variáveis para realizar a partição. No entanto, há ocasiões em que é interessante considerar esses custos para a construção da árvore de classificação. É o que se denomina "*cost sensitive classification*". O algoritmo `rpart` permite a consideração dos custos de erros de classificação de forma simples. Veremos o procedimento mais adiante.

6.10 A ÁRVORE DE CLASSIFICAÇÃO SEMPRE É ADEQUADA?

Como vimos anteriormente, a árvore de classificação resulta da partição em "retângulos" da nuvem de pontos, fixando pontos de corte em cada uma das variáveis. No entanto, há situações em que dividir a nuvem de pontos em retângulos não é viável ou não é a melhor solução. Um exemplo é ilustrado a seguir.

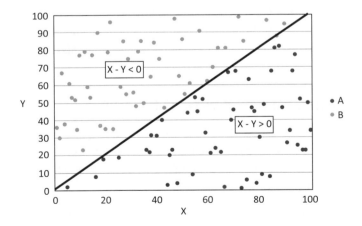

Figura 6.8 – Diagrama de dispersão.

Considerando-se o conjunto de dados ilustrado na figura anterior, se utilizarmos o algoritmo `rpart` (por exemplo), que considera uma variável a cada partição do conjunto, obteremos uma taxa de erro elevadíssima, igual a 67%. Se fizermos a partição considerando a combinação das variáveis X e Y, particionando em duas folhas (X-Y > 0 e X-Y ≤ 0) a taxa de erro será 0.00!

Outro caso para o qual não deveríamos utilizar a árvore de decisão é ilustrado a seguir.

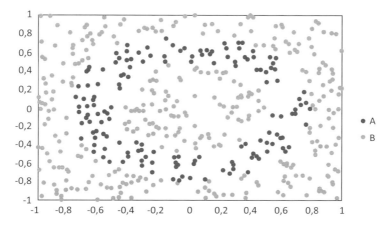

Figura 6.9 – Diagrama de dispersão.

Nestes casos, outros algoritmos, como SVM (Capítulo 10), são mais recomendados.

6.11 VANTAGENS E LIMITAÇÕES DE ÁRVORES DE CLASSIFICAÇÃO

O uso de árvore de decisão tem uma série de vantagens, entre as quais podemos destacar:

- Há uma grande oferta de softwares para construção das árvores de decisão, muitos dos quais são *freeware*.

- As árvores são de fácil interpretação, especialmente para usuários sem formação quantitativa.

- As árvores permitem classificar indivíduos quando a variável alvo é multinomial com fácil interpretação dos resultados.

- Enquanto muitas técnicas de classificação pressupõem que as variáveis envolvidas devem obedecer a determinadas distribuições de probabilidades, os algoritmos de árvores de classificação não fazem nenhuma restrição desse tipo.

- No caso de variáveis qualitativas não há necessidade de criar as variáveis indicadoras (dummies) associadas a cada uma delas, o que reduz o trabalho e, principalmente, a dimensionalidade do problema.

- No caso de variáveis quantitativas, considera-se a ordenação dos valores, e não os valores propriamente ditos. Isso faz com que os procedimentos não sejam afetados pela presença de alguns outliers.

- A mudança de escala das variáveis quantitativas, desde que mantida a ordenação, não afeta os resultados (por exemplo, não faz diferença considerar a variável "exportações" em dólares, euros ou reais).

- Transformações de variáveis (logaritmos, raízes quadradas, inversos etc.), muitas vezes importantes na aplicação de outras técnicas de classificação, não são necessárias.

- Árvores permitem lidar de forma relativamente simples com a presença de dados omissos (*missing values*).

- Fornecem uma indicação de quais atributos são importantes para a classificação de indivíduos em uma das classes da variável alvo. Podem ser utilizadas para a pré-seleção de variáveis para aplicação de outras técnicas de classificação.

Por outro lado, as árvores de decisão apresentam algumas limitações:

- Para obter resultados confiáveis, as amostras têm que ser grandes. Alguns autores recomendam um mínimo de 500 ou 1.000 observações. O ideal seria dispor de alguns milhares de observações.

- Se uma das categorias da variável alvo for muito mais frequente que as demais (dados não balanceados), os resultados podem ser viesados em razão dessa assimetria. Isso é problemático em praticamente todas as técnicas de classificação.

- As árvores de classificação apresentam instabilidade. Pequenas alterações nas bases de dados podem conduzir a árvores de classificação diferentes. Dizemos que tem grande variância.

- Em geral, os resultados obtidos com as árvores são inferiores à maioria dos classificadores mais utilizados recentemente.

6.12 UM EXEMPLO DE APLICAÇÃO DE ÁRVORES DE CLASSIFICAÇÃO

Consideremos a base de dados TECAL descrita no Capítulo 1. A análise exploratória dessa base de dados já foi realizada no capítulo anterior. Observamos que algumas variáveis quantitativas apresentaram forte assimetria, mas isso não compromete a eficiência da árvore de classificação. Pelo mesmo motivo não necessitamos remover o outlier da variável *temp_rsd*. A título de ilustração apresentamos um sumário das diferentes variáveis.

Árvores de classificação e regressão

```
> tec=TECAL[,-1] #eliminando a identificação do cliente
> summary(tec)
     idade              linhas           temp_cli            renda
 Min.   :23.00     Min.   :1.000     Min.   :12.00     Min.   : 4210
 1st Qu.:32.00     1st Qu.:1.000     1st Qu.:15.00     1st Qu.: 5420
 Median :38.00     Median :1.000     Median :19.00     Median : 6400
 Mean   :38.42     Mean   :1.647     Mean   :20.61     Mean   : 7645
 3rd Qu.:44.00     3rd Qu.:2.000     3rd Qu.:25.00     3rd Qu.: 8378
 Max.   :61.00     Max.   :3.000     Max.   :50.00     Max.   :30000
     fatura              temp_rsd          local
 Min.   :   9.0     Min.   : 0.100     Length:2000
 1st Qu.: 326.8     1st Qu.: 3.600     Class :character
 Median : 582.0     Median : 5.000     Mode  :character
 Mean   : 748.8     Mean   : 5.011
 3rd Qu.: 972.5     3rd Qu.: 6.400
 Max.   :4000.0     Max.   :12.900
     tvcabo              debaut            cancel
 Length:2000       Length:2000       Length:2000
 Class :character  Class :character  Class :character
 Mode  :character  Mode  :character  Mode  :character
```

6.12.1 SEPARAÇÃO DA AMOSTRA EM *TRAIN* E *TEST*

Vamos dividir a amostra em duas, de forma aleatória. A primeira, com 60% dos clientes, será utilizada para construir e podar a árvore. A segunda amostra será utilizada para testar a árvore de classificação obtida. A opção 60%/40% é arbitrária. Não há uma regra para isso. Utilizamos o package caret, que permite a seleção da amostra de forma estratificada, garantindo a mesma distribuição da variável alvo *cancel* nas duas amostras.

```
> library(caret)
> set.seed(123)
> flag=createDataPartition(tec$cancel, p=.6,list = F)
> train=tec[flag,]; dim(train)
[1] 1201 10
> test=tec[-flag,]; dim(test)
[1] 799 10
```

6.12.2 OBTENDO A ÁRVORE DE CLASSIFICAÇÃO ANTES DA PODA

O software R possui diversos pacotes que permitem a construção de uma árvore de classificação. Entre eles podemos citar `rpart` (muito utilizado), `tree`, `ctree` e C50. Em nosso exemplo, para construir a árvore, vamos utilizar o algoritmo `rpart`, do package de mesmo nome. Ele particiona os nós em duas partes, utilizando o índice de impureza de Gini, com base no algoritmo CART, de Breiman et al. (1984).[5,6] Apesar da variável alvo, em nosso exemplo, apresentar apenas duas classes (sim/não), a generalização para o caso em que a variável alvo apresenta mais de duas classes é imediata.

Ao aplicar o comando `rpart`, se a variável alvo *cancel* fosse numérica, (nao = 0; sim = 1) teríamos que utilizar a opção `method="class"` da função `rpart`, pois caso contrário obteríamos uma árvore de regressão e não uma árvore de classificação.

```
>set.seed(123) #para poder reproduzir o cross-validation
> mod=rpart(data=train, cancel~.)
```

6.12.3 REPRESENTAÇÃO GRÁFICA DA ÁRVORE

A função prp apresenta várias opções. Nossa preferência, por ser a mais simples e explícita, está a seguir na Figura 6.10.

```
> library(rpart.plot)
> prp(mod, type=5, extra=104,nn=T, fallen.leaves = T,
       branch.lty = 5, cex=1.2)
```

---

[5] Breiman, L., Friedman, J. H., Olshen, R.A. e Stone, C. J. (1984). *Classification and Regression trees*, Belmont, California: Wadsworth.

[6] Uma excelente referência (mas complexa) sobre o rpart é An Introduction to Recursive Partitioning Using the RPART Routines, Terry M. Therneau & Elizabeth J. Atkinson, Mayo Foundation, 2019. Disponível em: https://cran.r-project.org/web/packages/rpart/vignettes/longintro.pdf.

Árvores de classificação e regressão   223

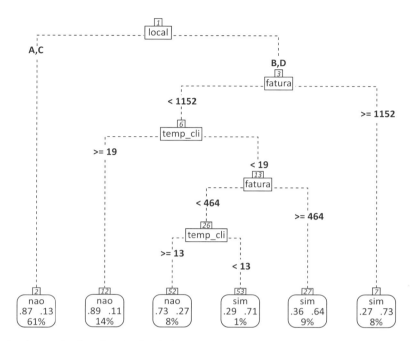

Figura 6.10 – Árvore de classificação dos dados TECAL.

Note-se que na parte superior de cada nó aparece um número dentro de uma caixinha, que corresponde à linha na saída anteriormente detalhada. Em cada nó aparece a categoria em que seriam classificados os indivíduos que ali fossem alocados, a porcentagem de não e sim dentro do nó e a porcentagem de indivíduos da amostra que caíram nesse nó.

6.12.4 DETALHAMENTO DA ÁRVORE

```
1) root 1201 287 nao (0.7610325 0.2389675)
  2) local=A,C 729  96 nao (0.8683128 0.1316872) *
  3) local=B,D 472 191 nao (0.5953390 0.4046610)
    6) fatura< 1151.5 379 123 nao (0.6754617 0.3245383)
     12) temp_cli>=18.5 166  19 nao (0.8855422 0.1144578) *
     13) temp_cli< 18.5 213 104 nao (0.5117371 0.4882629)
       26) fatura< 463.5 108  37 nao (0.6574074 0.3425926)
         52) temp_cli>=12.5 91  25 nao (0.7252747 0.2747253) *
         53) temp_cli< 12.5 17   5 sim (0.2941176 0.7058824) *
       27) fatura>=463.5 105  38 sim (0.3619048 0.6380952) *
    7) fatura>=1151.5 93  25 sim (0.2688172 0.7311828) *
```

Vamos interpretar a saída anterior:

- A primeira partição (linhas 2 e 3) corresponde à variável local. O nó caracterizado pela linha 2 corresponde a local = A, C. O nó caracterizado pela linha 3 corresponde a local = B, D.

- A linha 2 apresenta um asterisco no final. Significa que é um nó terminal.

- O nó caracterizado na linha 3 foi particionado em função da variável fatura, gerando os nós representados pelas linhas 6 (*fatura < 1151.5*) e 7 (*fatura > = 1151.5*). Quando rpart particiona a linha k, as linhas resultantes são numeradas como 2k e 2k + 1.

- Vamos analisar, por exemplo, a linha 3. Começamos da esquerda para a direita.

```
3) local=B,D 472 191 nao (0.5953390 0.4046610)
```

Dentro dos parênteses temos dois números: 0,5953 e 0,4046. O primeiro corresponde à proporção de indivíduos desse nó que são da categoria *cancel=nao*. O segundo, 0,4046, representa a proporção de indivíduos da categoria *cancel=sim*. Observe que o R coloca as proporções de acordo com a ordem alfabética das categorias da variável alvo; no caso: nao e sim. O "nao" antes dos parênteses significa que, se esse nó fosse terminal, os indivíduos ali alocados seriam classificados como *cancel=nao*, por ser esta a classe majoritária (adotando como ponto de corte 0,50).

- Nesse nó caíram 472 indivíduos da amostra.

- Se os indivíduos desse nó (caso fosse terminal) fossem classificados como *cancel=nao*, 40,46% dos 472 indivíduos seriam classificados incorretamente, pois na realidade pertencem à classe *cancel=sim*. O produto $0,4046 \times 472 \approx 191$ é o segundo valor na linha.

- Quando utilizamos como parâmetro de rpart a matriz dos custos dos erros de classificação, o segundo número (191) que aparece na linha é o custo do erro.[7] Como, por default, os custos são iguais a um, o valor que aparece é o número de mal classificados que, no caso, é igual ao custo do erro (191×1).

---

[7] Para inserir a matriz de custos devemos utilizar a opção parms da função rpart. Por exemplo, admitindo custos iguais a \$1 - classificando um "nao" de forma equivocada e \$4 - mal classificando um "sim", teríamos

```
>perda =matrix(c(0,1,4,0), nrow=2)
>modx=rpart(data=train, cancel~., parms=list(loss=perda))
```

Outros parâmetros podem ser encontrados no manual do rpart.

6.12.5 PODA DA ÁRVORE

O algoritmo utilizado por rpart vai construindo a árvore recursivamente até que, a menos de outro critério definido pelo analista, o ganho de pureza com uma nova partição não seja significativo (ou quando o número de casos em um nó for igual ou menor que cinco). Devemos então verificar a necessidade de podar a árvore para evitar *overfitting*.

O algoritmo fornece a orientação para essa poda com base no cálculo do erro de *cross-validation* para várias subárvores da árvore inicialmente obtida. Essas subárvores têm diferentes níveis de profundidade. A árvore final, obtida após a poda, será aquela subárvore à qual corresponder a menor estimativa do erro de *cross-validation*. Vamos analisar o caso de nosso exemplo. Inicialmente, analisaremos a saída do processo de *cross-validation*. A função printcp reporta uma série de informações interessantes para avaliação das subárvores.

```
> printcp(mod)

Variables actually used in tree construction:
[1] fatura    local     temp_cli
Root node error: 287/1201 = 0.23897
n= 1201

        CP nsplit rel error  xerror      xstd
1 0.074913      0   1.00000 1.00000 0.051494
2 0.050523      2   0.85017 0.90941 0.049800
3 0.024390      4   0.74913 0.88502 0.049310
4 0.010000      5   0.72474 0.82230 0.047981
```

- O *Root node error* corresponde à taxa de erro, caso classificássemos todos os 287 indivíduos do grupo *cancel=sim* como *cancel=não*, por ser esta última a classe majoritária.

- A coluna CP é o *complexity parameter*, que será utilizado no comando para poda da árvore.

- *nsplit* é o número de partições na árvore; o algoritmo testou árvores com 2, 4 e 5 partições (*splits*). Como todo nó é particionado em dois filhos, o número de nós terminais é igual a *nsplit* + 1.

- A coluna *rel error* é o erro de classificação padronizado quando a árvore é testada com a própria amostra de treinamento. É o que denominamos anteriormente de erro de aparente.

- A coluna *xerror* serve de guia para a poda da árvore. É o valor padronizado do erro de validação, calculado pelo método de *cross-validation*.

- A coluna *xstd* é o desvio-padrão das taxas de erro de validação calculadas no método de *cross-validation*.

Devemos escolher a árvore que conduza ao menor valor de *xerror*. Em nosso caso, a árvore originalmente obtida com `rpart` (com 6 nós terminais) é a que apresenta o menor valor (0.82230) para *xerror*. Ou seja, a poda da árvore não é necessária. Como o *xerror* fornecido pelo algoritmo é um valor padronizado pelo *Root node error*, para obter o verdadeiro valor da estimativa do erro generalizado devemos fazer o produto *xerror* × *Root node error* = 0,8223 × 0.2390 = 0,1966 (19,66%).

Apenas a título de ilustração, vamos supor que o menor valor de *xerror* fosse o correspondente à linha 3, temos *nsplit* = 4. Nesse caso, a árvore deveria ser podada ficando apenas com 4 partições (5 nós terminais). Para efetuar essa poda, deve-se utilizar o comando seguinte:

```
> modx=prune(mod, cp=0.03)
```

em que *modx* é a árvore podada com 4 *splits*; *mod* é a árvore obtida originalmente; *cp* (minúsculas) é um valor do *Complexity Parameter* CP, que varia entre o CP da linha 3 (que tem o número de *splits* desejado) e o CP da linha 2, imediatamente superior. Portanto, 0.024390 < *cp* < 0.050523.[8]

A nova árvore será então:

```
> modx

 1) root 1201 287 nao (0.7610325 0.2389675)
   2) local=A,C 729   96 nao (0.8683128 0.1316872) *
   3) local=B,D 472 191 nao (0.5953390 0.4046610)
     6) fatura< 1151.5 379 123 nao (0.6754617 0.3245383)
      12) temp_cli>=18.5 166   19 nao (0.8855422 0.1144578) *
      13) temp_cli< 18.5 213 104 nao (0.5117371 0.4882629)
        26) fatura< 463.5 108   37 nao (0.6574074 0.3425926) *
        27) fatura>=463.5 105   38 sim (0.3619048 0.6380952) *
     7) fatura>=1151.5 93   25 sim (0.2688172 0.7311828) *
```

---

[8] A justificativa desse procedimento pode ser encontrada nas referências do `rpart`. Por exemplo, Therneau & Atkinson (2019), op.cit.

Voltemos à nossa árvore de classificação original com os seis nós terminais. O algoritmo rpart permite calcular o grau de importância de cada atributo na construção da árvore. Esse grau de importância baseia-se na redução do grau de impureza da árvore toda vez que a variável é utilizada. Para a árvore *mod* teremos:

```
> round(mod$variable.importance, 2)
   local   fatura  temp_cli    renda    idade   linhas  temp_rsd
   43.41    35.75     35.31    15.44     5.77     1.93      1.50
```

Ao analisar a saída do comando printcp mostrado anteriormente, observamos que o algoritmo utilizou apenas as três primeiras variáveis para construir a árvore de classificação. A importância das variáveis pode ser representada graficamente, como vemos na Figura 6.11:

```
> barplot(mod$variable.importance, ylim=c(0,50),col='lightgray',
       main = "importância das variáveis", xlab="variáveis",
       cex.lab = 1.3, cex.main=1.4 , cex.names=1.3,font.axis=2)
```

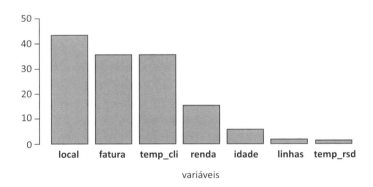

Figura 6.11 – Importância das variáveis.

6.12.6 UTILIZAÇÃO DA ÁRVORE PARA CLASSIFICAR NOVOS INDIVÍDUOS

Podemos obter as "probabilidades" de um indivíduo pertencer a cada uma das classes da variável alvo. Colocamos entre aspas, pois, apesar do nome, em geral, essas "probabilidades" não são boas estimativas das proporções populacionais para cada perfil. Devemos utilizá-las apenas como um *escore* com base no qual classificamos um indivíduo em uma das classes da variável resposta.

Vamos calcular as probabilidades para os indivíduos da amostra teste e, posteriormente, para um novo indivíduo. Listamos as probabilidades correspondentes aos primeiros seis indivíduos da amostra teste (tst).

```
> test$probs=predict(mod, newdata = test, type="prob")
# as probabilidades dos primeiros seis indivíduos de test:
> round(head(test$probs),3)
    nao   sim
1 0.868 0.132
2 0.868 0.132
3 0.868 0.132
4 0.725 0.275
5 0.269 0.731
6 0.269 0.731
```

Vamos agora calcular os escores para um indivíduo não pertencente às amostras utilizadas, com as características seguintes:

Tabela 6.1 – Dados de um novo indivíduo

idade	linhas	temp_cli	renda	fatura	temp_rsd	local	tvcabo	debaut
48	2	25	5000	500	8	C	sim	sim

Gera-se, inicialmente, um *data frame* com essas características.

```
> novo=data.frame(idade=48,linhas=2, temp_cli=25, renda=5000,
  fatura=500,temp_rsd=8,local="C",tvcabo="sim",debaut="sim")
```

Utilizamos este *data frame* para fazer a previsão.

```
> pnovo=predict(mod, newdata = novo,type="prob" )
> round(pnovo, 3)
    nao   sim
  0.868 0.132
```

A classificação de um indivíduo depende do ponto de corte adotado para a classificação. Em geral, os pacotes estatísticos adotam como ponto de corte o valor 0,50. Se a probabilidade de *cancel=sim* calculada pelo modelo (psim) for igual ou superior a 0,50, ele será classificado como potencial *cancel=sim*; caso contrário, será classificado como *cancel=nao*. No caso do indivíduo descrito na Tabela 6.1, psim = 0.132. Será classificado como *cancel=nao*.

6.12.7 ANÁLISE DO MODELO[9]

Vamos calcular a acurácia da classificação para a amostra teste, a partir da matriz de classificação, adotando como ponto de corte a probabilidade de *cancel=sim* igual a 0,50. Observamos que 80% dos indivíduos foram classificados corretamente.

```
> psim=test$probs[,2] #é a probabilidade de cancel=sim
> kprev=ifelse(psim>0.50, "sim", "nao")
> library(MLmetrics)
> ConfusionMatrix(y_pred = kprev, y_true = test$cancel)
      y_pred
y_true nao sim
   nao 543  66
   sim  93  97
> Accuracy(y_pred = kprev, y_true = test$cancel)
[1] 0.8010013
```

Vamos supor que a empresa TECAL, agindo de forma conservadora, decide adotar como ponto de corte psim = 0,20. Clientes cuja probabilidade estimada de cancelamento for superior a 0,20 serão classificados como *cancel=sim*, ou seja, como "*churners*" potenciais e receberão ofertas para incentivar sua permanência. A nova matriz de classificação é dada a seguir:

---

[9]   Vide o Capítulo 3 para as diferentes formas de avaliar um modelo de classificação.

```
> kprev=ifelse(psim>0.2, "class_sim", "class_nao")
> kprev=ifelse(psim>0.2, "sim", "nao")
> ConfusionMatrix(y_pred = kprev, y_true = test$cancel)
      y_pred
y_true nao sim
   nao 500 109
   sim  75 115
> Accuracy(y_pred = kprev, y_true = test$cancel)
[1] 0.7697121
```

Notamos que a quantidade de clientes que receberão incentivos para manter sua fidelidade será igual a 109 + 115 = 224, número superior ao que seria considerado com ponto de corte 0,5. 60% dos *cancel=sim, que* receberiam incentivos para permanência. Entretanto, um número maior (109) de clientes tipo *cancel=não* receberiam desnecessariamente esses incentivos. É um custo maior para evitar a perda de clientes!

Uma maneira de medir a capacidade de discriminação do modelo é utilizando, por exemplo, a curva ROC.

```
> library(hmeasure)
> HMeasure(test$cancel, psim)$metric[[3]]
 [1] 0.7069441
```

O valor 0,707 sugere que o modelo é aceitável, mas nada especial!

6.12.8 OPÇÕES DE CONTROLE DE RPART – PRÉ-PODA

O algoritmo rpart permite o controle da construção de uma árvore, fixando alguns hiperparâmetros descritos na Seção 7. Vamos ilustrar o procedimento fixando, arbitrariamente, como tamanho mínimo de um nó 100 observações.

Árvores de classificação e regressão

```
> mody=rpart(data=train, cancel~.,
          control=rpart.control(minbucket = 100 ))
> mody
1) root 1201 287 nao (0.7610325 0.2389675)
  2) local=A,C 729  96 nao (0.8683128 0.1316872) *
  3) local=B,D 472 191 nao (0.5953390 0.4046610)
    6) temp_cli>=18.5 219  51 nao (0.7671233 0.2328767) *
    7) temp_cli< 18.5 253 113 sim (0.4466403 0.5533597) *
```

6.13 ÁRVORE DE CLASSIFICAÇÃO BASEADA EM INFERÊNCIA ESTATÍSTICA

Um algoritmo para a construção de árvores de decisão muito interessante é o `ctree`, que utiliza critérios de partição e regras de parada com base em testes estatísticos. A justificação teórica do algoritmo pode ser encontrada em Hothorn et al. (2006).[10]

Alguns algoritmos selecionam simultaneamente a variável e a forma de particioná--la com base em critérios de redução de impureza, como índice de Gini e Entropia. Esses algoritmos apresentam um viés a priorização de variáveis com maior número potencial de quebras. Os algoritmos baseados em testes estatísticos não apresentam esse viés, motivo pelo qual são denominados *algoritmos recursivos não viesados*. Além dessa vantagem, segundo os autores, não estão sujeitos a *overfitting*.[11]

O algoritmo `ctree` seleciona inicialmente a variável mais indicada para efetuar a partição de um nó e, posteriormente, determina a melhor forma de dividi-la em duas categorias, a fim de gerar os nós filhos. Essa seleção em duas etapas evita o viés de seleção. O algoritmo pode ser resumido da forma seguinte:

1) Testar a hipótese de independência entre a variável alvo e cada uma das variáveis previsoras. (O algoritmo para quando a hipótese de independência não puder ser rejeitada para nenhuma variável previsora).

2) Selecionar a variável previsora com "maior grau de associação" com a variável alvo (medida pelo valor-p). A profundidade da árvore pode ser controlada (pré-poda) variando o nível de significância a ser adotado nos testes (parâmetro `alpha` do `ctree`).

---

[10] Hothorn, T., K. Hornik e A. Zeileis: Unbiased Recursive Partitioning: A Conditional Inference Framework, Journal of Computational and Graphical Statistics, Volume 15, Number 3, Pages 651-674. Copyright c 2006 American Statistical Association. https://eeecon.uibk.ac.at/~zeileis/papers/Hothorn+Hornik+Zeileis-2006.pdf.

[11] Mas, mesmo assim, sugerimos verificar essa possibilidade.

3) Particionar a variável selecionada em duas categorias de acordo com critério predefinido.

4) Voltar para o passo 1.

As árvores construídas utilizando o `ctree` podem eventualmente ter uma estrutura diferente das obtidas pelos métodos tradicionais, como o `rpart`, pois utilizam diferentes critérios de crescimento. Isso não significa que a acurácia seja inferior.

Aplicando o algoritmo ctree ao nosso exemplo, com os dados da empresa TECAL, e fixando minbucket = 150, a título de ilustração, obteremos:

```
> library(partykit)
> ct=ctree(data=train,cancel~.,
control=ctree_control(minbucket=150))
> ct

Fitted party:
[1] root
|   [2] local in A, C
|   |   [3] fatura <= 718
|   |   |   [4] temp_cli <= 17: nao (n = 182, err = 16.5%)
|   |   |   [5] temp_cli > 17: nao (n = 261, err = 1.5%)
|   |   [6] fatura > 718: nao (n = 286, err = 21.7%)
|   [7] local in B, D
|   |   [8] fatura <= 830
|   |   |   [9] temp_cli <= 17: nao (n = 154, err = 50.0%)
|   |   |   [10] temp_cli > 17: nao (n = 160, err = 11.9%)
|   |   [11] fatura > 830: sim (n = 158, err = 39.9%)
```

Graficamente podemos representar a árvore como segue:

```
> plot(ct,type = "simple", ip_args = list(fill='white'),
    tp_args = list(fill=c('white')), main="TECAL", font=3)
```

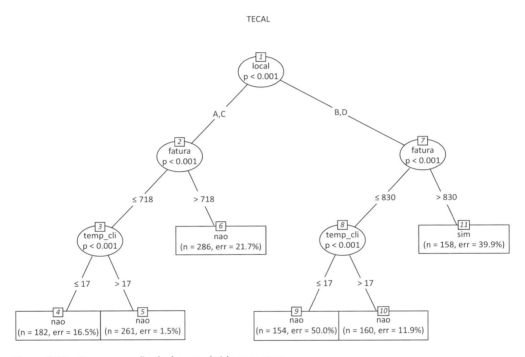

Figura 6.12 – Representação da árvore obtida com ctree.

Para cada observação, podemos calcular as probabilidades de pertencer a cada classe da variável alvo, bem como identificar a que nó ela pertence.

```
#classificação nas categorias da variável alvo
> test$classif=predict(ct, newdata = test)
> head(test$classif)
[1] nao nao nao nao sim sim

#probabilidades de pertencer às categorias da variável alvo
> test$prev=predict(ct, newdata = test, type="prob")
> head(test$prev)
         nao        sim
1 0.9846743 0.01532567
2 0.8351648 0.16483516
3 0.7832168 0.21678322
4 0.5000000 0.50000000
5 0.3987342 0.60126582
6 0.3987342 0.60126582

# podemos verificar a que nó pertence a observação
> test$caixa=predict(ct, newdata = test, type="node")
> head(test$caixa)
[1]   5   4   6   9  11  11
```

6.14 ÁRVORES DE REGRESSÃO

As árvores também podem ser utilizadas para a previsão de uma variável quantitativa. A vantagem é que não pressupõem a condição de linearidade forçada pelo modelo de regressão linear e captam eventuais interações entre as variáveis. Quando essa linearidade não for válida ou quando existirem fortes interações entre as variáveis, a árvore de regressão pode dar melhores resultados que um modelo usual de regressão linear múltipla (que em geral não inclui as interações). Não nos aprofundaremos na discussão dos aspectos conceituais. Basta destacar que a partição dos nós se dá de forma a minimizar gradativamente a soma dos quadrados dos resíduos. Daremos um exemplo de aplicação utilizando o programa rpart.

Consideremos o arquivo *Happiness and Alcohol Consumption* (*Happy*) descrito no Capítulo 1. Nosso objetivo será prever o grau de felicidade de cada país (escala de 0 a 10) a partir dos indicadores IDH, PIB per capita e consumo per capita de cerveja, drinks e vinho em cada país. O PIB per capita e o consumo de vinho foram transformados via logaritmo natural, eliminando a forte assimetria. A variável PIB per capita foi eliminada posteriormente por apresentar elevada correlação com IDH.

Árvores de classificação e regressão

Vamos comparar os resultados obtidos utilizando regressão linear múltipla e árvore de regressão. A comparação será por meio da média da soma dos quadrados dos resíduos (MSE).

```
> hh=Happy
> names(Happy)
"Country" "Region" "Hemisphere"  "HappinessScore"
"HDI" "GDP_PerCapita" "Beer_PerCapita" "Spirit_PerCapita"
"Wine_PerCapita"  "logwine" "loggdp"
> hh=Happy[,-c(1,2,6,9,11)]
> hh$Hemisphere=ifelse(hh$Hemisphere=="noth",
                        'both',hh$Hemisphere)
> names(hh)
"Hemisphere"  "HappinessScore"  "HDI"  "Beer_PerCapita"
"Spirit_PerCapita" "logwine"

> reg.lm=lm(data =hh, HappinessScore~.)
> library(MLmetrics)
> MSE(y_pred=reg.lm$fitted.values, y_true = hh$HappinessScore)
[1] 0.3873798
```

Vamos utilizar a árvore de regressão com `rpart`.

```
> set.seed(11)
> reg.arv=rpart(data = hh,HappinessScore~.)
```

A árvore resultante pode ser representada na Figura 6.13.

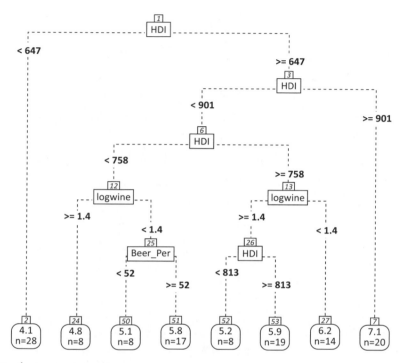

Figura 6.13 – Árvore de regressão.

O valor em cada nó terminal representa o valor médio da variável resposta em cada nó.

Árvores de classificação e regressão

A saída mais detalhada é dada a seguir.

```
> reg.arv
n= 122
node), split, n, deviance, yval
    * denotes terminal node
 1) root 122 159.670900 5.524828
   2) HDI< 647 28    5.616490 4.068357 *
   3) HDI>=647 94   76.965250 5.958670
     6) HDI< 901 74   38.951810 5.640689
      12) HDI< 757.5 33   15.056360 5.368697
        24) logwine>=1.40679 8    2.977542 4.790500 *
        25) logwine< 1.40679 25    8.548485 5.553720
          50) Beer_PerCapita< 51.5 8    1.967872 5.085500 *
          51) Beer_PerCapita>=51.5 17    4.001437 5.774059 *
      13) HDI>=757.5 41   19.489140 5.859610
        26) logwine>=1.439261 27   12.560690 5.679778
          52) HDI< 812.5 8    4.434435 5.167125 *
          53) HDI>=812.5 19    5.138486 5.895632 *
        27) logwine< 1.439261 14    4.371317 6.206429 *
     7) HDI>=901 20    2.846713 7.135200 *:
```

O último valor em cada linha (yval) representa o valor médio da variável resposta em cada nó. É o valor previsto pela árvore para o perfil caracterizado nesse nó. Por exemplo, para países cujo HDI é inferior a 647 a previsão da HappinessScore fornecido pela árvore é igual a 4.068357.

Analisando a eventual ocorrência de *overfitting*, foi observado que se deve podar a árvore de forma a ter apenas 6 *splits*:

```
> printcp(reg.arv)
Regression tree:
rpart(formula = HappinessScore ~ ., data = hh)
Variables actually used in tree construction:
[1] Beer_PerCapita HDI logwine

Root node error: 159.67/122 = 1.3088
#1.3088 = (sum((hh$HappinessScore-media)^2)/122
#média de soma de residuos^2
n= 122
        CP nsplit rel error  xerror     xstd
1 0.482800      0  1.00000 1.00748 0.091664
2 0.220245      1  0.51720 0.57338 0.066826
3 0.027596      2  0.29695 0.35301 0.050736
4 0.022110      3  0.26936 0.34650 0.050156
5 0.017364      4  0.24725 0.34904 0.048842
6 0.016153      6  0.21252 0.34624 0.051118
7 0.010000      7  0.19637 0.36942 0.053102
```

Podando-se a árvore, calculamos as previsões e MSE, a média da soma dos resíduos ao quadrado:

```
> reg.arv2=prune(reg.arv, cp=.0165)
> arv.fit=predict(reg.arv2, newdata=hh)
> MLmetrics::MSE(y_true = hh$HappinessScore, y_pred = arv.fit)
[1] 0.2781432
```

A árvore de regressão apresentou um valor para MSE significativamente inferior ao da regressão linear múltipla. Nem sempre a árvore fornece melhores resultados que o modelo de regressão múltipla. O exemplo anterior foi selecionado propositalmente, pois, *a priori*, não acreditávamos na existência de uma relação linear entre variável resposta e previsoras.

EXERCÍCIOS

1. Considere as bases de dados seguintes, descritas no Capítulo 1.

   - XZCALL
   - BETABANK
   - KIMSHOP
   - BUXI
   - PASSEBEM
   - CAR UCI

   Os dados podem ser baixados do site

   Para cada caso, siga o roteiro a seguir:

   - Analise inicialmente cada variável individualmente (análise univariada).
   - Analise sua relação com a variável resposta (análise bivariada) e comente quanto ao potencial preditivo da variável.
   - Obtenha e analise a árvore de classificação preliminar.
   - Verifique a necessidade de podar a árvore. Em caso positivo, obtenha a árvore podada.
   - Identifique as variáveis utilizadas para construção da árvore e seu grau de importância graficamente.
   - Estime as "probabilidades" para classificação das observações da amostra teste. Verifique a acurácia do modelo adotando um critério de classificação (ponto de corte).
   - Obtenha e analise também as métricas precisão, recall , F1 e MCC e a AUROC. Adapte as métricas para os casos em que a variável alvo apresenta mais de duas categorias.

2. Considere as bases de dados seguintes, descritas no Capítulo 1.

   - 2005 CRA DATA
   - Auto MPG
   - SPENDX

   Compare os resultados das previsões realizadas utilizando um modelo de regressão linear múltipla e de uma árvore de regressão utilizando as métricas MSE e MAPE. Verifique sempre a necessidade de podar a árvore para evitar *overfitting*.

APÊNDICE A – ÍNDICE DE IMPUREZA DE GINI

Para simplificar a apresentação, consideremos o caso de uma variável alvo Y com três categorias A, B e C.

Consideremos um nó j que contenha n_a indivíduos da classe Y = a; n_b indivíduos da classe Y = b; n_c indivíduos da classe Y = c. Seja $n = n_a + n_b + n_c$ o total de indivíduos nesse nó. O índice de Gini para esse nó é calculado pela fórmula:

$$IG(\text{nó } j) = 1 - \left(\frac{n_a}{n}\right)^2 - \left(\frac{n_b}{n}\right)^2 - \left(\frac{n_c}{n}\right)^2$$

O índice se baseia nas proporções de indivíduos de cada classe no nó considerado. Se as frequências das classes A, B e C são iguais, $n_a = n_b = n_c$, este nó não permite classificar um indivíduo em uma dessas classes. A impureza é máxima e IG(.) assume seu valor máximo para 3 classes, ou seja, 2/3. Se um nó for totalmente puro (todos os indivíduos no nó pertencem a uma única classe) então IG = 0.

Consideremos o exemplo numérico seguinte: temos em um nó um total de 800 indivíduos, 240 pertencendo à classe A, 400 à classe B e 160 à classe C. O índice de Gini é igual a:

$$IG(\text{nó}) = 1 - \left(\frac{240}{800}\right)^2 - \left(\frac{400}{800}\right)^2 - \left(\frac{160}{800}\right)^2 = 0{,}62$$

Vamos agora admitir que esse nó com n indivíduos seja particionado pela variável previsora A em dois nós filhos (f_1 e f_2). Sejam m_1 e m_2 o número de indivíduos alocados em cada um desses nós filhos. Temos $n = m_1 + m_2$. Calculamos inicialmente o índice de Gini para cada nó, $IG(f_1)$ e $IG(f_2)$, e, posteriormente, a média ponderada desses dois valores.[12]

$$IG(Y|A) = \frac{m_1}{n} \times IG(f_1) + \frac{m_2}{n} \times IG(f_2)$$

O ganho em pureza devido à partição será: $Ganho(j|\text{partição}) = IG(\text{nó } j) - IG(Y|A)$ Continuando nosso exemplo, vamos admitir que temos duas opções para particionar o nó acima. Uma opção é particioná-lo em dois filhos utilizando a variável A, com duas categorias A_1 e A_2. A outra é particioná-lo utilizando a variável B, com três categorias. Se o Ganho(j|A) for superior a Ganho(j|B), opta-se por particionar o nó utilizando a variável A.

---

[12] IG(Y|A) é denominada Impureza condicional de y dada a variável previsora A.

Ao construir uma árvore de decisão podemos definir como critério de parada uma determinada redução da impureza. Se o ganho qualquer que seja a partição for inferior ao ganho predefinido, o nó não é particionado, tornando-se um nó terminal.

O critério de partição baseado no índice de Gini, por ser função da pureza dos nós, pode favorecer a escolha de partições que geram mais nós filhos. Isso é natural, pois, quanto mais nós filhos tivermos, provavelmente maior será a pureza desses nós. Esse índice foi utilizado pelo algoritmo CART, um dos primeiros algoritmos para obtenção de árvore de classificação. No R esse índice é utilizado pela função `rpart`. Como nesse algoritmo só se consideram partições binárias, esse viés não compromete a escolha da melhor partição.

CAPÍTULO 7
Combinação de algoritmos (*Ensemble Methods*)

Prof. Abraham Laredo Sicsú

7.1 COMBINAÇÃO DE ALGORITMOS (*ENSEMBLE METHODS*)

Classificadores obtidos a partir de diferentes amostras de uma mesma população podem gerar diferentes classificações ou previsões para um mesmo indivíduo. Em classificação, isso ocorre particularmente com indivíduos cujas probabilidades de pertencer a uma das categorias da variável alvo são valores próximas aos pontos de corte. Esse tipo de instabilidade é frequente com árvores de classificação, mas pode ocorrer, talvez com menos intensidade, com outros algoritmos de classificação ou previsão.

Uma forma de contornar esse problema, com excelentes resultados, é combinar as classificações/previsões obtidas para um mesmo indivíduo, com diferentes regras de classificação/previsão, aplicadas a diferentes amostras de uma mesma população. Algoritmos baseados na combinação dos resultados de diferentes regras de classificação/previsão são denominados *Ensemble Methods* (*EM*), que em tradução simples significa *Métodos de Combinação de Algoritmos*. A classificação ou previsão final dependerá da combinação dos resultados parciais. Em geral, os resultados parciais são obtidos utilizando árvores de classificação ou de regressão. Diversos trabalhos encontrados na literatura mostram a superioridade dos EM em relação ao uso de uma única regra de classificação ou previsão.

Os *EM* podem ser divididos em diferentes categorias de acordo com a forma de combinar os resultados. Vamos apresentar duas famílias de métodos: *bagging* e *boosting*. Em geral, podem ser aplicados tanto para previsão quanto para classificação.

Algoritmos que se baseiam em *boosting* têm sido muito utilizados, com excelente performance, pelos vencedores de vários concursos de *machine learning* (denominados "*hackatons*") em diversos sites especializados. Na opinião de muitos analistas de métodos de previsão e classificação, o *boosting* é uma das maiores descobertas em *machine learning*.

7.2 BAGGING

Uma forma de construir as diferentes árvores de classificação ou regressão é selecionando um grande número (B) de amostras aleatórias independentes da população considerada. A partir de cada uma dessas amostras, obtém-se uma árvore e classifica-se a observação **E** ou se prevê o valor para a observação **E**. A Figura 7.1 ilustra o processo cuja $h_i(E)$ é a classificação ou previsão da observação x com a *i*-ésima árvore. As soluções $h_i(E)$, para i = 1, ..., B, são obtidas de forma independente, ou seja, uma classificação ou previsão $h_i(E)$ não influi na decisão $h_k(E)$ (i≠k).

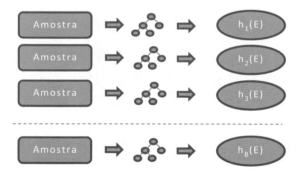

Figura 7.1 – *Ensemble method* com decisões sequenciais independentes.

A classificação ou previsão final de **E** é obtida a partir dos resultados $h_i(E)$, i = 1, ..., B, como veremos adiante.

No entanto, a obtenção de grande número de amostras aleatórias independentes da população é inviável do ponto de vista prático. Para contornar esse problema utiliza-se um recurso denominado *bootstrapping*, que consiste em selecionar aleatoriamente, com repetição, B subamostras de tamanho n de uma única amostra aleatória de tamanho n da população. As diferentes árvores são obtidas com essas *bootstrap samples*, simulando eficazmente o processo descrito no parágrafo anterior.

Bagging é o método mais simples de combinação de algoritmos. Uma descrição simples das etapas dos algoritmos será dada a seguir.

7.2.1 INICIALIZAÇÃO

- Selecionamos uma amostra aleatória de tamanho n da população.

7.2.2 ITERAÇÕES

Para i = 1,2, ..., B:

1) Selecionamos uma amostra aleatória i, de tamanho n, com reposição, dessa amostra original.

- Essa subamostra é denominada *bootstrap sample*. Será utilizada como amostra de treinamento (*learning set*).

- Os casos não selecionados nessa *bootstrap sample* são utilizados como amostra teste (*test set*), que será denominada OOB (*out-of-bag*).

- É possível mostrar que cada *bootstrap sample* contém aproximadamente 2/3 das observações originais. Consequentemente, a amostra OOB conterá aproximadamente 1/3 dos elementos.

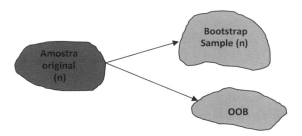

Figura 7.2 – *Bootstrap sample* e OOB.

2) Obtemos uma árvore com a *bootstrap sample*, sem necessidade de podá-la.

3) Registra-se a classificação (ou previsão) com essa árvore para cada uma das observações na amostra OOB. Seja $h_i(E)$ a classificação (ou previsão) do indivíduo E.

7.2.3 FINALIZAÇÃO

1) No caso de classificação, cada observação E da amostra original será identificada por voto majoritário, considerando as classificações que obtiveram nas M etapas em que foram parte da *OOB sample*.

Por exemplo, se determinado indivíduo pertenceu à *OOB sample* em 200 iterações, tendo sido classificado 30 vezes como categoria A, 50 vezes como categoria B e 120 vezes como categoria C, ele será identificada pelo *bagging* como categoria C.

2) Para problemas de previsão, o resultado do *bagging* será a média aritmética das previsões intermediárias $h_1(E)$, $h_2(E)$, ..., $h_M(E)$.

Se em vez de voto majoritário o analista preferir classificar um indivíduo em função da probabilidade de pertencer a um grupo, podemos considerar, por exemplo, as médias das probabilidades de pertencer a cada categoria da variável alvo calculadas com as diferentes árvores para as observações *OOB*. Apesar da soma dessas médias para as diferentes categorias não ser provavelmente igual a 1,0, podemos considerá-las para efeito de classificação.

Como as B árvores intermediárias não sofrem poda, pode ocorrer o fenômeno de *overfit* com uma ou mais árvores do processo. No entanto, sendo as *bootstrap samples* distintas e independentes, eventuais erros por *overfitting* devem diferir entre as diferentes árvores intermediárias e, muito provavelmente, não terão peso na votação majoritária. Quanto maior B, menor será o risco de *overfit*. A estimação do erro generalizado baseado nas classificações *OOB*, quando B é um número alto, é praticamente não viesada. Essa estimativa é denominada *OOB error estimate*.

Não há uma regra para definir, *a priori*, o número B de *bootstrap samples*. Dependendo da estrutura dos dados, a partir de certo valor de B o aumento da acurácia da classificação ou da MSE da regressão é desprezível.

Uma das principais desvantagens do *bagging* é a impossibilidade de "visualizar" a regra de classificação ou de previsão final, o que, por sinal, é uma das principais vantagens das árvores de classificação. Na realidade, temos uma perda na simplicidade em favor de um aumento de acurácia.

Outro inconveniente do *bagging* é que, como utilizamos o mesmo conjunto de variáveis em todas as etapas do processo, as árvores resultantes tendem a ser similares ("correlacionadas"). Para contornar esse problema, prefere-se utilizar uma evolução do *bagging* denominada *Random Forest*, que apresentamos a seguir.

7.3 *RANDOM FORESTS* (RF)

Para reduzir o impacto negativo da "correlação" entre as árvores obtidas nas iterações do *bagging*, Breimann (2001)[1] apresentou um novo algoritmo denominado *Random Forests*. Este algoritmo, além de contornar tal inconveniente, tem se mostrado mais acurado que o *bagging*.

Da mesma forma que em *bagging*, vamos selecionando iterativamente *bootstrap samples* da amostra original. No entanto, cada vez que tivermos que particionar um

---

[1] Breiman, L. *Random Forests*, Machine Learning, 45, 5-32, 2001.

Combinação de algoritmos (Ensemble Methods)

nó de uma árvore, selecionamos aleatoriamente m dentre as p variáveis previsoras. A partição desse nó será feita apenas com base nas m variáveis. Qualquer que seja a árvore, as partições de seus diferentes nós, serão feitas com diferentes subconjuntos de variáveis.

Este artifício permite reduzir a "correlação" entre as B diferentes árvores construídas. Sorteando apenas m das p variáveis, evita-se que uns poucos atributos com altíssimo poder discriminador (ou previsor) "dominem a cena" sendo sempre escolhidos para a partição e conduzindo a árvores similares. Note-se que se m = p o algoritmo corresponde ao *bagging*.

A pergunta que surge é qual deve ser o valor mais adequado do parâmetro m. Valores muito altos, próximos de p, conduzem a árvores similares ("correlacionadas"). Por sua vez, valores muito baixos de m geram árvores com menor poder de previsão. Na literatura encontramos como sugestões $m = \sqrt{p}$ (default do pacote `randomForest` do R), $m = \frac{1}{2}\sqrt{p}$ ou $m = 2\sqrt{p}$. O valor de m (um hiperparâmetro do algoritmo) pode ser escolhido de forma iterativa, selecionando o que conduzir à melhor performance do algoritmo.

Entre as vantagens de aplicar *Random Forests* podemos destacar a redução significativa da ocorrência de *overfitting* e a possibilidade de trabalhar com grande número de variáveis, visto que apenas uma parte delas será utilizada em cada partição. Da mesma forma que no *bagging*, a estimativa de erro generalizado via *OOB* é não viesada. A principal desvantagem, como já discutimos no caso de *bagging*, é que sua estrutura é complexa, impedindo a visualização da regra de classificação pelo analista.

7.4 EXEMPLO DE APLICAÇÃO DE *RANDOM FOREST* EM CLASSIFICAÇÃO

Retomemos o problema de classificação da TECAL visto no capítulo anterior. É uma amostra com 2.000 observações. A variável alvo é *cancel* e temos 9 variáveis previsoras: *idade, linhas, temp_cli, renda, fatura, temp_rsd, local, tvcabo, debaut*.

Para obter a Random Forest vamos utilizar o pacote `randomForest`.

```
> tec=TECAL[, -1] #eliminando a identificação do cliente
> library(dplyr)
# um dos requisitos da função é que as variáveis estejam no
formato "factor". Utilizaremos o comando mutate do dplyr
> tec=tec %>% mutate_if(is.character, as.factor)
```

Vamos dividir a amostra utilizando o pacote `caret`.

```
> set.seed(123)
>library(caret)
> flag=createDataPartition(tec$cancel, p=.6, list = F)
> train=tec[flag,]; dim(train)
[1] 1201  10
> test=tec[-flag,]; dim(test)
[1] 799 10
```

Vamos trabalhar com m = 3, que é o default da função (raiz quadrada do número de previsoras). Se desejamos outro valor para m, devemos utilizar a opção `mtry`. Se adotamos `mtry` = 9, aplica-se o *bagging*. A função `randomForest` trabalha com B = 500 como default. Apenas a título de ilustração utilizaremos B = 800. A opção `importance` = `T` permite que o software nos informe a importância (redução do erro) de cada variável na construção do algoritmo, conforme veremos a seguir.

```
> library(randomForest)
> set.seed(123)
> RF=randomForest(data=train, cancel~., ntree = 800, importance=T)
> RF

Call:
 randomForest(formula = cancel ~ ., data = train, ntree = 800,
importance = T)
                Type of random forest: classification
                     Number of trees: 800
No. of variables tried at each split: 3
        OOB estimate of  error rate: 18.82%
Confusion matrix:
    nao sim class.error
nao 844  70  0.07658643
sim 156 131  0.54355401
```

Na saída encontramos o cálculo do *OOB error*, no caso igual a 18,82%. Temos também a matriz de classificação correspondente à classificação dos indivíduos nas OOB, com base no voto majoritário. Observamos que dos 914 indivíduos com *cancel=nao*, 70 (7,6%) foram mal classificados. Para os 287 indivíduos *cancel=sim* a proporção de erros foi bem superior (54,36%).

O objeto criado (RF) contém informações interessantes:

Proporção de votos quando a observação pertenceu à amostra OOB:

```
> head(RF$votes)
        nao          sim
1 0.7298137 0.270186335
2 0.7550336 0.244966443
3 0.9630872 0.036912752
4 0.7974277 0.202572347
5 0.9901961 0.009803922
6 0.7435065 0.256493506
```

Quantas vezes cada indivíduo caiu na amostra OOB:

```
> head(RF$oob.times,10)
 [1] 322 298 298 311 306 308 316 296 297 317
```

RF apresenta um gráfico com ordenação da importância das variáveis utilizadas. Considera dois critérios: impacto da variável na redução da taxa de erro e na redução da impureza (medida pelo índice de Gini).

```
> varImpPlot(RF)
```

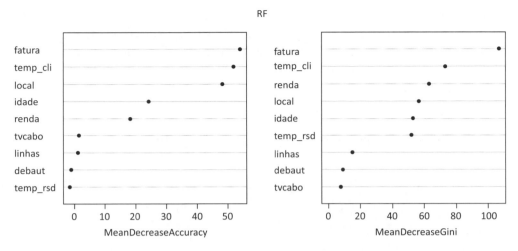

Figura 7.3 – *Variable importance plot.*

Observamos que as variáveis mais importantes foram *fatura, temp_cli, local, idade* e *renda*.

Temos também a representação gráfica da evolução da taxa de erro OOB à medida que cresce o número de iterações:

```
> plot(RF, col=c(1,2,4), lwd=3) #col define as cores
> legend(600,.4, legend=c('OOB', 'nao', 'sim'),
        col=c(1,2,4),lty=1, lwd=5, cex=1.5);grid()
```

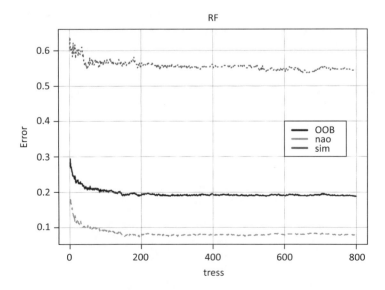

Figura 7.4 – Evolução dos erros de classificação.

Combinação de algoritmos (Ensemble Methods) **251**

Percebeu-se que, após aproximadamente 500 árvores, os erros praticamente se estabilizam. Poderíamos, para melhor performance computacional, rodar de novo utilizando a opção `ntree` = 500. A opção `RF$error.rate` permite visualizar a queda dos erros para as 800 árvores.

7.4.1 APLICAÇÃO DO ALGORITMO À AMOSTRA TESTE

Para avaliar a qualidade da discriminação entre *cancel=sim* e *cancel=nao*, vamos estimar a (pseudo)probabilidade, para cada indivíduo da amostra teste, de pertencer a cada um esses grupos. Com base nessas estimativas, calcula-se a medida AUROC.

```
> prev.RF=predict(RF, newdata=test, type="prob")
> head(prev.RF)
      nao      sim
1 0.94000 0.06000
2 0.76250 0.23750
3 0.94875 0.05125
4 0.61125 0.38875
5 0.06875 0.93125
6 0.33125 0.66875


> psim.rf=prev.RF[,2]
> library(hmeasure)
> HMeasure(test$cancel, prev.RF[,1])$metric[[3]]
[1] 0.8479993
```

Notamos que o resultado é muito superior ao obtido com uma única árvore de classificação no capítulo anterior.

As pseudoprobabilidades estimadas pelo RF nem sempre são boas estimativas das probabilidades populacionais. Adiante, quando apresentarmos o algoritmo *Gradient Boosting*, discutiremos a forma de avaliar a qualidade das estimativas obtidas com *machine learning* e uma forma de corrigi-las.

7.5 APLICAÇÃO DE *RANDOM FOREST* EM PREVISÃO

Vamos considerar o arquivo *Happiness and Alcohol Consumption* utilizado no capítulo anterior, com as transformações que geraram o arquivo *hhreg*. Como o pacote randomForest requer as variáveis no formato "*factor*", vamos transformá-las inicialmente.

```
> library(dplyr)
> hhreg= hhreg %>% mutate_if(is.character, as.factor)
```

Apenas para efeito de comparação, vamos obter os modelos de regressão linear múltipla e árvore de regressão. Compararemos a média dos erros percentuais absolutos (MAPE) e a raiz da média dos quadrados dos resíduos (RMSE).

Utilizando regressão múltipla obtemos:

```
> names(hhreg)
[1] "Hemisphere"     "HappinessScore"  "HDI"
[4] "Beer_PerCapita"  "Spirit_PerCapita" "logwine"
> reg.lm=lm(data =hhreg, HappinessScore~.)
> library(Mlmetrics)
> MAPE(reg.lm$fitted.values, hhreg$HappinessScore)*100
[1] 10.09047
> RMSE(reg.lm$fitted.values, hhreg$HappinessScore)
[1] 0.6223984
```

Com a árvore de regressão teremos:

```
> library(rpart)
> set.seed(11)
> reg.arv=rpart(data =hhreg, HappinessScore~.)
> fit.arv=predict(reg.arv, newdata = hhreg)
> MAPE( fit.arv, hhreg$HappinessScore)*100
[1] 7.909777
> RMSE( fit.arv, hhreg$HappinessScore)
[1] 0.506954
```

Finalmente, aplicando o algoritmo `randomForest`, obtemos:

```
> library(randomForest)
> set.seed(11)
> reg.rf=randomForest(data=hhreg, HappinessScore~., ntree=500,
importance=T)
> fit.rf=predict(reg.rf, newdata = hhreg)
> head(fit.rf)
       1        2        3        4        5        6
7.032754 6.984090 6.899177 7.053897 6.962050 7.006733
> MAPE(fit.rf, hhreg$HappinessScore)*100
[1] 6.35432
> RMSE(hhreg$HappinessScore,fit.rf)
[1] 0.4017575
```

Notamos que as duas métricas, MAPE E RMSE, são menores utilizando tanto uma única árvore de regressão quanto, especialmente, o *randomForest*. Os dois últimos algoritmos exploram eventuais interações entre variáveis e a provável não linearidade da relação.

7.6 *ADABOOST* (ADAPTIVE BOOSTING)

Boosting é uma metodologia para obter modelos de previsão e classificação com grande acurácia ("modelos fortes") a partir da combinação de uma sequência de algoritmos mais "fracos". Vários trabalhos mostram que os resultados obtidos utilizando diferentes algoritmos com base em *boosting* são, em geral, superiores aos métodos *Bagging* e *Random Forests*.

Regras de classificação "fracas" são regras cujo poder preditivo é um pouco melhor que uma decisão aleatória (cara ou coroa). Uma regra fraca de classificação dará uma acurácia levemente superior a 50%. Em uma regra "forte", de classificação, espera-se que a acurácia esteja próxima de 100%.

Há vários algoritmos que se baseiam em *boosting*. Inicialmente, vamos discutir o algoritmo *AdaBoost*, cuja primeira versão destinou-se à classificação binária. Esse algoritmo, um dos primeiros a serem desenvolvidos, foi posteriormente estendido para a classificação em mais de duas categorias. Não se aplica para previsão.

Como algoritmos fracos, no *AdaBoost* utilizam-se árvores de classificação de baixa complexidade (de profundidade um ou dois, isto é, baseadas em apenas uma ou duas das variáveis previsoras).[2] Os erros de classificação com cada uma dessas pequenas árvores podem ser altos, porém, quando combinados convenientemente, obtém-se um excelente resultado. A lógica do *boosting* não se limita à aplicação utilizando árvores como regras fracas, apesar de ser essa a forma usual.

Da mesma forma que *Bagging* e *Random Forests*, *AdaBoost* considera as previsões obtidas com diferentes amostras. É um sistema de decisões sequenciais[3] que apresenta duas diferenças importantes em relação a aqueles dois métodos:

- No *AdaBoost*, as amostras não são selecionadas de forma independente. Observações mal classificadas em uma etapa do processo terão maior influência nas etapas seguintes visando a correção do erro.

- A classificação final não é por voto majoritário. Resulta da ponderação das classificações intermediárias, como detalharemos a seguir.

- Vamos detalhar os diferentes passos da técnica omitindo algumas justificativas teóricas.

- Na primeira rodada (t = 1), todos os indivíduos recebem o mesmo peso ($D_1(i) = 1/n$, i = 1, ..., n).

- A cada rodada t (t = 1, ..., T), uma árvore de classificação é construída. Seja $\epsilon(t)$ a taxa de erro de classificação com essa árvore. Calcula-se o "peso" dessa árvore: $\alpha(t) = \dfrac{1}{2}\ln\left(\dfrac{1 - \epsilon(t)}{\epsilon(t)}\right)$. Note-se que, quanto maior o erro, menor o peso dessa árvore. Este peso será utilizado na decisão final.

- Os indivíduos mal classificados na rodada t terão seus pesos $D_t(i)$ levemente acrescidos em função de $\alpha(t)$, enquanto os corretamente classificados terão seus pesos reduzidos de forma que a soma de todos os pesos continue igual a 1,0. Esses novos pesos, $D_{t+1}(i)$, serão considerados ao selecionar a *bootstrap sample* para a etapa t + 1. Essa é a "chave" dos algoritmos que utilizam *boosting*: indivíduos mal classificados terão maior probabilidade de serem sorteados nas amostras seguintes, influenciando a construção das novas árvores e "forçando" sua classificação correta.[4]

---

[2] Essas árvores simples, em inglês, são denominadas "stumps", o que em tradução livre corresponde a "toco de árvore" ou simplesmente "toco".

[3] Em termos mais simples, podemos dizer que o *boosting* corresponde ao dito popular "errando se aprende".

[4] Em vez de trabalhar com amostragem *bootstrap*, alguns algoritmos consideram esses pesos ao calcular o índice de impureza que define a partição de cada nova árvore. O efeito é similar.

- Após T iterações, a classificação final dependerá dos pesos α(t). Denotando por $h_t(x)$ a classificação do indivíduo **x** com a árvore obtida na etapa t (t = 1, ..., T), a classificação final de x será função de $\sum \alpha(t) h_t(x)$. Quanto maior o peso de uma árvore intermediária, maior será sua influência na classificação final.[5]

Graficamente teremos:

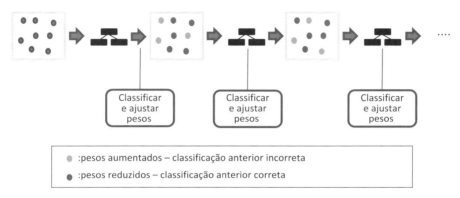

Figura 7.5 – Representação do AdaBoost.

Vamos aplicar o algoritmo ADABOOST (*Adaptive Boosting*) utilizando o pacote adabag do R. Devemos selecionar *a priori* o valor do número de rodadas, T, e os parâmetros dos algoritmos fracos utilizados nos passos intermediários. Diferentes valores desses hiperparâmetros devem ser testados pelo analista buscando a melhor solução possível.

7.7 EXEMPLO DE APLICAÇÃO DE *ADABOOST* PARA CLASSIFICAÇÃO

O pacote adabag do R é mais recente que o popular pacote ada e de uso extremamente simples. Limita-se apenas a problemas de classificação.

---

[5] Se as duas categorias da variável alvo forem denotadas com -1 e +1, a classificação final será $H(x) = \text{sinal}\left(\sum \alpha(t) h_t(x)\right)$.

Vamos utilizar novamente a base de dados TECAL:

```
> tec=TECAL[, -1] #eliminando a identificação do cliente
> library(dplyr)
> tec=tec %>% mutate_if(is.character,as.factor)
> set.seed(123)
> flag=createDataPartition(tec$cancel, p=.6,list = F)
> train=tec[flag,]; dim(train)
[1] 1201   10
> test=tec[-flag,]; dim(test)
[1] 799 10

# Formato dos dados tem que ser data.frame
> train=as.data.frame(train)
> test=as.data.frame(test)
```

Ao rodar a função boosting do pacote adabag devemos fixar alguns hiperparâmetros:

- *mfinal* representa o número de árvores base a serem utilizados na construção do classificador. Neste exemplo, utilizaremos *mfinal* = 200. O default é *mfinal* = 100.

- Como o pacote adabag utiliza a função rpart para construir as árvores, podemos parametrizar essa função considerando rpart.control. Em particular, podemos fixar a profundidade máxima de cada árvore base utilizando maxdepth. Na literatura encontramos que bons resultados são obtidos mesmo quando maxdepth = 1 (em inglês *stump decision*). Em nosso exemplo, utilizaremos maxdepth = 2. Não devemos esquecer que uma regra fraca é suficiente.

O analista deve testar diferentes valores do hiperparâmetros para obter a combinação que otimiza a performance do algoritmo. No exemplo, consideraremos apenas um conjunto de hiperparâmetros:

Combinação de algoritmos (Ensemble Methods)

```
> library(adabag)
> ctrl=rpart.control(maxdepth =2)
> ini=Sys.time()
> set.seed(123) # Adaboost utiliza bootsampling
> ada.mod = boosting (cancel ~ ., data = train,
          mfinal = 200, control = ctrl)
> fim=Sys.time()
> tempo=fim-ini; tempo
Time difference of 38.86566 secs
```

Observamos que o processamento foi um pouco "lento" quando comparado aos algoritmos utilizados até aqui.

A importância das diferentes variáveis previsoras com base na redução de impureza que elas provocam é dada a seguir.

```
> importanceplot(ada.mod)
```

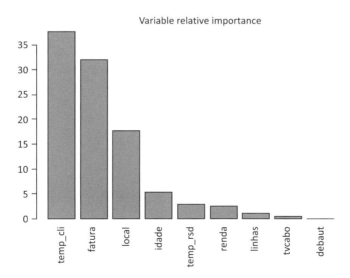

Figura 7.6 – Importância das variáveis.

A evolução da taxa de erro de classificação à medida que o número de árvores cresce, tanto na amostra de treinamento quanto de teste, pode ser analisada através do gráfico seguinte:

```
> #análise das curvas de erro de train e test <-- overfit???
> errorevol.train<- errorevol(ada.mod,train)
> errorevol.test<- errorevol(ada.mod, test)
> plot(errorevol.train$error, type = "l",
  main="Boosting error versus number of trees",xlab="Iterations",
  ylab="Error", col="red", lwd = 2, cex.axis=1.2); grid(col=3)
> lines(errorevol.test[[1]],  col = "blue", lty = 1, lwd = 2)
> legend("topright", c("train", "test"), col = c("red", "blue"),
    lty = 1, lwd = 2)
> abline(h = min(errorevol.test$error), col="red",lty = 2,lwd = 2)
> abline(h = min(errorevol.train$error),col="blue",lty =2,lwd = 2)
> min(errorevol.test$error)
[1] 0.1702128
> which.min(errorevol.test$error)
[1] 34
```

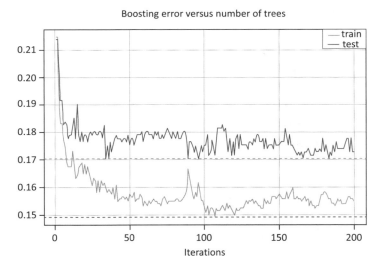

Figura 7.7 – Evolução dos erros no AdaBoost.

Notamos que a curva *test* (em cinza-escuro) atinge inicialmente um mínimo no ponto que, como vemos a seguir, corresponde à 34ª iteração. Para evitar o *overfitting*, que é um dos problemas do *boosting*, vamos podar o número de árvores quando atingimos esse ponto. Essa poda é denominada *early stopping*.

Combinação de algoritmos (Ensemble Methods)

Prevendo as pseudoprobabilidades para as observações da amostra teste e as respectivas classificações, considerando 34 iterações, teremos:

```
#previsões
> pred=predict(ada.mod, newdata = test, newmfinal=34)
#prevendo classificação (default utiliza ponto de corte=.5)
> psim.class=pred$class
#prevendo probabilidades de cancel=sim
> psim.prob=pred$prob[,2]
```

A capacidade de discriminação do modelo entre as duas categorias de *cancel* pode ser avaliada como segue:

```
> library(MLmetrics)
> ConfusionMatrix(y_pred=psim.class,y_true=test$cancel)
        y_pred
y_true nao sim
   nao 563  46
   sim  90 100
> Accuracy(y_pred= psim.class, y_true=test$cancel)
[1] 0.8297872
> alvo=ifelse(test$cancel=='sim',1,0) #AUC requer alvo numérico
> AUC(y_pred=psim.prob,y_true=alvo)
[1] 0.8447844
```

O pacote adabag permite calcular a taxa de erro via *cross-validation*, o que é interessante no caso de pequenas amostras.

7.8 *GRADIENT BOOSTING*

O algoritmo *Gradient Boosting Machine* (*GBM*), ou simplesmente *Gradient Boosting*, é um procedimento sequencial que trata os erros de classificação de forma diferente à do *AdaBoost*. Aprendendo passo a passo com os erros cometidos nas iterações anteriores, busca minimizar gradativamente uma determinada *função perda* (*loss function*).

A função perda é uma forma de quantificar o impacto dos erros de classificação ou de previsão da solução de um problema. Dada uma determinada função perda, a solução ótima para um problema de classificação ou previsão é aquela que minimiza tal perda.

Em problemas de previsão a função perda mais utilizada é a soma dos quadrados dos resíduos (*sum of squared errors*): $SSE = \sum_{1}^{n}(y_i - \widehat{y}_i)^2$. Quanto menores as diferenças entre os valores observados e os valores previstos, menor será SSE.

Em problemas de classificação utiliza-se geralmente a função *cross-entropy loss* dada pela expressão $CEloss = -\dfrac{1}{n}\sum_{1}^{n}\left[y_i\log(\hat{p}_i)\right]$, onde y_i é a categoria a que pertence o indivíduo i ($y_i = 1$ ou $y_i = 0$) e $\hat{p}_i$ a estimativa obtida com o algoritmo de classificação, da probabilidade de que pertença a essa categoria. Quando $y_i = 1$, o ideal é que $\hat{p}_i = 1$ e, portanto, a parcela correspondente para a observação i será igual a zero. Essa medida foi discutida no Capítulo 3.

O algoritmo *GBM* utiliza geralmente árvores de regressão (como regras fracas) com 3 a 6 partições. Diferentemente do *AdaBoost*, a cada iteração utiliza as mesmas observações, mas redefine como valores da variável alvo os resíduos $(1 - \hat{p}_i)$ para $y_i = 1$ ou $(0 - \hat{p}_i)$ para $y_i = 0$, obtidos ao fazer as classificações (ou, $y_i - \widehat{y}_i$, ao fazer previsões) da iteração anterior. Para cada observação da amostra, quanto maior o erro de previsão, ou de classificação em uma iteração, maior seu impacto no cálculo da função perda nas iterações seguintes e, portanto, maior o esforço em reduzi-lo.

Enquanto no *AdaBoost* a classificação ou previsão final é uma combinação ponderada dos resultados intermediários, no GBM essa decisão não é ponderada pela taxa de acerto de cada árvore intermediária. O resultado final é o obtido com a última árvore. Faz-se necessário, no entanto, definir o quanto alterar a variável alvo a cada passo. Isso é conseguido a partir de uma *taxa de aprendizado*, α, que varia entre 0,0 e 1,0. Valores muito pequenos fazem com que o processo de minimização seja mais lento, mas são convenientes. A justificativa está fora do escopo deste texto.[6]

A título de ilustração do algoritmo consideremos um problema de previsão.

- Iniciamos com uma estimativa de y igual a média desses valores: $F_0(y) = \bar{y}$ e calculamos os resíduos, $y - F_0(y)$. Esses serão os valores da variável alvo na próxima iteração.

- Na primeira iteração obtemos uma árvore de regressão para estimar os resíduos $y - F_0(y)$,[7] minimizando a função perda SSE. Seja $h_1(y)$ essa estimativa. Calculamos $F_1(y) = F_0(y) + \alpha\, h_1(y)$ e os novos resíduos $y - F_1(y)$.

---

[6] Intuitivamente, imaginemos um jogo de golf, quando a bola está próxima do buraco. Com pequenas tacadas o jogador pode demorar mais, mas certamente irá acertar o buraco. Com tacadas fortes pode-se chegar antes, mas a chance de passar por cima e não acertar aumenta.

[7] A variável alvo agora é o vetor de resíduos $y - F_0(y)$ da etapa anterior.

- Na segunda iteração estimamos os resíduos y - $F_1(y)$ de forma a minimizar a função perda obtendo $h_2(y)$.[8] Calculamos $F_2(y) = F_1(y) + \alpha\, h_2(y)$, e assim por diante.

- O processo continua até que a taxa de erro da amostra utilizada para validação indique a conveniência de parar para evitar *overfitting* ou caso a redução da perda seja inferior a um valor predeterminado. Como o algoritmo tende a minimizar cada vez mais a função perda, a tendência ao *overfitting* é natural.

Para o hiperparâmetro α, taxa de aprendizagem do processo, costuma-se utilizar valores entre 0,01 e 0,1; o valor ideal deve ser obtido pelo analista de forma a otimizar a performance do modelo. Uma forma de acelerar a convergência é utilizando, em cada árvore do processo, uma fração aleatória (**f**) da amostra original, sem reposição. É o denominado *Stochastic Gradient Boosting*. Ademais, trabalhando com diferentes amostras em cada uma das etapas, o risco de *overfitting* diminui. O valor ideal do hiperparâmetro f deve ser obtido pelo analista visando a otimização do resultado.[9]

O algoritmo *Gradient Boosting* tem se mostrado muito eficiente, tanto para classificação quanto para previsão. O custo dessa eficiência pode ser o significativo aumento do tempo de processamento para encontrar a combinação ideal de hiperparâmetros. Além disso, devemos estar atentos pois as árvores de regressão podem ser afetadas pela presença de *outliers*.

7.9 APLICAÇÃO DE *GRADIENT BOOSTING* PARA CLASSIFICAÇÃO

Vamos aplicar o algoritmo gbm do pacote gbm em R. Utilizaremos a base de dados TECAL, vista anteriormente, tomando o cuidado de transformar as variáveis qualitativas no formato *factor*. No caso de classificação binária é conveniente codificar a variável alvo no formato 0 - 1.[10]

---

[8]   A variável alvo agora é o vetor de resíduos y - $F_1(y)$ da etapa anterior.

[9]   O processo de detecção dos valores ideais dos hiperparâmetros é denominado *"fine tuning"*, ou seja, ajuste fino.

[10]   Caso contrário, deixando-a como *factor*, precisaríamos utilizar a opção *distribution* ="multinomial" que, segundo os autores do pacote, pode eventualmente dar problemas (..."Use at your own risk"...). Na realidade, já testamos essa opção e funcionou bem, mas, podendo evitar, é melhor.

```
> tec=TECAL[, -1]
> library(dplyr)
> tec=tec %>% mutate_if(is.character, as.factor)
> tec$cancel= ifelse(tec$cancel=="sim",1,0)
> library(caret)
> set.seed(11)
> flag=createDataPartition(tec$cancel, p=.6,list = F)
> train=tec[flag,]; dim(train)
[1] 1200  10
> test=tec[-flag,]; dim(test)
[1] 800 10
```

A utilização da função gbm requer a definição de alguns hiperparâmetros:

- *n.trees*: define o número de iterações. O default é 100, valor que em geral é pequeno, ou seja, não é satisfatório;

- *distribution*: define a função perda a ser utilizada. Quando a variável alvo é codificada com apenas dois valores, como 0 ou 1, o algoritmo utiliza automaticamente a opção *bernoulli*. Se for codificada como *factor*, assume a *distribution= "multinomial"*;

- *interaction.depth*: profundidade máxima de cada árvore intermediária;

- *shrinkage*: taxa de aprendizado (valores pequenos, em geral 0,01, 0,05 ou 0,1);

- *bag.fraction*: fração amostral considerada ao utilizar *stochastic gradient boosting*

- *cv.folds*: número de repetições para cálculo do *cross-validation error*;

- *n.minobsinnode*: número mínimo de observações em um nó terminal.

Vamos definir arbitrariamente os valores desses hiperparâmetros. Adiante, mostraremos o processo de otimização.

```
> library(gbm)
> set.seed(11)
> tec.gbm=gbm(data=train,cancel~., n.trees = 1000,
             interaction.depth = 5, shrinkage = 0.1,
             bag.fraction = 0.80, cv.folds = 10)
```

A função fornece informações muito interessantes. Inicialmente, temos um resumo do processamento:

```
> print(tec.gbm)
gbm(formula = cancel ~ ., data = train, n.trees = 1000,
interaction.depth = 5,
   shrinkage = 0.1, bag.fraction = 0.8, cv.folds = 10)
A gradient boosted model with bernoulli loss function.
1000 iterations were performed.
The best cross-validation iteration was 37.
There were 9 predictors of which 8 had non-zero influence.
```

Note-se que devemos parar o processo após a 37ª iteração para evitar *overfitting*. Podemos verificar a importância relativa de cada variável gerando o gráfico seguinte:

```
> summary.gbm(tec.gbm, las=2)
```

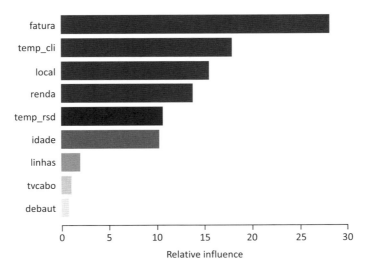

Figura 7.8 – Importância das variáveis.

O algoritmo pode conduzir a uma situação de overfitting. Uma informação importante para uso posterior em previsões é saber como podar número de iterações (*early stopping*). Acima, vimos que isso ocorre após a 37ª iteração. Na Figura 7.9 podemos verificar a evolução dos erros na amostra original (curva descendente) e por *cross-validation*.

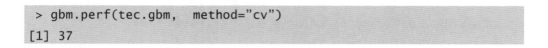

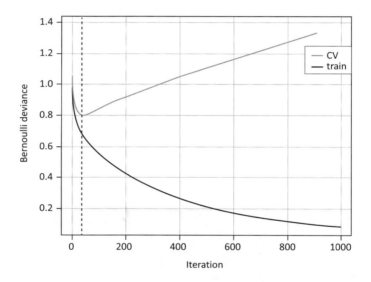

Figura 7.9 – Evolução dos erros.

Previsão: para realizar a previsão é importante definir o número de árvores para o *early stop*. Acima, vimos que é 37. O software adota esse valor ótimo como default, mas pode ser alterado caso haja interesse. Os valores resultantes correspondem às probabilidades de *cancel=sim* (y = 1)

```
> pred.gbm=predict (tec.gbm, newdata=test, type = "response")
```

Com esses valores podemos avaliar a capacidade discriminadora do algoritmo.

Combinação de algoritmos (Ensemble Methods)

```
> library(MLmetrics)
> klas.gbm=ifelse(pred.gbm>.50, 1, 0)
> MLmetrics::AUC(y_pred=pred.gbm,y_true=test$cancel)
# a função AUC pertence a diferentes libraries, por isso
  MLmetrics::AUC
[1] 0.8527627
> ConfusionMatrix(klas.gbm,test$cancel)
      y_pred
y_true   0   1
     0 588  21
     1 105  86
> Accuracy(y_pred= klas.gbm, y_true= test$cancel)
[1] 0.8425
```

7.9.1 AVALIANDO A CALIBRAÇÃO DO MODELO

Como já definimos no Capítulo 5, um modelo é dito calibrado se as (pseudo)probabilidades por ele calculadas são boas estimativas das probabilidades populacionais. Um modelo pode ter boa capacidade de discriminar – classificar as observações nas diferentes categorias da variável alvo, sem que esteja bem calibrado.

Vimos no capítulo de regressão logística o teste de calibração de Spiegelhalter. Podemos aplicar esse mesmo teste aqui (a saída da função foi editada deixando apenas os valores que nos interessam).

```
> library(rms)
> val.prob(p=pred.gbm, y=test$cancel , cex=1.5)
> abline(h=.5); grid()
         S:z              S:p
    -1.462255664    0.143671163
```

O valor-p (S:p) é igual a 0,144. Ao nível de significância de 10% não rejeitamos a hipótese de que as probabilidades previstas são boas estimativas das proporções observadas. A curva de calibração, comparando as duas probabilidades (estimada e verdadeira), é apresentada na Figura 7.10 a seguir.

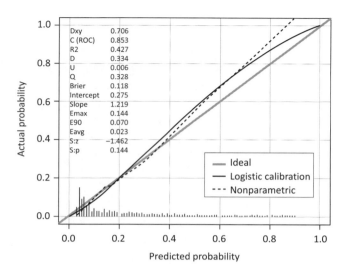

Figura 7.10 – Curva de calibração.

Notamos que, apesar de aceitar estatisticamente que o ajuste das probabilidades estimadas às probabilidades observadas é satisfatório, esse bom ajuste não se observa para valores mais altos das probabilidades estimadas. A curva de calibração está bem acima da linha cinza (ideal). Por exemplo, quando a probabilidade estimada é igual a 0,60 a curva de calibração está acima da linha diagonal. A probabilidade observada (*actual probability*) é superior a 0,6. Portanto, valores altos da probabilidade estimada de *cancel=sim*, subestimam a verdadeira probabilidade. O fato de o teste não apontar esse desajuste deve-se ao fato de a maioria das probabilidades estimadas se concentrarem entre 0,0 e 0,1. Podemos observar no gráfico que nessa região o ajuste é satisfatório.

Uma forma mais simples de entender a construção da curva de calibração é construindo-a, manualmente, passo a passo sem utilizar o pacote rms (há outros pacotes do R que também permitem construir a curva de calibração). Para isso:

a) dividimos as probabilidades estimadas em 10 classes de mesma frequência;

b) calculamos as médias das probabilidades estimadas em cada classe;

c) calculamos a proporção de observações da amostra teste que cai em cada uma dessas faixas;

d) construímos um gráfico de dispersão colocando as médias calculadas no passo (b) no eixo das abscissas e as proporções do item (c) no eixo das ordenadas.

O gráfico obtido para esse problema é apresentado a seguir.[11] Note sua similaridade com a curva obtida por interpolação (não paramétrica) na Figura 7.11.

---

[11] Deixamos sua construção a cargo do leitor.

Combinação de algoritmos (Ensemble Methods)

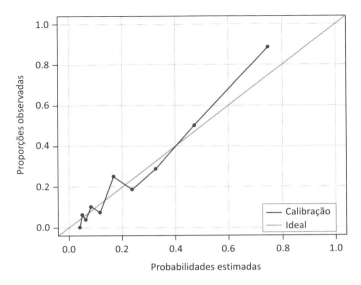

Figura 7.11 – Curva de calibração construída passo a passo.

Uma forma de tentar remover as distorções na estimação das probabilidades é "calibrar" o modelo, ou seja, corrigindo as probabilidades estimadas. Os dois métodos mais utilizados para esse fim são o Método de Platt ou a Regressão Isotônica.[12] O Método de Platt consiste em ajustar um modelo de regressão logística na qual a variável resposta é a mesma utilizada no algoritmo que gerou as pseudoprobabilidades e a variável dependente é a probabilidade estimada pelo algoritmo.

```
> plat=glm(test$cancel~pred.gbm, family=binomial())
> pred.plat=predict(plat, newdata = data.frame(pred.gbm),
                    type='response')
> val.prob(y=test$cancel, p=pred.plat, cex=1.5)
       S:z            S:p
   1.829514e-01   8.548361e-01
```

Note que o valor da estatística do teste (S:z) é significativamente menor que no caso anterior e, portanto, o valor-p muito maior (S:p). Então, a curva de calibração resultante será:

---

[12] A regressão isotônica disponível no software R não será discutida aqui.

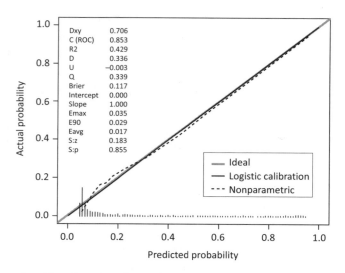

Figura 7.12 – Curva de calibração após aplicar Método de Platt.

7.9.2 AJUSTE DO MODELO ("*FINE TUNING*")

Por simplicidade, a título de ilustração, vamos ajustar apenas os hiperparâmetros *shrinkage e interaction.depth*. Iremos obter diferentes valores para o mínimo da função perda (*Bernoulli deviance*). Uma opção interessante do R para construir uma grade de valores é a função expand.grid.

```
> grade=expand.grid(sh=c(0.05, 0.1), depth=c(3,5,7), BD=0)
# BD= Bernoulli deviance (função perda); qto menor, melhor
# BD foi incluída para receber valores durante o ajuste
> grade
    sh depth BD
1 0.05    3  0
2 0.10    3  0
3 0.05    5  0
4 0.10    5  0
5 0.05    7  0
6 0.10    7  0
```

Combinação de algoritmos (Ensemble Methods)

Programando para teste das diferentes combinações teremos:

```
> inicio=Sys.time()
> for (i in 1:nrow(grade)){
  set.seed(11)
  tec.gbm2=gbm(data=train,cancel~.,
        n.trees = 1000, #definido pelo analista
        interaction.depth = grade$depth[i],
        shrinkage = grade$sh[i],
        bag.fraction = 0.80, #definido pelo analista
        cv.folds = 10) #definido pelo analista
  grade$BD[i]=min(tec.gbm2$cv.error)
  }

Distribution not specified, assuming bernoulli ...
..........
Distribution not specified, assuming bernoulli ...

> fim=Sys.time()
> tempo=fim-inicio; tempo
Time difference of 38.82521 secs
```

Obtém-se o menor valor do DB com a taxa de aprendizado *shrinkage* = 0,10 e a profundidade das árvores *interaction.depth* = 3. Notamos, no entanto, que, nesse caso, as diferenças da perda BD entre os diferentes conjuntos de parâmetros não é significativa. Isso nem sempre é o que ocorre. A performance do modelo pode ser muito sensível à variação dos hiperparâmetros.

```
> grade[order(grade$BD, decreasing = F),]
   sh depth     BD
2 0.10    3 0.7922561
1 0.05    3 0.7989173
4 0.10    5 0.8003688
3 0.05    5 0.8040598
5 0.05    7 0.8085656
6 0.10    7 0.8147208
```

7.10 APLICAÇÃO DE *GRADIENT BOOSTING* PARA PREVISÃO

Utilizaremos novamente o arquivo com dados *Happiness and Alcohol Consumption*. O arquivo com as variáveis preparadas para a regressão foi denotado por *hhreg*. Vamos aplicar o algoritmo Gradient Boosting otimizando os hiperparâmetros interaction.depth, shrinkage, bag.fraction.

```
> reg.grid=expand.grid(depth=c(4,6,8), sh=c(0.01,0.05,0.1),
            bag=c(.70,.80,.90,1), loss=0)
> dim(reg.grid)
[1] 36 4 #36 combinações de hiperparâmetros
> hhreg$Hemisphere=as.factor(hhreg$Hemisphere)
```

```
> hhreg$Hemisphere=as.factor(hhreg$Hemisphere)
> inicio=Sys.time()
> for(i in 1:nrow(reg.grid)){
+ set.seed(11)
+ reg.gbm=gbm(data=hhreg,HappinessScore~.,
+       n.trees = 200,
+       interaction.depth = reg.grid$depth[i],
+       shrinkage = reg.grid$sh[i], # taxa de aprendizado
+       bag.fraction = reg.grid$bag[i], #stochastic boosting
+       cv.folds = 5) #para calculo do CV error
+       reg.grid$loss[i]=min(reg.gbm$cv.error)}
Distribution not specified, assuming gaussian ...
Distribution not specified, assuming gaussian ...
---------------
> fim=Sys.time()
> tempo=fim-inicio
> tempo
Time difference of 2.116095 mins
> reg.grid[order(reg.grid$loss, decreasing = F),]
   depth   sh bag      loss
16     4 0.10 0.8 0.3360234
13     4 0.05 0.8 0.3370248
5      6 0.05 0.7 0.3377862
6      8 0.05 0.7 0.3377862
-------------------
```

A melhor combinação ocorre para interaction.depth = 4, shrinkage = 0,10, bag. fraction = 0,80. Rodemos, agora, o modelo de previsão com esses hiperparâmetros.

```
> set.seed(11)
> reg.gbm2=gbm(data=hhreg, HappinessScore~.,
+        n.trees = 200,
+        interaction.depth = 4, shrinkage = .10,
+        bag.fraction = .80, cv.folds = 5)
Distribution not specified, assuming gaussian ...
> print(reg.gbm2)
......
A gradient boosted model with gaussian loss function.
200 iterations were performed.
The best cross-validation iteration was 32.
There were 5 predictors of which 4 had non-zero influence.
```

Observamos que o número de árvores para evitar *overfitting* é igual a 32. A Figura 7.13 mostra a evolução dos erros com o número de árvores.

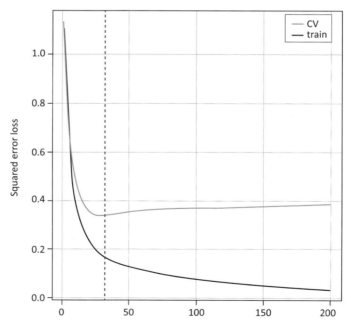

Figura 7.13 – Evolução dos erros.

Para avaliarmos a importância das variáveis construímos o gráfico a seguir.

```
> summary(reg.gbm2, las=2)
```

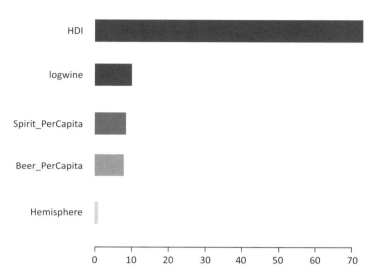

Figura 7.14 – Importância das variáveis.

Calculemos as previsões e as métricas RMSE e MAPE. Note-se que, apesar de não termos especificado o número ideal de árvores, o algoritmo aplica o valor acima obtido (32).

```
> fit.gbm2=predict (reg.gbm2, newdata=hhreg, type = "response")
Using 32 trees...

> library(MLmetrics)
> RMSE(fit.gbm2,hhreg$HappinessScore)
[1] 0.4094056
> MAPE( fit.gbm2, hhreg$HappinessScore)*100
[1] 6.390165
```

Observamos que RMSE e MAPE são praticamente iguais aos obtidos com o algoritmo randomForest.

7.11 XGBOOST

XGBoost (*Extreme Gradient Boosting*) é uma extensão do *Gradient Boosting*. É um dos mais poderosos algoritmos de *machine learning* existentes na atualidade pela sua elevada performance (acurácia) e rapidez de processamento. É extremamente versátil, podendo ser aplicado a grande número de problemas de previsão e classificação.

Segundo seus autores, Chen e Guestrin (2016),[13] esse algoritmo tem sido utilizado pela maioria dos vencedores de concursos de modelagem ("*hackathon*"). De 29 concursos publicados pelo Kaggle, 17 vencedores o utilizaram só ou combinado com outros algoritmos. O segundo método mais popular foi *deep neural nets*, com 11 aplicações! O mesmo ocorreu em outras competições como o KDDCup.

Por que ele é tão poderoso e, consequentemente, um dos mais utilizados?

- Processamento: o algoritmo permite utilizar recursos computacionais (processamento paralelo) que aceleram significativamente a obtenção do resultado. Em geral, o algoritmo *XGBoost* é 10 vezes mais rápido que o Gradient Boosting. Ademais, possui rotinas internas para otimizar o espaço em disco quando utilizamos grandes bases de dados.

- Versatilidade: XGBoost permite trabalhar com diferentes objetivos, tais como regressão logística, regressão linear com diferentes funções perda, análise de sobrevivência, regressão de Poisson para contagens e utilizar diferentes métricas para avaliar a performance do modelo obtido.

- Parametrização: o algoritmo permite a definição de uma série de hiperparâmetros de forma a otimizar os resultados obtidos. Alguns desses parâmetros serão explicados adiante, ao aplicar o algoritmo a uma base de dados.[14]

- Regularização: a função objetivo a ser otimizada permite a consideração da regularização (L1 e L2, vistos no capítulo de regressão múltipla) quando utilizamos a opção o *booster* = *linear*. A forma genérica da função objetivo a otimizar é $L(\theta) + R(\theta)$. $L(\theta)$ representa a função perda, que mede, na amostra de treinamento, o quanto a solução encontrada se distancia da realidade. A função $R(\theta)$ é a função de regularização que pode ser parametrizada para controlar a complexidade do modelo e reduzir o risco de *overfitting*. O conceito de regularização foi apresentado no Capítulo 4.

---

[13]   Chen, T. & C. Guestrin: *XGBoost: A Scalable Tree Boosting System*, KDD '16, August 13-17, 2016, San Francisco, CA, USA, (https://arxiv.org/abs/1603.02754).

[14]   A referência mais detalhada e completa para o *XGBoost* pode ser encontrada em https://xgboost.readthedocs.io/en/latest/index.html. Esse material é recomendado no próprio manual de referência do *XGBoost* no R. Várias definições aqui apresentadas são baseadas nessa documentação.

Combinação de algoritmos (Ensemble Methods)

- *Missing values*: o algoritmo tem rotinas que permitem lidar de forma inteligente com valores omissos.

- *Cross-validation*: o algoritmo permite a estimação da taxa de erro generalizado utilizando o método de *cross-validation*. O número de subamostras nesse método deve ser fornecido pelo analista.

- *Stochastic Gradient Boosting*: o algoritmo permite trabalhar a cada iteração com uma amostra, que é fração da base original e com uma fração das variáveis originais. Isso também permite reduzir a possibilidade de ocorrer *overfitting*.

- Poda de árvores: o algoritmo constrói as árvores de acordo com a profundidade definida pelo analista. Uma vez obtida, ela é podada de baixo para cima de forma a eliminar partições que não agregam ganho ao modelo. Isso também reduz o risco de *overfitting*.

O *XGboost* utiliza árvores com metodologia de construção e poda diferente dos modelos apresentados anteriormente nesse texto. São denominadas *XGBoost trees*. O detalhamento teórico pode ser encontrado no artigo de seus autores.[15]

O algoritmo trabalha apenas com variáveis numéricas. Isso requer a transformação das variáveis qualitativas em variáveis *dummy* antes de realizar o processamento.

7.12 APLICAÇÃO DE XGBOOST A UM PROBLEMA DE CLASSIFICAÇÃO

Vamos continuar trabalhando com a base TECAL, utilizada nos exemplos anteriores. Isso permitirá que o leitor compare os diferentes algoritmos utilizados.

Teremos que transformar as variáveis qualitativas em dummies. Há várias formas de realizar isso no R. Utilizaremos a mais simples.

---

[15] Chen, T. & C. Guestrin: *XGBoost: A Scalable Tree Boosting System*, KDD '16, August 13-17, 2016, San Francisco, CA, USA, (https://arxiv.org/abs/1603.02754).

```
> tec.num=model.matrix(data=tec, ~.)
> tec.num=tec.num[,-1] #a primeira coluna é uma constante
> colnames(tec.num)
"idade"   "linhas"  "temp_cli" "renda"   "fatura"  "temp_rsd"
"localB"  "localC"  "localD"  "tvcabosim" "debautsim" "cancelsim"
 #note que evento resposta será cancelsim=1
> class(tec.num)
[1] "matrix" "array"
```

Vamos dividir a amostra em treinamento e teste.

```
library(caret)
set.seed(11);index=createDataPartition(tec$cancel, p=.6, list = F)
train=tec.num[index,];nrow(train)
test=tec.num[-index,];nrow(test)
```

Separamos as matrizes com as previsoras e com a variável alvo.

```
> train.x=train[,-12]
> class(train.x)
 "matrix" "array"
> train.y=train[,12]
> class(train.y)
 "numeric"
> train.y=as.matrix(train.y) #os inputs tem que estar neste
                formato
> colnames(train.y)[1]="cancelsim" #mudando o nome da coluna
```

Vamos selecionar os hiperparâmetros que devemos otimizar. Vamos trabalhar
com o processo de sequenciamento de árvores booster=gbtree (default).[16] O analista
deve verificar qual combinação de valores desses hiperparâmetros leva à melhor solução. Já vimos anteriormente que a função expand.grid do R é muito útil para esse
processo de otimização. Por simplicidade trabalharemos apenas com os valores dos

---

[16] A outra opção é *booster = gblinear*, menos utilizada. Em geral, *gbtree* fornece excelentes resultados.

Combinação de algoritmos (Ensemble Methods)

277

parâmetros abaixo. Há outros parâmetros que não utilizamos neste exemplo. Esses são os mais comuns.

- *eta*: taxa de aprendizado (default = 0.3).

- *max_depth*: profundidade máxima de uma árvore (default = 6).

- *min_child_weight*: mínimo de observações em um nó terminal (default = 1).

- *subsample*: fração da amostra a ser utilizada em cada iteração (default = 1).

- *colsample_bytree*: proporção (amostra) de variáveis a serem utilizadas em cada iteração (default = 1).

- *objective*: tipo de problema a utilizar. Para classificação em duas categorias utilizamos *binary:logistic*; para previsão via regressão com mínimos quadrados utilizamos *reg:squarederror*. O pacote oferece grande número de alternativas além destas.

```
> xgb.grid=expand.grid(eta=c(.05, .1,.2), depth=c(5,7,10),
          child=c(2,10,20), sub=c(0.80,.90,1),
          colsample=c(0.8,0.9,1), poda=0, LLoss=0)
> dim(xgb.grid)
[1] 243  7 #243 combinações de hiperparâmetros
```

Vamos utilizar a função xgb.cv, que permite a avaliação da solução via *cross-validation*. Para rodar essa função necessitamos definir novas opções. A opção *early_stopping_rounds = k* interrompe o sequenciamento se a melhoria da solução, medida via *cross-validation*, não for significativa após k iterações. *Verbose = 0* não imprime resultados intermediários.

```
> library(xgboost)
> inicio=Sys.time()
> for(i in 1:nrow(xgb.grid)) {
  prm.tree= list(eta =xgb.grid$eta[i],
          max_depth = xgb.grid$depth[i],
          min_child_weight = xgb.grid$child[i],
          subsample = xgb.grid$sub[i],
          colsample_bytree = xgb.grid$colsample[i],
          objective = "binary:logistic")
  set.seed(11)
  xgb.fit1 = xgb.cv(params = prm.tree, data = train.x,
      label = train.y,  metrics = 'logloss', nrounds = 100,
      nfold = 10, verbose = 0, early_stopping_rounds = 10)

xgb.grid$poda[i]=which.min(xgb.fit1$evaluation_log$test_logloss_me
an)
xgb.grid$LLoss[i]=min(xgb.fit1$evaluation_log$test_logloss_mean)}
> fim=Sys.time()
> tempo=fim-inicio;tempo
Time difference of 4.966526 mins
```

A melhor combinação de hiperparâmetros pode ser vista a seguir:

```
> head(xgb.grid[order(xgb.grid$LLoss),])
    eta depth child sub colsample poda     LLoss
78  0.20    7    20 1.0       0.8   34 0.3841523
81  0.20   10    20 1.0       0.8   34 0.3841523
75  0.20    5    20 1.0       0.8   47 0.3847053
10  0.05    5    10 0.8       0.8   97 0.3852090
177 0.20    7    10 0.8       1.0   25 0.3853337
180 0.20   10    10 0.8       1.0   25 0.3853900
```

Rodaremos o caso selecionado com a função *xgboost*, pois *xgb.cv* não fornece a importância das variáveis e não permite fazer previsões.

Combinação de algoritmos (Ensemble Methods)

```
> prm.tree= list(eta = .2,max_depth = 7, min_child_weight = 20,
       subsample = 1, colsample_bytree = .8,
       objective = "binary:logistic")
> set.seed(11)
> xgb.bestfit = xgboost( params = prm.tree, data = train.x,
       label = train.y, nrounds = 34, verbose = 0)
```

A importância das variáveis é apresentada na Figura 7.15.

```
> importancia <- xgb.importance(model = xgb.bestfit)
> xgb.plot.importance(importancia, top_n = 10, col=11,
       main='Importância das variáveis', font=2, cex=1.5)
```

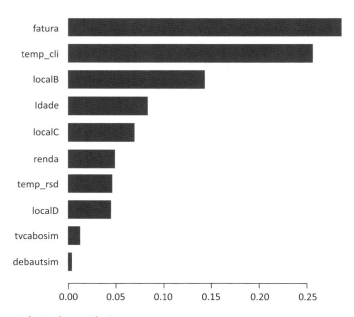

Figura 7.15 – Importância das variáveis.

Previsões, matriz de classificados e cálculo do AUROC (lembrando que utilizamos função xgboost e não xgb.cv):

```
> test.x=test[,-12]; class(test.x)
[1] "matrix" "array" #necessário para o predict
> xgb.pred.best=predict(xgb.bestfit,newdata=test.x,
                        type="response")
> xgb.class.best=ifelse(xgb.pred.best>.5, 1,0) #classificando

> library(MLmetrics)
> test.aux=as.data.frame(test) #para usar MLmetrics
> AUC(y_pred=xgb.pred.best, y_true=test.aux$cancelsim)
[1] 0.8467894
> LogLoss(y_pred=xgb.pred.best, y_true=test.aux$cancelsim)
[1] 0.3987425
> ConfusionMatrix(xgb.class.best,y_true=test.aux$cancelsim)
      y_pred
y_true   0   1
     0 554  55
     1  97  93
> Accuracy(y_pred=xgb.class.best,y_true=test.aux$cancelsim)
[1] 0.8097622
```

Verificando se o modelo está calibrado, constataremos um excelente resultado (valor-p = 0,94):

```
> library(rms)
> #teste de Spiegelhalter
> val.prob(y=test.aux$cancelsim, p = xgb.pred.best, smooth = F)
```

Combinação de algoritmos (Ensemble Methods)

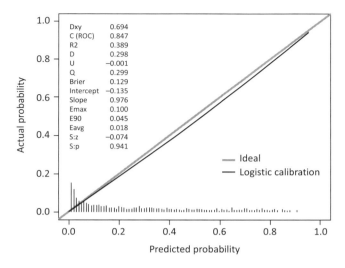

Figura 7.16 – Curva de calibração.

7.13 APLICAÇÃO DE XGBOOST A UM PROBLEMA DE PREVISÃO

Vamos retomar o arquivo *HappinessAlcoholConsumption*. O arquivo com as variáveis para a regressão foi denotado por hhreg (vide exemplos anteriores). O nome das variáveis é dado a seguir:

```
> names(hhreg)
"Hemisphere"      "HappinessScore"   "HDI"        "Beer_PerCapita"
"Spirit_PerCapita" "logwine
```

Temos que transformar essa base de dados no formato "matrix" e tendo apenas variáveis numéricas.

```
> hh.num=model.matrix(data=hhreg, ~.) #gera as dummies
> hh.num=hh.num[,-1] # a primeira coluna é uma constante
> class(hh.num)
  "matrix" "array"
```

Separamos as matrizes de previsoras e da variável resposta.

```
> colnames(hh.num)
   "Hemispherenorth" "Hemispheresouth" "HappinessScore"
   "HDI" "Beer_PerCapita" "Spirit_PerCapita" "logwine"
> hh.x=hh.num[,-3]
> class(hh.x) #tem que ser matrix
[1] "matrix" "array"
> hh.y=hh.num[,3]
> class(hh.y)
[1] "numeric"
> hh.y=as.matrix(hh.y) #tem que ser matrix
```

Por simplicidade, apenas para ilustrar a utilização do algoritmo, vamos escolher arbitrariamente os valores dos hiperparâmetros sem preocupar-nos com o processo de otimização. Rodamos a função xgb.cv para determinar o número ótimo de iterações. A função perda é a raiz quadrada da média dos quadrados dos resíduos (*RMSE – root mean square error*).

```
> library(xgboost)
> prmtree= list(eta = .1,  max_depth = 5, min_child_weight = 5,
          subsample = .80,  colsample_bytree = .8,
          objective = "reg:squarederror")
# objective = "reg:squarederror" ← para rodar a regressão
> set.seed(11)
> xgb.reg = xgb.cv( params = prmtree, data = hh.x, label = hh.y,
          nrounds = 200, nfold = 10,  verbose = 0)
```

Obtemos o número ótimo de iterações:

```
> min(xgb.reg$evaluation_log$test_rmse_mean)
[1] 0.6008831
> which.min(xgb.reg$evaluation_log$test_rmse_mean)
[1] 77
```

Graficamente, observamos a variação dos RMSE com as iterações.

```
> plot(xgb.reg$evaluation_log$train_rmse_mean, col=1, type = 'l',
    lwd=3, cex.axis=1.5, cex.lab=1.5)
> lines(xgb.reg$evaluation_log$test_rmse_mean, col=2, type = 'l',
    lwd=3,lty=2)
> legend('topright', legend=c('validação', 'treinamento'),
    col=c(2,1), cex=1.3, lty=c(2,1), lwd=3 )
> abline(v=77, col=3, lty=2, lwd=2); grid()
```

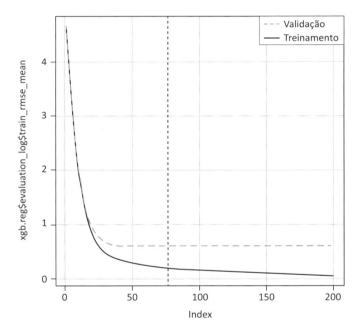

Figura 7.17 – Evolução do valor de RMSE.

Para realizar as previsões aplicamos a função xgboost com esse número de iterações.

```
> set.seed(11)
> xgb.reg2 = xgboost( params = prmtree, data = hh.x,
    label = hh.y, nrounds = 77, verbose = 0)
```

A importância das variáveis é dada no gráfico seguinte:

```
> importance_matrix <- xgb.importance(model = xgb.reg2)
> xgb.plot.importance(importance_matrix, top_n = 10, col=11,
        font=2, cex=1.1,xlim=c(0,.7))
```

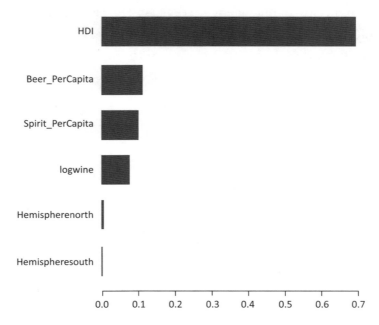

Figura 7.18 – Importância das variáveis.

A previsão dos valores da resposta para o arquivo teste e as métricas RMSE e MAPE são dadas a seguir:

```
> xgb.reg2.pred=predict(xgb.reg2, hh.x)
> library(MLmetrics)
> RMSE(xgb.reg2.pred, hhreg$HappinessScore)
[1] 0.1939596
> MAPE(y_pred =xgb.reg2.pred, y_true = hhreg$HappinessScore)*100
[1] 3.000007
```

Combinação de algoritmos (Ensemble Methods)

Recomendamos ao leitor que compare as duas métricas acima com os valores obtidos utilizando os algoritmos apresentados anteriormente. Isso mostrará a superioridade do XGboost.

Os resultados aqui observados e os propagados na literatura podem sugerir que sempre devemos utilizar o algoritmo XGBoost. Mas essa alternativa, em função da estrutura dos dados de determinado problema, pode não ser a melhor opção. O analista deverá testar diferentes algoritmos (após otimizar a combinação dos hiperparâmetros de cada um) e comparar os resultados. Apesar dos *ensembles methods*, especialmente os baseados no princípio de *boosting*, apresentarem frequentemente o melhor desempenho, eles têm contra si o fato de serem difíceis de visualizar. Podemos chegar ao extremo de dizer que são "caixas-pretas". Isso dificulta sua aceitação por parte de muitos gestores que querem ver os pesos de cada variável no modelo de previsão ou entender que variáveis levaram o algoritmo a classificar de forma incorreta um determinado indivíduo. Nesses casos, a regressão linear múltipla, a regressão logística e as árvores de regressão ou classificação simples são indicados.

EXERCÍCIOS

1. Considere as bases de dados seguintes, descritas no Capítulo 1.

    * XZCALL

    * BETABANK

    * BUXI

    * PASSEBEM

    * CAR UCI

    a) Estime as probabilidades para classificação das observações da amostra teste utilizando os algoritmos descritos neste capítulo. Verifique a acurácia dos modelos adotando um critério de classificação à sua escolha.

    b) Obtenha e analise também as métricas precisão, recall, F1 e MCC e a AUROC. Adapte as métricas para o caso em que a variável alvo apresente mais de duas categorias. Compare os resultados dos diferentes algoritmos.

    c) Verifique se o modelo está calibrado e, caso negativo, tente melhorar o ajuste utilizando o Método de Platt ou Regressão Isotônica.

2. Considere as bases de dados seguintes, descritas no Capítulo 1.

- 2005 CRA DATA
- Auto MPG
- SPENDX

a) Aplique os diferentes algoritmos discutidos neste capítulo e compare as métricas MAPE e RMSE obtidas via *cross-validation*.

CAPÍTULO 8
Introdução às redes neurais artificiais

Prof. Abraham Laredo Sicsú

8.1 INTRODUÇÃO

Quando um ser humano ouve uma música, recebe sinais sonoros captados pelos ouvidos. Esses sinais são processados em seu cérebro graças à atividade de milhões de *neurônios* conectados entre si. As conexões são conhecidas como *sinapses*. Ao processar esses sinais, o ser humano consegue identificar que se trata de uma música e pode classificá-la, com base em sua experiência (aprendizados anteriores), como sendo de uma música clássica, jazz, rock etc. O mesmo ocorre ao ver uma foto de um cão. O cérebro processa as imagens captadas e percebe que se trata de um cão, tipo de animal que ele já conhecia.

Redes neurais artificiais (RNA), ou simplesmente redes neurais (RN), são algoritmos complexos que, em princípio, foram inspirados no processamento de informações pelo cérebro humano. São caracterizados por combinações de *unidades básicas de processamento* (denominadas, por analogia, *neurônios*) interligadas entre si. Da mesma forma que o ser humano, as RNA têm uma fase de aprendizado baseada na análise de grande quantidade de informações, detectando padrões. O importante é que as RNA são capazes de generalizar o aprendizado para identificar novos padrões, desde que sejam similares aos vistos na fase de aprendizagem.

Hoje, há controvérsias quanto à adequabilidade de denominar esses algoritmos de redes neurais. Na realidade, não processam as informações exatamente da mesma forma que o cérebro humano. Também há a tendência em denominar os neurônios apenas como *unidades básicas de processamento*. Neste texto vamos manter a nomenclatura original, pois ainda é muito utilizada.

As RNA, em geral, fornecem excelentes classificações e previsões, pois, se bem arquitetadas, são capazes de aproximar qualquer função que liga o output (Y) a um conjunto de inputs $(X_1, X_2, ..., X_p)$. Essa propriedade torna as RNA mais interessantes e poderosas, em especial nas aplicações em que o uso de modelos matemáticos pré-especificados para relacionar as saídas com os inputs, como é o caso, por exemplo, de regressão linear múltipla ou regressão logística, não se mostra eficaz em produzir os resultados esperados.

Um arranjo de RNA é esquematizado na Figura 8.1. Cada pequeno círculo representa um neurônio. As setas indicam as ligações entre esses neurônios (sinapses).

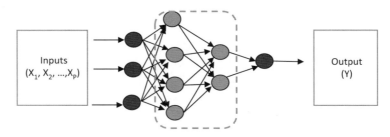

Figura 8.1 – Esquema de uma rede neural artificial.

A aplicação de RNA em diversos campos do conhecimento tem crescido enormemente graças à sua capacidade de detectar complexos padrões de comportamento dos dados inseridos. Esses padrões de comportamento dificilmente seriam detectados utilizando outras técnicas de análise de dados. As redes neurais artificiais podem ser utilizadas, por exemplo, para:

- Previsões de vendas, demanda, indicadores econômicos, cotações da bolsa de valores etc.
- Classificação (Detecção de fraudes, avaliação do risco de crédito, potencial de clientes).
- Aplicações no segmento de CRM.
- Reconhecimento de voz.
- Reconhecimento e interpretação de imagens (diagnósticos médicos via imagem, reconhecimento de escrita humana, reconhecimento facial, biometria, imagens de satélites etc.).

- Sistemas de controle de processos industriais em tempo real.
- Segmentação de mercado (*cluster analysis*).

O objetivo deste capítulo não é um estudo aprofundado das diferentes arquiteturas de redes neurais e de seus algoritmos de aprendizado.[1] Vamos concentrar-nos na descrição de um tipo de rede específica – a MLP (*Multiple Layer Perceptron*) – e mostrar sua aplicação para a modelagem preditiva e classificação.

8.2 ESTRUTURA DE UMA REDE MLP

Uma rede MLP (*Multiple Layer Perceptron*) é composta basicamente de três tipos de camadas. A camada de entrada, as camadas ocultas ou intermediárias e a camada de saída, como mostra a Figura 8.2 a seguir.

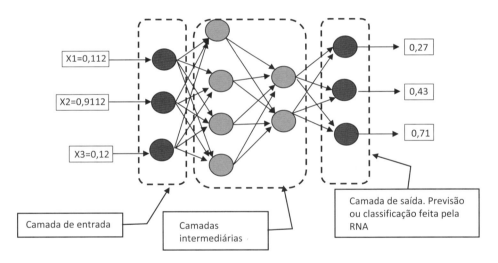

Figura 8.2 – Arquitetura de uma rede MLP.

Na camada de entrada (*input layer*), cada neurônio corresponde a uma variável de entrada (*input*). Na realidade, esses neurônios da camada de entrada não possuem pesos ajustáveis como seus "irmãos" das camadas intermediárias. Eles são usados apenas para representar a passagem dos valores das variáveis de entrada para os neurônios "treináveis" dos níveis seguintes. Sendo assim, a saída de cada um deles é exatamente igual à correspondente entrada.

---

[1] Uma referência introdutória sobre redes neurais artificiais é o livro *Neural Networks and Deep Learning*: http://neuralnetworksanddeeplearning.com/index.html.

Nas camadas intermediárias ou camadas ocultas (*hidden layers*), cada um dos neurônios processa as informações recebidas dos neurônios da camada anterior produzindo uma saída que, por sua vez, será um dos inputs dos neurônios da camada seguinte.

Os neurônios da camada de saída (*output layer*) recebem como entradas os outputs dos neurônios da última camada oculta. Esses são processados gerando os outputs da RNA. A camada de saída pode conter um ou mais neurônios dependendo do tipo de variável alvo Y a ser utilizada.

No caso de Y ser uma variável qualitativa com duas categorias, podemos trabalhar com dois neurônios de saída (cada neurônio correspondendo a uma categoria) ou com apenas um neurônio de saída. No caso de dois neurônios de saída, o indivíduo será, em geral, classificado na categoria do neurônio ao qual corresponder o maior valor do output. No caso de um único neurônio de saída, a classificação será feita estabelecendo um ponto de corte conveniente; se o output for maior que o ponto de corte o indivíduo será classificado na categoria correspondente a Y = 1; caso contrário, na categoria definida como Y = 0.

Se Y for uma variável qualitativa com mais de duas categorias, teremos k neurônios na camada de saída[2] e o indivíduo será, em geral, classificado na categoria à qual corresponder o maior output. Alguns autores sugerem que pode ser mais eficiente rodar separadamente k redes, cada uma das quais com duas saídas possíveis, a saída correspondente à categoria j (j = 1, 2, ..., k) e a outra saída correspondendo à fusão das demais categorias. Esse método recebe o nome de um-contra-todos (*OVA-one vs. all*). A decisão final resultará da combinação desses k resultados (por exemplo, classificar na categoria que corresponder o maior output)

Na estrutura anteriormente descrita estamos utilizando uma RNA "*feed forward*" ou acíclica. A informação flui diretamente da entrada para a saída. A saída de uma camada não afeta a saída de nenhum neurônio da própria camada ou de camadas anteriores. Em outro tipo de redes, denominadas redes neurais recorrentes (*RNN – recurrent neural networks*), a saída de um neurônio pode ser a entrada de outro neurônio de mesma camada ou de camada anterior. Essas últimas, abaixo ilustradas, não serão vistas neste texto por serem mais complexas. Felizmente, as redes feed forward que serão aqui discutidas têm se mostrado excelentes para resolver problemas práticos de previsão e classificação em administração.

---

[2] Alguns softwares, como o neuralnet, utilizam como default k-1 neurônios.

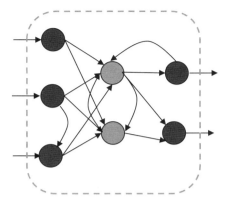

Figura 8.3 – Rede neural recorrente.

8.3 O NEURÔNIO

O neurônio é a unidade básica de processamento de uma rede neural. Um neurônio recebe como inputs as saídas dos neurônios de camadas anteriores ($s_1, s_2, \ldots, s_k$). Graficamente, podemos representar um neurônio pela Figura 8.4:

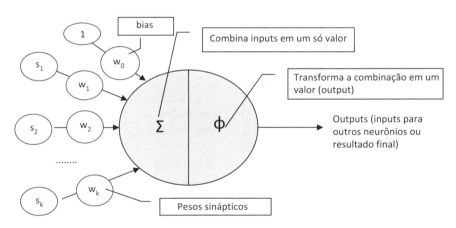

Figura 8.4 – Um neurônio.

Σ é a *função de combinação* (*ou de integração*) dos inputs, transformando-os em um único valor w. Em geral, assume a forma seguinte: $w = w_0 + w_1 s_1 + \ldots + w_k s_k$. É também chamada de etapa linear do neurônio.

O termo w_0 é denominado *bias* e tem papel equivalente ao do intercepto na regressão, permitindo que w seja diferente de zero, ainda que todos os inputs sejam nulos. Os pesos $w_0, w_1, \ldots, w_k$ serão determinados durante o "treinamento da rede neural". Treinar uma rede neural significa determinar o conjunto de pesos que permite prever o output Y com o menor erro possível.

Φ é denominada *função de ativação* ou *função de transferência*. Ela transforma o valor de w na saída do neurônio. Designando a saída do neurônio por s, podemos escrever s = Φ(w). A função de ativação pode assumir diferentes formas. Na Tabela 8.1 descrevemos alguns tipos de funções de transferência.[3]

Tabela 8.1 – Algumas funções de transferência

Função	Forma	Comentários	Gráfico
Função linear	$\Phi(w) = b\,w$		
Função logística (sigmoide)	$\Phi(w) = \dfrac{1}{1 + e^{-\alpha w}}$	A saída Φ(w) varia entre 0 e 1	
Função tangente hiperbólica (tanh)	$\Phi(w) = \dfrac{2}{1 + e^{-2w}} - 1$	A saída Φ(w) varia entre -1 e 1	
Função ReLU (*Rectified linear unit*)	$\Phi(w) = \max(0,\,w)$		
Softmax (logística generalizada)	$\Phi(w_i) = \dfrac{\exp(w_i)}{\sum_1^n \exp(w_i)}$	Outputs positivos Soma de todos os outputs é igual a 1	
SWISH	$\Phi(w) = \dfrac{w}{1 + \exp(-w)}$	Propostas por cientistas da Google. Segundo eles, é melhor que ReLU	

---

[3] Geralmente é a chamada etapa não linear.

8.3.1 COMENTÁRIOS SOBRE AS FUNÇÕES DE ATIVAÇÃO

1) A função linear é uma opção recomendada para a camada de saída da rede quando estamos aplicando-a para a previsão de um valor contínuo y (por exemplo, para prever a variação de uma ação na bolsa de valores). Não é recomendada para as camadas ocultas da rede, pois nesse caso a saída da rede será apenas uma combinação linear dos inputs.

2) A função logística comprime a saída do neurônio gerando valores entre 0 e 1. Para valores altos de w, a função se estabiliza em valores praticamente iguais a 1; para valores baixos, os valores da função estabilizam-se próximos a zero. Nessas regiões, em razão de as curvas serem praticamente constantes, as derivadas da função são praticamente iguais a zero, o que compromete o processo de aprendizagem da rede.[4] Outro inconveniente é que os valores gerados serão todos positivos, o que também pode comprometer a velocidade do processo de aprendizado da rede.

   A função tangente hiperbólica gera valores compreendidos entre -1 e 1. Da mesma forma que no caso da função logística, as derivadas para valores altos ou baixos de w são praticamente iguais a zero. Em geral é preferida à função logística por permitir obter valores negativos como saída do neurônio.

   Essas funções já não são tão utilizadas, especialmente em redes neurais mais complexas.

3) Uma das funções mais utilizadas atualmente é a função ReLU. Deve ser utilizada apenas nas camadas ocultas da rede. Apesar de algumas limitações, como não ter limite superior ou não gerar valores negativos, é preferida por acelerar a convergência do processo de aprendizagem da rede neural.

   Um dos problemas de sua aplicação é que a função pode inibir ("matar") alguns neurônios zerando a saída quando a função de integração fornece um valor negativo, não mais contribuindo com o processo de aprendizagem da rede. Uma nova versão da *ReLU*, que permite a saída de valores negativos, tem sido bastante utilizada.

   ReLU pode conduzir a redes com *overfit* com maior probabilidade que as funções sigmoides. Mas isto pode ser contornado utilizando técnicas específicas para reduzir a ocorrência deste problema (adiante discutirmos uma dessas técnicas, o *dropout*).

4) A função *softmax* é uma boa opção como função de ativação da camada de saída quando aplicamos a rede em problemas de classificação, isto é, quando a variável alvo é multinomial. Os valores obtidos podem ser vistos como as pseudoprobabilidades de ocorrência de cada uma das categorias da variável alvo Y.

---

[4] O processo de treinamento de uma rede neural será explicado adiante.

8.4 REDES MLP – *MULTIPLE LAYER PERCEPTRONS*

As MLP são redes com uma ou mais camadas ocultas. A sigla MLP deve-se a razões históricas, por serem originalmente denominadas *Multiple Layer Perceptrons*.[5] A Figura 8.5 ilustra uma rede neural MLP com duas camadas ocultas.

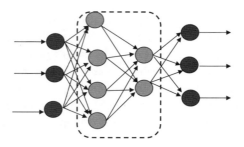

Figura 8.5 – Esquema de uma rede MLP.

No caso de não considerarmos nenhuma camada oculta, apenas conseguimos posicionar um hiperplano separando as diferentes categorias. A inserção de uma camada oculta permite separar os indivíduos que caem dentro de um único entorno convexo, conforme ilustra a Figura 8.6. Com duas ou mais camadas ocultas a rede permite gerar diferentes regiões de separação das amostras.

Figura 8.6 – Efeito do número de camadas ocultas.

As MLP permitem aproximar complexas funções não lineares relacionando o output y com as variáveis de entrada. Por esse motivo, as redes são conhecidas como "aproximadores universais".

O número de camadas ocultas e o número de neurônios em cada camada são hiperparâmetros a serem selecionados pelo analista de forma a otimizar a performance

---

[5] Perceptron foi a designação dada à primeira rede neural artificial criada.

Introdução às redes neurais artificiais

do algoritmo. Não há valores ideais que atendam todos os problemas práticos. As redes neurais com uma única camada oculta, em geral, são suficientes para a maior parte dos problemas de classificação e previsão em administração. Nas aplicações adiante iremos considerar apenas esse caso.

Redes com muitas camadas ocultas ou muitos neurônios, além de consumir tempo excessivo no treinamento da rede, podem levar a uma situação conhecida como *over-training* (equivalente ao *overfitting*).[6] A rede acaba "decorando" os padrões da amostra de aprendizado e perde o poder de generalização, ou seja, de ter boa performance quando aplicada a outras amostras. Outrossim, poucos neurônios podem conduzir a uma situação de *undertraining*, não identificando relações mais complexas entre as variáveis de entrada. O *overtraining* pode ocorrer no caso de redes complexas aplicadas a pequenas amostras ou quando os perfis dos indivíduos da amostra de aprendizado não variam muito.

Alguns autores sugerem regras "práticas" para o número de neurônios de uma camada oculta a serem seguidas no início do treinamento de uma rede. Por exemplo: (a) se o número de variáveis previsoras (inputs) for p, iniciar o ajuste considerando p neurônios na camada oculta; ou (b) o número de neurônios na camada oculta deve ser um valor intermediário entre p, o número de inputs (nós na camada de entrada), e k, o número de outputs (nós na camada de saída). Mas, como já enfatizamos, o número de neurônios mais adequado deve ser detectado pelo analista, restando várias alternativas.

8.5 ALGORITMO PARA AJUSTE DOS PESOS

Consideremos, a título de ilustração, a rede seguinte com 3 inputs, uma camada oculta com dois neurônios e a camada de saída com um neurônio. Vamos admitir que estamos tratando de um problema de previsão, ou seja, a saída da rede $s(\mathbf{x})$ é a previsão do valor de uma variável quantitativa $y(\mathbf{x})$, onde $\mathbf{x} = (x_1, x_2, \ldots, x_p)$ é o vetor de inputs.

---

[6] Aqui não vamos diferenciar *overfitting* e *overtraining*, apesar de que literalmente são coisas distintas. A rede neural, como outras técnicas de *machine learning*, não ajusta um modelo aos pontos. Daí, não faz sentido utilizar a expressão "overfitting" mas, sim, overtraining, explicitando que o treinamento foi tão "eficiente" que a rede memorizou a amostra.

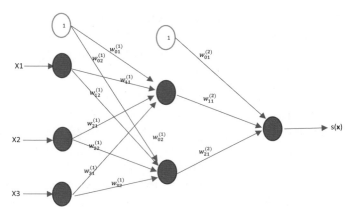

Figura 8.7 – Rede neural com uma camada oculta.

Seja k = 1,2,3 o indicador da camada. Em nosso exemplo temos k = 1 para a camada de entrada e k = 2 para a camada oculta e k = 3 para a camada de saída. A saída do *i*-ésimo neurônio da camada k será designado por s_{ki}.

A notação dos pesos sinápticos é $w_{ij}^{(k)}$, onde k representa a camada dos inputs, i representa o *i*-ésimo neurônio da camada k e j representa o *j*-ésimo neurônio da camada k + 1. $w_{01}^{(k)}$ representa o *bias* correspondente à camada k. No caso de nosso exemplo temos 11 pesos.

Os inputs em cada neurônio de camada oculta são somados, ponderados pelos pesos. A soma ω_{21} é submetida à função de ativação para gerar a saída do neurônio. Por exemplo, para o primeiro neurônio da camada oculta (k = 2) teremos a combinação de entradas ω_{21}:

$$\omega_{21} = w_{01}^{(1)} + w_{11}^{(1)} x_1 + w_{21}^{(1)} x_2 + w_{31}^{(1)} x_3$$

e a saída desse neurônio será $\Phi(\omega_{21}) = s_{21}$

No neurônio de saída a entrada será:

$$\omega_{31} = w_{01}^{(2)} + w_{11}^{(2)} \times s_{21} + w_{21}^{(2)} \times s_{22}$$

e a saída será s(x).

O erro cometido pela rede é a diferença entre o valor previsto e o valor real, s(x) - y(x).

Submetendo todos os n indivíduos da amostra de aprendizado à rede, para determinado conjunto de pesos, podemos calcular a função de perda, que no caso de previsão é o erro quadrático $SSE = \sum_{1}^{n}[s(\mathbf{x}_i) - y(\mathbf{x}_i)]^2$. Quando a rede neural atinge boa

Introdução às redes neurais artificiais

performance na amostra de treinamento espera-se que as diferenças $s(\mathbf{x}_i) - y(\mathbf{x}_i)$ sejam muito pequenas, pois a saída $s(\mathbf{x}_i)$ será muito próxima do valor desejado (valor real) $y(\mathbf{x}_i)$.

Treinar a rede neural é determinar o conjunto de pesos $w_{ij}^{(k)}$ que minimiza SSE. SSE é uma função complexa dos pesos $w_{ij}^{(k)}$, apresentando vales, colinas e platôs e a obtenção do mínimo não pode ser obtida por métodos simples de cálculo, como no caso de regressão linear. Em nosso exemplo, SSE é função de 11 variáveis (os pesos $w_{ij}^{(k)}$). Parte-se de um conjunto de pesos de pequeno valor, gerados aleatoriamente, e busca-se o ponto de mínimo iterativamente. Os softwares de treinamento de redes neurais geram aleatoriamente os pesos iniciais.

Para resolver esse problema de minimização contamos hoje com muitos algoritmos iterativos. O primeiro a ser desenvolvido, na década de 1980, foi o algoritmo de *back propagation* (ou retropropagação). Seu surgimento foi fundamental, pois alavancou as pesquisas com redes neurais mais complexas. A descrição detalhada desse algoritmo é complexa e está fora do escopo deste livro. No entanto, é interessante termos uma ideia de como funciona.

Quando trabalhamos com um problema de classificação em que a camada de saída possui K (K $\geq$ 2) neurônios, cada um dos quais correspondente a uma das K categorias de y, é usual utilizar como função de perda a função *cross-entropy logloss*, definida no Capítulo 3.

8.5.1 ALGORITMO DE *BACK PROPAGATION* (RETROPROPAGAÇÃO)

O algoritmo de *back propagation* permite a atualização dos pesos de trás para a frente (da saída para a entrada). Essa atualização baseia-se na aplicação do método do gradiente descendente (*"gradient descent"*) que é um método numérico utilizado para orientar, passo a passo, a busca pelo ponto de mínimo de uma superfície.[7]

Cada conjunto de possíveis valores dos pesos $w_{ij}^{(k)}$ s define um ponto da superfície da função SSE. Treinar a rede neural significa buscar o ponto de mínimo dessa superfície. Em cada ponto da superfície, o gradiente indica qual a direção a seguir, ou seja, que ajuste $\Delta w_{ij}^{(k)}$ (acréscimo ou decréscimo) dar aos pesos para ir em direção ao mínimo de SSE.

Um ponto importante a considerar é o tamanho do incremento. Se dermos passos muito curtos, o processo de busca do mínimo poderá ser muito demorado. Se dermos passos muito longos corremos o risco de "pular" o ponto de mínimo. O comprimento de cada passo deve ser controlado por um hiperparâmetro denominado *taxa de aprendizado* (*"learning rate"*). Denotando-se por λ a taxa de aprendizado, que assume valores entre 0 e 1, cada parâmetro será ajustado conforme segue:

---

[7] O objetivo do *backpropagation* é permitir a aplicação do *gradient descent* em cada camada.

$w_{ij}^{(k)} \leftarrow w_{ij}^{(k)} + \lambda \Delta w_{ij}^{(k)}$, onde o sinal $\leftarrow$ significa "substituído por" ou "ajustado como".

O processo de *back propagation* contempla duas fases que se sucedem gradativamente:

- "*forward*", em que a rede é submetida a todos os inputs da amostra de treinamento, calculam-se as saídas, os erros correspondentes e o valor da SSE;

- "*backward*", propriamente dito, em que os pesos $w_{ij}^{(1)}$ são ajustados em função de sua contribuição ao erro final. O algoritmo retorna à etapa *forward* com os novos pesos ajustados.[8]

Após cada ajuste dos pesos, os inputs são submetidos novamente à rede, agora com os pesos ajustados, os erros calculados e os pesos novamente ajustados.[9] Esse processo pode repetir-se milhares de vezes até que se atinja uma regra de parada previamente especificada. Por exemplo, até que se atinja um determinado número de iterações ou até que a redução da função perda seja inferior a determinado valor predefinido.

O ajuste dos pesos das camadas intermediárias é complexo pois depende dos ajustes realizados nos neurônios anteriores e posteriores. Essa dificuldade é contornada pelo algoritmo de *back propagation*, o que justifica sua importância: os pesos de cada camada k são ajustados em função dos ajustes dos pesos da camada posterior k+1 (daí o nome *back propagation*). O ajuste começa na camada de saída e retrocede, camada a camada, até alcançar a camada de entrada ajustando os pesos $w_{ij}^{(1)}$ (bias incluídos).

A principal crítica ao processo de back propagation é a possibilidade de conduzir a mínimos locais. Por isso, é sempre conveniente repetir o algoritmo inicializando-o com diferentes vetores de pesos aleatórios e testando sua performance com a amostra teste. Hoje dispomos de algoritmos mais eficazes do ponto de vista computacional e menos sujeitos à obtenção de mínimos locais.

Na descrição acima os pesos foram atualizados após submeter todos os indivíduos da amostra à rede neural. É o método conhecido como "*full batch updating*". Outro processo de atualização dos pesos é conhecido como *gradiente descendente estocástico*, em que, a cada iteração, parte dos itens ("*mini batch*") da amostra de aprendizado são sorteados e submetidos à rede; SSE é calculado apenas com os erros correspondentes

---

[8] O autor agradece a analogia seguinte, sugerida pelo Prof. Gustavo Mirapalheta da EAESP/FGV: "É como se você andasse por um corredor de um hotel com quartos ao longo do caminho. Você passa em um sentido e em cada quarto você pega uma informação. Ao chegar no fim do corredor, você compara a última informação que recebeu com alguém que possui a resposta correta, calcula o erro e volta. O *back propagation* é o retorno pelo corredor. O *gradient descent* seria o entrar em cada quarto do corredor e explicar para a pessoa que lá está o que ela deveria fazer de diferente para que você na próxima vez chegasse lá no fim do corredor com a resposta certa".

[9] Cada rodada com todos os indivíduos da base de treinamento é denominada época ("*epoch*").

Introdução às redes neurais artificiais

aos indivíduos dessas subamostra. Os pesos são ajustados com base nesse valor da SSE. No extremo, temos o caso em que apenas um caso é submetido à rede a cada rodada e o erro cometido nesta previsão conduz o processo de atualização. É denominado *"case updating"*. É mais eficaz no que tange à acurácia das previsões da rede neural, mas consome um tempo de processamento muito maior.

8.5.2 REGRAS DE PARADA

O processo de atualização dos pesos prossegue até que se atinge uma regra de parada adequada. Por exemplo, se após um certo número de iterações a medida de erro utilizada para avaliar a performance da rede começar a crescer na amostra de validação, devemos parar a atualização dos pesos para evitar o *overfitting*. O treinamento também pode ser interrompido quando atingimos um determinado número de iterações previamente definido pelo analista. Um número excessivo de iterações pode levar ao *overtraining*; em contrapartida, com poucas iterações teremos *undertraining*.

8.6 HIPERPARÂMETROS DE UM ALGORITMO DE TREINAMENTO

Ao utilizar um algoritmo para treinar a rede neural precisamos ajustar certos parâmetros. São os denominados hiperparâmetros, que devem ser ajustados iterativamente, verificando seu impacto na performance da rede neural. Algoritmos mais simples não permitem o ajuste de todos esses hiperparâmetros. Já os trazem com um valor default. Os principais hiperparâmetros são descritos a seguir.

8.6.1 TAXA DE APRENDIZADO

A taxa de aprendizado controla o tamanho do passo (ajuste) que pode ser dado por cada peso. Denotado pela letra grega λ, assume valores pequenos entre 0 e 1. Quando os valores de λ são muito pequenos os ajustes dos pesos também o serão e o processo de convergência será mais demorado. Caso contrário, com valores altos, poderemos ter grandes variações nos pesos comprometendo a convergência. Em geral, o valor da taxa de aprendizagem deve ser selecionado experimentalmente. É comum utilizar valores da ordem de $\lambda = 0,1$ no treinamento da rede neural. O ideal seria termos valores de λ altos no início do processo e valores reduzidos à medida que nos aproximamos do mínimo. Em outras palavras, no início, andamos a passos largos em direção ao mínimo da função perda; quando nos aproximamos desse mínimo ficamos mais cuidadosos, reduzindo o passo para não acabar pulando ("passando reto" ou utilizando o termo mais usual *"overshooting"*) o ponto de mínimo. A redução gradual de λ é viável em alguns softwares.

8.6.2 MOMENTO

O momento (ou *momentum*) permite, a cada passo, considerar os ajustes anteriores no processo de treinamento da rede. Dando peso ao histórico de ajustes evitamos que os pesos oscilem muito a cada passo. O momento denotado pela letra grega α é o peso dado aos ajustes anteriores. Como o próprio nome indica, sua utilização busca manter a inércia na direção do movimento dos pesos. Varia de 0 a 1 (ou 0 a 2, segundo alguns autores), sendo que para valores baixos a influência da orientação de ajustes anteriores é menor e há mais oscilações, atrasando a convergência. Recomenda-se iniciar o treinamento com um valor próximo a 1, por exemplo, $\alpha = 0,8$.

Para melhor visualizar o efeito destes hiperparâmetros analisamos a fórmula abaixo, que é a expressão mais geral dos ajustes dos pesos:

$$\Delta w_{ij}^{(k)}\left(novo\right) = \alpha \times \Delta w_{ij}^{(k)}\left(velho\right) - \lambda \times \frac{\delta SSE}{\delta w_{ij}^{(k)}},$$

onde $\dfrac{\delta SSE}{\delta w_{ij}^{(k)}}$ representa o gradiente da função em relação a $w_{ij}^{(k)}$.

8.6.3 TAXA DE *DROPOUT*

À medida que se aumenta o número de camadas ocultas ou o número de neurônios nessas camadas, aumenta também o poder de aprendizado da rede neural. Mas, quanto mais complexa a rede neural, maior a probabilidade de que acabe modelando o ruído nos dados da amostra de aprendizado, gerando uma situação de *overtraining*.

Uma das técnicas mais simples e muito utilizada para acelerar o aprendizado e reduzir a possibilidade de *overtraining* é denominada "*dropout*". Essa técnica tem ótimo desempenho quando aplicada a redes neurais com grande número de neurônios e mais de uma camada interna. Basicamente, consiste em "remover" alguns dos neurônios da camada de entrada ou das camadas ocultas a cada iteração do processo de aprendizado. A seleção dos neurônios a serem removidos é feita de forma aleatória. A Figura 8.8 ilustra o *dropout*. A rede da esquerda é a rede original; a rede à direita, com alguns neurônios removidos, é uma sub-rede da rede neural original. Se a rede neural original tem muitos nós, a quantidade de sub-redes distintas será gigante. O resultado final equivale à combinação de um grande número de redes neurais.

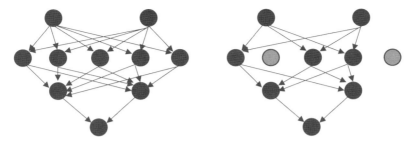

Figura 8.8 – *Dropout* de dois neurônios.

A proporção p de neurônios a serem removidos em cada camada é um hiperparâmetro a ser otimizado. Valores comumente utilizados por terem apresentado bons resultados em diferentes estudos,[10] com diferentes estruturas de redes, são: remover aproximadamente 20% dos neurônios da camada de entrada e 50% dos neurônios das camadas ocultas. Valores muito pequenos de p não terão grande efeito. Valores muito grandes podem comprometer o aprendizado conduzindo a *undertraining*.

Ao testar ou utilizar a rede neural em produção é inviável considerar todas as sub-redes geradas pelo processo para gerar o output (com faríamos, por exemplo, com *random forests*). A solução encontrada pelos criadores do método foi a de considerar a rede neural original, sem remover neurônios, ponderando os pesos em função do número de vezes que cada neurônio foi utilizado na rede.

8.7 AMOSTRAGEM PARA TREINAR UMA REDE NEURAL ARTIFICIAL

As redes neurais aprendem com os dados da amostra de treinamento. Isso significa que devemos ser bastante cuidadosos ao selecionar a amostra para permitir que a rede neural possa generalizar os resultados para outros dados. A rede aprende com o que vê na amostra.

A seguir, destacamos alguns pontos importantes:

- As amostras de treinamento devem conter grande quantidade de indivíduos para cada classe do output. Por exemplo, vamos treinar uma rede neural para prever que tipo de plano o futuro cliente de uma empresa de seguro-saúde preferirá. Suponhamos que temos apenas três tipos de opções: (A) reembolso hospitalar, (B) reembolso hospitalar e médico, e (C) reembolso hospitalar, médico e laboratorial. Cada tipo de plano corresponde a um output da rede. A amostra deve conter um grande número de clientes desse plano de saúde

---

[10] Srivastava, N. et al, *Dropout: A Simple Way to Prevent Neural Networks from Overfitting*, Journal of Machine Learning research 15 (2014), 1929-1958.

para cada um desse tipos de output. Caso as quantidades de clientes de cada tipo sejam muito distintas deveremos recorrer a algum método de balanceamento de amostras para não comprometer a eficiência da rede.

- Para cada tipo de output é importante que a amostra contenha perfis de clientes bastante distintos. Caso contrário a generalização ficará seriamente comprometida. Por exemplo, se, por azar, quase todos os integrantes da amostra que preferem o output A forem idosos (o que não corresponde à realidade), a rede dificilmente irá prever que jovens prefiram esse output.

- O tamanho das amostras deve ser grande. Preferivelmente da ordem de milhares. Esse número é afetado pelo número de inputs e pela arquitetura da rede neural. Quanto maior o número de inputs ou quanto mais complexa a rede, maior deverá ser a amostra. Na literatura encontramos algumas "regras práticas" de dimensionamento de amostras. Apenas a título de exemplo, citamos uma das regras: para redes com uma camada oculta e um neurônio de saída, seja p = inputs e h = neurônios da camada oculta. O tamanho da amostra deve ser suficiente para cobrir no mínimo 30 vezes (o ideal seriam 100 vezes) o número q de pesos, onde $q = h^*(p + 1) + (h + 1)$. Por exemplo, se $p = 15$ e $h = 10$, então $q = 171$. Precisaríamos no mínimo 5.130 observações; o ideal seria 17.100 observações.

- Enquanto amostras muito grandes podem consumir um tempo excessivo de processamento, amostras pequenas podem conduzir a resultados pouco confiáveis ao utilizar a rede para generalizar os resultados fazendo previsões. Teremos o caso de *overtraining*, em que a rede memoriza os poucos padrões da amostra e não tem capacidade de generalização, ou seja, de prever outros casos não considerados na amostra de treinamento.

8.8 SELEÇÃO E TRATAMENTO DOS INPUTS

A seleção das variáveis previsoras (inputs) para treinar uma rede neural é, como em todos os tipos de modelagem preditiva, uma das etapas mais críticas do processo. A qualidade de uma previsão depende fundamentalmente das variáveis utilizadas para realizá-la.

A tendência usual é escolher um número muito grande de possíveis variáveis previsoras e depois verificar quais delas realmente terão impacto na acurácia da previsão. No entanto, no caso das redes neurais não temos um processo de seleção de variáveis como em outras técnicas. Isso implica que todas as variáveis serão utilizadas no treinamento da rede, aumentando enormemente o número de pesos a serem calibrados e, como consequência, o tempo de processamento. Ademais, o tamanho das amostras necessárias será muito grande.

Introdução às redes neurais artificiais

Uma alternativa para reduzir o número de potenciais inputs é a pré-seleção de variáveis utilizando alguns recursos estatísticos:

- Eliminação de variáveis altamente correlacionadas.

- Analisar a relação de cada uma das variáveis de entrada com a variável alvo para investigar há uma forte relação entre elas. Essa pré-análise pode eliminar variáveis previsoras cujos efeitos individuais não são fortes, mas quando combinados podem influir significantemente na previsão da variável de saída. Estamos eliminando a possibilidade de considerar essas interações, o que é um dos pontos principais para o bom desempenho das redes neurais.

- Ao analisar a relação de uma variável de entrada qualitativa com a saída é possível perceber que algumas categorias da entrada possuem comportamento similar. Podemos fundi-las em uma única categoria reduzindo o número de variáveis *dummies*. Por exemplo, podemos fundir diferentes estados da federação (UF) desde que a distribuição da variável de saída nesses estados seja muito similar.

- Podemos pré-selecionar variáveis importantes recorrendo previamente a outras técnicas, por exemplo, as árvores de decisão simples ou *random forests*, que permitem identificar a importância das variáveis utilizadas. O uso de técnicas que partem da suposição de validade de um modelo pré-especificado, como é o caso da regressão logística, não é aconselhado.

- Outra alternativa é a utilização de técnicas de redução de dimensionalidade como a análise de componentes principais vista no Capítulo 2.

Os softwares de redes neurais requerem que as entradas e as saídas sejam variáveis quantitativas. No caso de variáveis qualitativas nominais, podemos utilizar diferentes transformações, como as abaixo especificadas. Reiteramos que uma transformação é uma decisão arbitrária do analista e diferentes formas de transformações podem levar a diferentes resultados de previsão.

- Transformação em variáveis dummies 0 - 1 ou -1, 1.

- Imputação de valores numéricos para cada categoria da variável qualitativa em função de sua relação com a variável alvo. Por exemplo, se a variável de saída for binária (bom ou mau cliente) podemos substituir a variável UF por outra que contenha a proporção de maus clientes nessa unidade da federação.

- Substituição de cada categoria da variável por uma "*proxi*". Por exemplo, no caso das unidades da federação (UF), em um estudo na área da saúde, podemos substituir a variável UF por outra com o número de hospitais públicos na unidade.

No caso de as variáveis qualitativas serem ordinais temos outras alternativas.

- Utilização de dummies. Com isso perdemos a estrutura ordinal, que pode ser importante.

- Imputação dos valores 1, 2, 3, ... de acordo com a ordem das categorias. O risco é que estamos assumindo que as diferenças entre categorias consecutivas da variável são iguais, o que em geral não corresponde à realidade. Por exemplo, atribuindo o valor 1 ao ensino primário, 2 ao ensino secundário e 3 ao ensino superior admitiremos que a diferença do impacto na variável alvo entre um indivíduo que tem curso secundário e outro que tem curso primário (2 - 1) é a mesma que entre um indivíduo com curso superior e outro com curso secundário.

- Atribuição arbitrária de valores às categorias com base na experiência do analista no campo de aplicação do modelo. Por exemplo, atribui 1 a ensino primário, 4 a ensino secundário e 9 a ensino superior.

- Se a diferença entre as categorias, no contexto do problema em estudo, aumenta de forma não linear, à medida que avançamos na ordem, podemos adotar uma escala que siga essa condição. Por exemplo, se a diferença entre um indivíduo com secundário e um indivíduo com primário for menos importante que entre superior e secundário, podemos adotar a escala conhecida como "*thermometer codes*".

  ▷ Primário → 0 0 1 → $(2^1)/14 = 0{,}14$.

  ▷ Secundário → 0 1 1 → $(2^2 + 2^1)/14 = 0{,}43$.

  ▷ Superior → 1 1 1 → $(2^3 + 2^2 + 2^1)/14 = 1{,}00$.

Para o caso de variáveis quantitativas (ou transformadas em quantitativas) há várias formas de trabalhá-las. Inicialmente, devemos analisar e corrigir a existência de *outliers* e *missing values*. Os algoritmos de redes neurais em geral não permitem utilizar amostras com *missing values*. Por outro lado, a ocorrência de *outliers* também pode comprometer o processo de convergência do algoritmo. Outro aspecto interessante é o possível uso de transformações para reduzir a assimetria das distribuições das variáveis.

Um ponto importante na consideração das variáveis quantitativas é que os seus extremos englobem todos os casos possíveis na população onde o algoritmo será aplicado. A utilização de redes neurais em situações em que as variáveis podem assumir valores fora da faixa utilizada no treinamento (extrapolação) compromete a generalização dos resultados, ou seja, pode conduzir a previsões erradas.

As variáveis devem ser padronizadas deixando-as na mesma escala, de preferência com valores entre 0 e 1 ou entre -1 e 1. A padronização economiza passos no processo de ajuste dos dados facilitando e acelerando a convergência. Evita a influência

Introdução às redes neurais artificiais

dominante de variáveis com valores muito mais altos que as demais. Há várias formas de padronizar os dados. No exemplo que será adotado adiante consideraremos a padronização entre 0 e 1, dada pela fórmula a seguir:

$$z(x) = \frac{x - x_{min}}{x_{max} - x_{min}}$$

Em geral, em problemas de previsão em que a variável de saída é quantitativa, é preciso transformá-la de volta à escala original. Por exemplo, se utilizarmos a padronização entre 0 e 1, teremos:

$$z(y) = \frac{y - y_{min}}{y_{max} - y_{min}} \rightarrow y = z(y).(y_{max} - y_{min}) + y_{min}$$

8.9 TREINANDO A REDE NEURAL – SUMÁRIO DE PARÂMETROS A PLANEJAR

Antes de rodar uma rede neural precisamos definir a arquitetura da rede e o processo de treinamento. Em geral os softwares de redes neurais adotam alguns desses parâmetros como defaults, mas permitem que o analista possa modificá-los, dentro das opções oferecidas pelo software. Em resumo, as decisões a serem tomadas ao rodar uma rede neural são as seguintes:

- O número de camadas ocultas.
- O número de nós em cada camada.
- As funções de ativação nas camadas ocultas.
- A função de ativação na camada de saída.
- A função custo (perda) a ser minimizada.
- A taxa de aprendizagem.
- O momento.
- As taxas de *dropout* nas diferentes camadas.
- A geração dos pesos iniciais (recomenda-se treinar a rede neural com diferentes conjuntos de pesos iniciais para evitar a obtenção de mínimos locais da função custo. Alguns softwares permitem que o analista faça essa repetição de forma automática, bastando informar a quantidade de vezes em que se dará a repetição).
- O número máximo de iterações.

8.10 APLICAÇÃO DE UMA RNA PARA PREVISÃO

Vamos utilizar uma rede neural para prever o valor de uma variável y a partir de 4 variáveis previsoras x1, x2, x3 e x4. As variáveis previsoras foram geradas utilizando distribuições uniformes. A variável resposta y é uma função não linear, complexa, dessas variáveis. Nosso objetivo será comparar o comportamento de uma regressão linear múltipla com a RNA.

Os dados estão na planilha SIMUL074.[11] As primeiras linhas da base de dados encontram-se a seguir.

Tabela 8.2 – Cinco primeiras observações da planilha SIMUL074

x1	x2	x3	x4	y
26	-8	17	6	135.37356
1	26	1	24	41.86884
14	-7	8	19	61.22908
18	-2	19	3	82.58935
-2	22	0	1	37.25587

Inicialmente, padronizamos os dados entre 0 e 1 e geramos a matriz de dados padronizados **zz**.

```
> mm=SIMUL074
> mini=apply(mm,2, min) #determinando o mínimo de cada variável
> maxi=apply(mm,2,max) #determinando o máximo de cada variável
> zz=scale(mm,center = mini, scale = maxi-mini)
> zz=as.data.frame(zz)
> round(head(zz,5),3)
      x1    x2    x3    x4     y
1  0.921 0.026 0.684 0.395 0.810
2  0.263 0.921 0.263 0.868 0.241
3  0.605 0.053 0.447 0.737 0.359
4  0.711 0.184 0.737 0.316 0.489
5  0.184 0.816 0.237 0.263 0.213
```

---

[11] Estes dados podem ser encontrados no site deste livro.

Introdução às redes neurais artificiais

A amostra será dividida em duas partes, uma para treinamento e a segunda para teste da rede.

```
> set.seed(11)
> flag=sample(1:2000,1000)
> train=zz[flag,]
> test=zz[-flag,]
```

Antes de treinar e testar a rede neural, vamos obter o modelo de regressão linear múltipla. Servirá de padrão para avaliar a eficácia preditiva da rede neural no caso de funções não lineares. Calculamos os valores previstos (rm_pred_tst) para as observações da amostra tst e as métricas RMSE e MAPE.

```
> rm=lm(data = train, y~x1+x2+x3+x4)
> rm_pred_tst=predict(rm, newdata = test)
> library(MLmetrics)
> RMSE.REG=RMSE(y_true = test$y, y_pred=rm_pred_tst); RMSE.REG
[1] 0.08926292
> MAPE.REG=MAPE(y_true = test$y, y_pred=rm_pred_tst)*100; MAPE.REG
[1] 26.85206
```

Há vários algoritmos de redes neurais disponíveis no R. Talvez o mais simples, porém muito eficiente para a maior parte dos problemas de previsão e classificação usuais, é nnet. Esse algoritmo só permite treinar uma rede neural com uma única camada oculta. Para rodar o algoritmo necessitamos dividir a matriz de dados em duas partes. Uma contendo os inputs (variáveis previsoras) e outra contendo os outputs, em nosso exemplo, a variável resposta y.

```
> x_train=train[,-5]
> y_train=train[,5]
> x_test=test[,-5]
> y_test=test[,5]
```

Por simplicidade não vamos fazer o ajuste dos hiperparâmetros utilizando o método de *cross-validation*. Vamos rodar com a amostra de treinamento e aplicar o modelo, com os hiperparâmetros arbitrados, à amostra teste.[12] Rodamos o nnet com 4 neurônios na camada oculta. Decidimos, arbitrariamente, utilizar o mesmo número de neurônios que de inputs. Como se trata de um problema de previsão, selecionamos a ativação linear para o neurônio da camada de saída (linout=T). Como a geração dos pesos iniciais é aleatória, fixamos arbitrariamente um valor para a semente do gerador para poder reproduzir os resultados, caso necessário.

```
> set.seed(11)
> rn1=nnet(x_train, y_train,  size=4,  linout = T, maxit = 1000)
# weights:  25
initial  value 1560.199876
iter  10 value 8.711586
iter  20 value 1.381856
iter  30 value 0.389981
-----------
iter 900 value 0.094355
iter 910 value 0.094354
iter 920 value 0.094352
final  value 0.094352
converged
```

O algoritmo convergiu após 920 iterações (utilizando o default do nnet, maxit, 100, não obtivemos convergência).

Calculamos os outputs para as observações do arquivo teste e, a partir daí, a soma dos resíduos ao quadrado e o erro percentual absoluto médio.

```
> rn1_pred_test=predict(rn1, newdata = x_test)
> RMSE.REG=RMSE(y_true = test$y, y_pred=rn1_pred_test)
> RMSE.REG
[1] 0.01000887
> MAPE.REG=MAPE(y_true = test$y, y_pred=rn1_pred_test)*100
> MAPE.REG
[1] 3.250889
```

---

[12] O leitor interessado poderá consultar o Capítulo 7 para analisar esse procedimento.

Introdução às redes neurais artificiais   **309**

Comparando os valores obtidos com a regressão múltipla, notamos que a rede neural obtida é significativamente superior no que diz respeito aos dois critérios adotados. A diferença é absurda. Note-se, no entanto, que este resultado nem sempre ocorre. Há situações em que a regressão múltipla pode levar a melhores resultados. O leitor pode verificar que isso não ocorre quando prevemos a resposta *HappinessScore* utilizando as previsoras *Hemisphere, HDI,* Beer_*PerCapita*, Spirit_*PerCapita* e *logwine* do arquivo *HappinessAlcoholConsumption* utilizado nos capítulos anteriores.

Como, para treinar a rede, os dados dos outputs y foram padronizados, devemos fazer a transformação inversa para obter os resultados na escala original. Recordando, padronizamos entre 0 e 1, subtraindo o mínimo valor de y e dividindo pela amplitude. O valor máximo de y e o valor mínimo são dados a seguir:

```
> maxi
      x1        x2        x3        x4         y
 29.0000   29.0000   29.0000   29.0000  166.5473
> mini
       x1         x2         x3         x4          y
-9.000000  -9.000000  -9.000000  -9.000000   2.236068
```

Realizando a operação inversa à padronização e verificando os resíduos, observamos que são realmente pequenos.

```
# yhat = valores previstos "despadronizados"
# yold = valores originais
> yhat=rn1_pred_test*(maxi[5]-mini[5])+mini[5]
> yold=test$y*(maxi[5]-mini[5])+mini[5]
> aux=cbind(yold, yhat)
> colnames(aux)= c("y", "yhat")
> head(aux)
            y        yhat
1   135.37356  135.96737
2    41.86884   42.81102
3    61.22908   60.79502
9    64.73793   64.69724
10  110.79260  110.76842
11  131.98864  133.00424
```

Deixamos a cargo do leitor a otimização do número de neurônios na camada oculta e a opção pelo valor n atribuído a set.seed(n). Essa última opção influi, pois os pesos iniciais são aleatórios.

8.11 APLICAÇÃO DE UMA RNA PARA CLASSIFICAÇÃO

Retomemos o arquivo TECAL utilizado anteriormente.

```
> tec=TECAL[,-1]
#Transformando as qualitativas em binárias
> tec.num= model.matrix(data=tec, ~.)
> tec.num=tec.num[,-1]
> colnames(tec.num)
"idade" "linhas" "temp_cli" "renda" "fatura" "temp_rsd" "localB"
"localC" "localD" "tvcabosim" "debautsim" "cancelsim"

#padronizando as variáveis
> mini=apply(tec.num,2,min) #valor mínimo
> maxi=apply(tec.num,2,max) #valor máximo
> ampl=maxi-mini
> tecx=scale(tec.num, center = mini, scale = ampl)
```

Vamos dividir a amostra em train e test:

```
> tecx=as.data.frame(tecx)
> library(caret)
> set.seed(11)
> flag=createDataPartition(tecx[,12], p=.6, list=F)
> train=tecx[flag,]
> test=tecx[-flag,]
```

Os inputs devem considerar separadamente as previsoras e a variável alvo. Esta última será transformada em duas colunas, uma para cada categoria de saída.

Introdução às redes neurais artificiais

```
> #preparando os inputs
> x_train=train[,-12]
> y_train=train[,12]
> x_test=test[,-12]
> y_test=test[,12]
> Y=class.ind(y_train)
# a saída com 2 variáveis binárias; uma para cada categoria
> head(Y)
     0 1
[1,] 0 1
[2,] 1 0
[3,] 1 0
[4,] 0 1
[5,] 0 1
[6,] 1 0
```

Vamos treinar a rede neural com seis neurônios na camada oculta. Por tratar-se de um problema de classificação, utilizaremos como ativação dos neurônios de output a função *softmax*.

```
> library(nnet)
> set.seed(18)
> tec.net=nnet(x_train,Y,size=6,maxit=1000,softmax = T)
> pred=predict(tec.net, newdata = x_test)
> head(pred,3)
          0          1
1 1.0000000 0.00000000
2 0.9537245 0.04627546
3 0.8757620 0.12423805
> psim=pred[,2]
```

A partir dessas previsões com a amostra teste podemos calcular as métricas seguintes correspondentes ao set.seed(18) e aos seis neurônios, utilizando 0,5 como ponto de corte.

```
> library(MLmetrics)
> klass=ifelse(psim>.5,1,0)
> AUC(y_true = test$cancelsim, y_pred = psim)
    0.8328562
> ConfusionMatrix(y_true = test$cancelsim, y_pred = klass)
      y_pred
y_true  0   1
     0 573  36
     1  97  94
> Accuracy(y_true = test$cancelsim, y_pred = klass)
    0.83375
```

Deixamos a cargo do leitor a otimização do número de neurônios na camada oculta e a opção pelo valor n atribuído a set.seed(n). Esta última opção influi, pois os pesos iniciais são aleatórios.

8.12 VANTAGENS E DESVANTAGENS DAS REDES NEURAIS ARTIFICIAIS

Vantagens:

- As RNA não requerem a especificação de modelos relacionando inputs e outputs, por exemplo, no caso da regressão logística ou regressão linear múltipla. Na realidade, aqui reside a principal vantagem das RNA: reconhecer relacionamentos não lineares complexos entre a variável de saída e as variáveis de entrada. Dificilmente os seres humanos detectariam esses relacionamentos. Isto permite obter melhores previsões, em geral.

- Hoje há grande disponibilidade de softwares para treinar as redes neurais, boa parte deles freeware. São eficientes e, principalmente, fáceis de usar por analistas que conhecem apenas os fundamentos de redes neurais.

Entre as desvantagens ou problemas das RNA podemos destacar:

- Não é possível saber *a priori* qual a melhor arquitetura.

- Dependendo do algoritmo utilizado para treinar a rede neural e dos valores iniciais dos pesos, a possibilidade de atingir um mínimo local pode não ser pequena.

Introdução às redes neurais artificiais

- RNA em geral são complexas, o que implica em tempo de processamento elevado. Nas aplicações de previsão e classificação em que as utilizamos em administração isso não chega a ser problemático. Para outras aplicações, como o reconhecimento de imagens, essa dificuldade irá diminuindo rapidamente com o desenvolvimento tecnológico dos processadores.

- Se a amostra de treinamento não contiver um grande número de perfis – diferentes combinações dos valores das variáveis – a RNA não permitirá obter boas generalizações ("extrapolações").

- Não possuem um processo de seleção de variáveis. Quanto mais variáveis utilizarmos, maior será a complexidade da função de erro a ser minimizada pelo algoritmo.

EXERCÍCIOS

1. Utilizando uma RNA, obtenha a regra de previsão da variável alvo em cada um dos casos apresentados nas planilhas de dados seguintes, descritos no capítulo 1.

- SPENDX
- 2005 CAR DATA
- AutoMPG
- WORLD HAPPINESS REPORT
- HAPPINESSALCOHOLCOMSUMPTION

a) Obtenha as previsões para as observações da amostra teste.

b) Obtenha e analise as métricas MAPE e MSE. Compare os resultados com os obtidos utilizando a regressão linear múltipla e alguns dos *ensemble methods* apresentados nos capítulos anteriores.

2. Utilizando uma RNA, obtenha a regra de classificação em cada um dos casos apresentados nas planilhas de dados seguintes, descritas no Capítulo 1.

- *XZCALL*
- TECAL
- BETABANK
- PASSEBEM
- CAR UCI

a) Estime as "probabilidades" para a classificação das observações da amostra teste. Verifique a acurácia da regra adotando um critério de classificação à sua escolha.

b) Obtenha e analise as métricas Precisão, Recall, F1 e MCC e a AUROC. Adapte as métricas para o caso em que a variável alvo apresenta mais de duas categorias.

c) Compare os resultados com os obtidos utilizando a regressão logística e alguns dos *ensemble methods* apresentados nos capítulos anteriores.

CAPÍTULO 9
Cluster analysis

Prof. Abraham Laredo Sicsú

9.1 INTRODUÇÃO

Análise de agrupamentos (AA) ou *cluster analysis (CA)* é o nome dado ao conjunto de técnicas cujo objetivo é agrupar n indivíduos em grupos homogêneos (*clusters*). Os indivíduos pertencentes a um mesmo *cluster* devem ser bastante parecidos entre si; indivíduos de *clusters* distintos devem diferir entre si. Um problema em AA reside na definição do que sejam grupos homogêneos. Diferentes definições de homogeneidade podem conduzir a agrupamentos bastante diferentes. Na Figura 9.1 temos um conjunto de objetos que diferem entre si pela forma e pela cor.

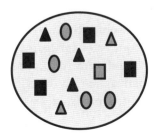

Figura 9.1 – Elementos a serem agrupados.

Podem ser agrupados de diferentes formas, por exemplo:

- Pela forma geométrica, resultando três *clusters* (retângulos, triângulos e elipses).
- Pela cor do objeto, resultando dois *clusters* (cinza-claro e cinza-escuro).
- Pela cor e forma do objeto, resultando cinco *clusters* (triângulos cinza-escuros, triângulos cinza-claros, retângulos cinza-escuros, retângulos cinza-claros, elipses).
- Elipses e outras formas, resultando dois *clusters* (elipses, retângulos e triângulos) etc.

A análise de agrupamentos é uma técnica exploratória. Agrupando os indivíduos de um conjunto de dados podemos entender, com maior clareza, a estrutura desse conjunto. Eventualmente, poderemos elaborar ou confirmar hipóteses relativas ao comportamento desses dados.

A análise de agrupamentos, por ser utilizada em muitas áreas de pesquisa, acabou recebendo diferentes denominações. Por exemplo, taxonomia numérica, tipologia ou classificação. Em nosso texto, os termos *partição* ou *agrupamento* denotarão uma possível solução da análise de agrupamentos. Sendo este um texto introdutório, consideraremos apenas partições em que os *clusters* são mutuamente exclusivos (ou seja, não têm indivíduos em comum). A análise de agrupamentos pode ser aplicada a uma amostra ou a uma população de indivíduos. Utilizaremos genericamente a expressão *conjunto de n indivíduos*, quer estejamos tratando de uma população ou de uma amostra. Além de agrupar observações, a análise de agrupamentos permite também agrupar variáveis. Vamos tratar apenas do agrupamento de observações.

Muitos autores diferenciam, corretamente, os termos "agrupar" e "classificar". O termo *agrupar* consiste em gerar *clusters* homogêneos partindo apenas de uma série de características dos indivíduos. Classificar, em muitos textos, significa alocar um indivíduo em um de k grupos previamente determinados. Neste capítulo vamos utilizar os dois termos no sentido de agrupar.

Nem sempre as soluções obtidas aplicando os algoritmos de análise de agrupamentos fazem sentido no contexto do problema analisado. Mesmo que os dados não possuam uma estrutura natural de agrupamentos, os algoritmos sempre os particionarão em *clusters*. Por exemplo, submetendo um conjunto de pontos gerados aleatoriamente e forçando o algoritmo a obter três *clusters*, esses pontos aleatórios serão agrupados em três *clusters*, ainda que estes agrupamentos não apresentem interpretação lógica. As soluções obtidas não devem ser aceitas como definitivas ou corretas, mas, sim, como possíveis alternativas para a descrição dos dados. A validação das soluções obtidas tem um papel central no uso destas técnicas não supervisionadas.

9.2 APLICAÇÕES DE ANÁLISE DE AGRUPAMENTOS

Consideremos alguns exemplos de aplicação de análise de agrupamentos na área de administração:

- Uma das aplicações mais conhecidas na área de administração é a segmentação do mercado. Por exemplo, os clientes de uma rede de supermercados podem ser classificados em função de seus hábitos de consumo. Ao considerar a frequência mensal com que esses clientes realizam as compras, os valores médios das compras nos últimos seis meses, o maior intervalo de tempo entre duas compras, tipos de produtos adquiridos etc., podemos agrupar os clientes de forma conveniente. A análise do perfil dos consumidores de cada segmento permitirá planejar diferentes estratégias de mercado.

- Produtos podem ser agrupados utilizando variáveis que caracterizam diferentes aspectos funcionais. Por exemplo, diferentes marcas e modelos de computadores podem ser agrupados a partir de variáveis relacionadas a suas diversas funcionalidades: memória, processador, tamanho da tela, duração da bateria etc. Aparelhos que caem em um mesmo agrupamento podem ser considerados concorrentes diretos.

- Os clientes de um banco podem ser classificados de acordo com a forma com que distribuem seus investimentos. Analisando o percentual investido em cada tipo de investimento, os analistas do banco agruparão os investidores de forma tal que os diferentes *clusters* caracterizem diferentes preferências por produtos e apetites ao risco. A análise do perfil sociodemográfico dos clientes em cada um desses grupos fornecerá informações interessantes aos gestores para a oferta de novos produtos.

- Diferentes setores de atividades podem ser agrupados em função de dados históricos relativos à créditos tomados de instituições financeiras. Considerando como variáveis séries históricas de atrasos, protestos, ações de busca e apreensão, a segmentação das empresas fornecera base sólida para a correta diversificação dos portfólios de crédito.

- Um diretor de RH pode classificar seus funcionários considerando diferentes indicadores (produtividade, absenteísmo, engajamento com a empresa, avaliação dos superiores etc.). Dessa forma poderá diferenciar mais facilmente e com maior precisão as diferenças entre os perfis dos colaboradores. A utilização deste conhecimento na administração dos recursos humanos da empresa será de suma importância.

- Os municípios de uma região podem ser agrupados em função de indicadores macroeconômicos, financeiros ou sociais. A caracterização dos *clusters* resultantes pode ser importante no direcionamento de políticas públicas.

Uma grande quantidade de aplicações em outras áreas como medicina, psicologia, redes sociais etc. podem ser encontradas na literatura ou pesquisando na internet. Por exemplo:

- A análise de diversas regiões de uma metrópole em função da incidência de diferentes formas de criminalidade pode permitir agrupá-las de forma conveniente para planejar as estratégias das autoridades de segurança pública

- Um psiquiatra pode estar interessado em agrupar seus pacientes em função de uma série de sintomas e atitudes. Cada um dos agrupamentos obtidos pode caracterizar um determinado tipo de distúrbio emocional

- Analisar o comportamento dos estudantes de uma universidade em função da forma que utilizam as redes sociais, dos conteúdos postados ou dos sites utilizados possibilita identificar diferentes comunidades nessas redes.

9.3 ALGUMAS DIFICULDADES AO AGRUPAR INDIVÍDUOS

Para melhor entender os desafios que enfrentamos em análise de agrupamentos consideremos o problema seguinte. O objetivo é agrupar diferentes países em função da similaridade dos volumes exportados, em milhões de dólares, de dois produtos A e B. Os dados encontram-se a seguir, na Tabela 9.1. Sugerimos ao leitor que tente agrupar esses países em agrupamentos pela simples observação dos dados.

Tabela 9.1 – Exportações de dois produtos A e B

País	PROD_A	PROD_B
A	43	56
B	30	27
C	61	7
D	28	24
E	64	19
F	57	38
G	46	32
H	65	5
I	45	40
J	61	14
K	41	5
L	30	2
M	47	4

Algumas questões surgem imediatamente:

- Como definir a similaridade entre os países? Quais são os dois países mais parecidos no que tange a essas duas variáveis?
- Em quantos agrupamentos vamos classificar os países?
- Como descrever os agrupamentos que vamos encontrar?

Como estamos trabalhando com duas variáveis apenas, podemos representar graficamente esses dados na Figura 9.2. A análise deste gráfico facilita muito o trabalho de agrupamento.

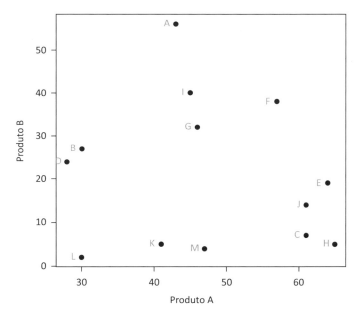

Figura 9.2 – Representação gráfica da Tabela 9.1.

Provavelmente todos agruparão D e B em um mesmo agrupamento. Da mesma forma, C, E, H e J. O país F, devemos classificá-lo junto com os países G e I ou separadamente, definindo um cluster contendo apenas esse país? Em suma, quantos *clusters* o leitor distingue na figura? Essas questões, infelizmente, não apresentam resposta única ou "correta".

Se em vez de trabalhar apenas com dois produtos A e B estivéssemos trabalhando com quatro produtos A, B, C e D, a representação gráfica seria inviável. A obtenção de *clusters* só será possível com o suporte de algoritmos mais complexos.

9.4 DESAFIOS EM ANÁLISE DE AGRUPAMENTOS

Para melhor visualizar os problemas que vamos enumerar, sugerimos ao leitor que pense neles aplicando-os por exemplo ao classificar 10 pessoas de seu círculo de amizades ou os municípios de uma região.

9.4.1 DEFINIÇÃO DOS OBJETIVOS

O primeiro desafio é saber qual ou quais são os **objetivos** que se espera alcançar ao agrupar os indivíduos. Apesar de essa questão parecer simples e óbvia, muitos estudos acabam sendo inúteis, pois os objetivos não foram claramente definidos.

Por exemplo, como agrupar os funcionários de uma empresa? Talvez a primeira coisa que nos venha à mente é classificá-los por departamento ou por nível hierárquico. Mas essa forma certamente não é adequada se o objetivo for entender seu engajamento com a empresa.

Consideremos os clientes de um banco. Podemos ter interesse em agrupá-los em função do percentual de capital alocado nos diferentes produtos de investimento. Outro objetivo pode ser classificá-los de acordo com o uso de seus cartões de crédito. Certamente, o número de *clusters* e suas composições diferirão nesses dois casos.

9.4.2 AS VARIÁVEIS UTILIZADAS PARA CLASSIFICAR

Uma vez definidos os objetivos, devemos identificar quais as **características (variáveis)** dos indivíduos que deverão ser utilizadas para proceder à classificação em *clusters*. Essas variáveis são muitas vezes denominadas "*drivers*". A classificação dependerá das variáveis escolhidas. Por exemplo, se os clientes de uma rede de supermercados forem classificados considerando a frequência média mensal, o valor médio gasto por compra, e o tempo decorrido desde a última compra realizada, obteremos um agrupamento que certamente diferirá do que seria obtido se as variáveis caracterizassem o valor gasto por cada cliente com cada família de produtos (laticínios, frutas, bebidas etc.).

Em muitos estudos de segmentação de mercado, as variáveis utilizadas são sexo, idade, estado civil e outras variáveis demográficas. No entanto, a escolha destas variáveis provavelmente não permitirá diferenciar os hábitos de consumo dos clientes de forma satisfatória.

Além das variáveis nas quais se baseará o agrupamento, é conveniente considerar no estudo outras variáveis que permitam distinguir os indivíduos dos diferentes *clusters* obtidos. Serão denominadas *variáveis descritivas* ou *discriminadoras*. Por exemplo, após classificar municípios de um país em função de certos indicadores sociais (IDH, índice de alfabetização, leitos por habitante etc.) podemos comparar os agrupamentos em função da região geográfica onde se localizam, tamanho da população, número de escolas públicas e outras variáveis demográficas.

A seleção das variáveis deve seguir um raciocínio lógico e ser baseada em hipóteses subjacentes ao estudo. A omissão de uma variável importante ou a inclusão de uma variável que não atenda aos objetivos do problema pode alterar a classificação obtida e conduzir a resultados e conclusões errôneas.

Uma recomendação importante é evitar o uso de número muito grande de variáveis para agrupar os indivíduos. Em geral, um número reduzido e bem selecionado de variáveis conduzirá a soluções interessantes, facilitando a interpretação e validação dos agrupamentos obtidos.

9.4.3 PARECENÇA ENTRE INDIVÍDUOS E ENTRE AGRUPAMENTOS

Outra questão, para a qual não há resposta única, é a forma de medir a parecença (grau de similaridade ou de diferença) entre os indivíduos. Observar duas pessoas e concluir se são ou não similares pode parecer uma tarefa simples, mas para poder aplicar os métodos de agrupamento precisamos quantificar o grau de similaridade entre elas. A literatura apresenta várias formas de medir a parecença. A partição obtida pode diferir em função da medida de parecença escolhida.

Além de medir a parecença entre indivíduos, outra medida que necessitaremos é a parecença entre grupos. *Clusters* muito parecidos podem ser fundidos reduzindo a complexidade da partição final.

9.4.3.1 Métodos de agrupamento

Para classificar os indivíduos a literatura apresenta dezenas de técnicas de agrupamento. A utilização de diferentes técnicas poderá conduzir a diferentes agrupamentos, ainda que utilizemos as mesmas variáveis e as mesmas medidas de parecença.[1]

9.4.3.2 Quantos *clusters* há em um agrupamento?

A definição do número de *clusters* em que vamos classificar os indivíduos é uma questão complexa. Alguns métodos de agrupamento geram uma figura (dendrograma) que, em geral, permite identificar um número aparentemente razoável de agrupamentos. Em outros algoritmos, o número de agrupamentos deve ser especificado *a priori*. Isto aumenta a complexidade operacional do problema.

Muitos trabalhos foram publicados sugerindo critérios ou "regras práticas" para determinação do número de agrupamentos. Todas essas técnicas funcionam bem em certos casos e apresentam falhas em outros. Ao aplicar esses critérios, verificamos que para um mesmo conjunto de dados, variáveis e técnica de agrupamento, cada um dos

---

[1] Como veremos adiante, as próprias técnicas de agrupamento podem ser agrupadas em *clusters*.

critérios sugerirá um número diferente de *clusters*.[2] Quando muito, essas regras devem ser adotadas como sugestões. Recomenda-se que o pesquisador analise os resultados obtidos com diferentes números de agrupamentos, adotando o que lhe parecer mais conveniente em termos da simplicidade de interpretação e da importância dessa interpretação para o estudo em pauta.

9.4.3.3 Descrição e caracterização dos agrupamentos

Uma vez obtidos os agrupamentos, devemos caracterizá-los descrevendo o perfil dos indivíduos de cada um dos *clusters* e as diferenças entre eles. Essa caracterização deve ser feita em função das variáveis utilizadas para determinar os agrupamentos (*drivers*). Uma tarefa interessante é batizar os *clusters* em função de suas características. Por exemplo, se o agrupamento dos clientes de um banco for realizado em função de variáveis que caracterizam os investimentos deles, provavelmente poderemos batizar os grupos obtidos de acordo com o perfil de risco de seus componentes (perfil conservador, risco moderado, alto risco etc.).

9.4.3.4 Validação dos agrupamentos

Finalmente, uma etapa importante do estudo é validar os agrupamentos obtidos. A mera separação dos indivíduos em agrupamentos será de pouca valia se não permitir diferenciá-los de forma lógica dentro do contexto do problema em estudo ou se não permitir elaborar ou verificar hipóteses sobre o comportamento dos dados.

Não se conhece uma definição única de *agrupamento* que satisfaça plenamente todos os fins. Dizer que um agrupamento é "um conjunto de indivíduos semelhantes" cai no problema de definir *semelhança,* outro conceito para o qual não existe consenso. Isso acarreta um sério problema na validação dos resultados. Será que os diferentes agrupamentos obtidos fazem sentido ou será que são uma mera divisão dos indivíduos em grupos forçada pelo algoritmo de agrupamento?

Validar os resultados obtidos não é tarefa simples. Na literatura encontramos algumas regras e critérios para a validação dos resultados obtidos, com base em argumentos puramente matemáticos. São interessantes e úteis, mas acreditamos que a principal forma de validar os agrupamentos seria interpretando seus perfis e analisando sua lógica dentro do contexto do problema. Por exemplo, para analisar agrupamentos de diferentes tipos de alimentos, a análise e validação feita por uma ou um nutricionista certamente será provavelmente mais valiosa que o uso de indicadores matemáticos. Somos adeptos da famosa técnica UAU, ou seja, o resultado é considerado satisfatório quando pudermos exclamar: "Uau, *conseguimos uma boa classificação*".

---

2   O software R apresenta mais de 20 critérios distintos. Cada um pode sugerir um número diferente de *clusters*. A decisão usual é adotar o número que a maioria dos critérios sugerem.

9.5 ROTEIRO PARA ELABORAÇÃO DE UMA ANÁLISE DE AGRUPAMENTOS

A seguir, apresentamos os principais passos a seguir na elaboração de um estudo de cluster analysis.

1) Definir objetivos do estudo.

2) Identificar variáveis (*drivers e discriminadoras*).

3) Selecionar indivíduos a serem agrupados.

4) Coletar os dados.

5) Analisar e tratar os dados:

i) *Outliers*

vi) *Missing values*

vi) Transformação de variáveis

vi) Correlações entre variáveis etc.

6) Selecionar critério(s) de parecença.

7) Selecionar e aplicar técnica(s) de agrupamento.

8) Descrever e caracterizar os agrupamentos obtidos.

9) Validar resultados.

9.6 ANÁLISE E TRATAMENTO DOS DADOS

Definidas as variáveis, coletamos os dados correspondentes aos indivíduos a serem classificados. A primeira tarefa a realizar é a análise de cada uma dessas variáveis individualmente, detectando inconsistências, *outliers* e *missing values* e tomando, quando necessário, as devidas ações corretivas.

9.6.1 *OUTLIERS* E *MISSING VALUES*

As técnicas de agrupamento, em geral, são muito sensíveis à presença de *outliers*. Por isso, em análise de agrupamentos é interessante remover esses dados. Posteriormente podemos verificar a conveniência de inseri-los em alguns dos *clusters* obtidos ou, como é frequente, considerar grupos definidos apenas por um ou mais desses *outliers*.

No caso de *missing values* (dados omissos) é prática comum substituí-los pela média, no caso de variáveis quantitativas, ou pela moda, no caso de variáveis qualitativas. Esse procedimento nem sempre é recomendável, pois, para alguns indivíduos, a média ou a moda não fazem sentido. Podemos utilizar formas mais adequadas como, por exemplo, médias ou modas baseadas apenas em vizinhos mais próximos (algoritmos kNN). Uma alternativa seria remover os casos com *missing values* e, posteriormente, tentar classificá-los em um dos *clusters* obtidos utilizando técnicas de classificação (regressão logística, árvore de decisão ou redes neurais). Alguns softwares permitem calcular a distância entre indivíduos quando alguns dados são omissos, considerando apenas as variáveis que não apresentam *missing values*.[3]

9.6.2 PADRONIZAÇÃO DE VARIÁVEIS QUANTITATIVAS

Em projetos de análise de agrupamentos trabalhamos, em geral, com variáveis quantitativas de naturezas e magnitudes diferentes. Por exemplo, ao classificar os funcionários de uma empresa, podemos considerar a variável idade (medida em anos), salário (medido em unidades monetárias) e número de faltas no último ano (medida em dias). Como veremos adiante, manter as variáveis em suas unidades originais pode comprometer o cálculo da similaridade entre os indivíduos. Uma alternativa comumente utilizada em análise de agrupamentos é a padronização das variáveis para transformá-las na mesma escala.

Há muitas formas de padronizar os dados. A mais conveniente dependerá do tipo de problema em estudo e do senso crítico do analista. A seguir, apresentaremos duas transformações usuais para variáveis quantitativas. Outras transformações serão vistas nos exemplos a serem discutidos adiante.

- Transformar as p variáveis *drivers* de forma que todas tenham média zero e a variância igual a um. Essa padronização é conseguida subtraindo de cada valor observado da *j*-ésima variável X_j a média desses valores $(\overline{x}_j)$ e dividindo a diferença pelo desvio-padrão (s_j) correspondente:

$$z_{ij} = \frac{x_{ij} - \overline{x}_j}{s_j} \quad j = 1, \ldots, p$$

- Transformar todas as variáveis em uma escala que varia entre 0 e 1:

$$z_j = \frac{x_j - \min(x_j)}{\max(x_j) - \min(x_j)} \quad j = 1, \ldots, p,$$

onde $\min(x_j)$ e $\max(x_j)$ representam respectivamente o menor valor e o maior valor da variável X_j.

---

[3] O tratamento de missing values foi discutido no Capítulo 2.

9.6.3 TRANSFORMAÇÃO DE VARIÁVEIS QUALITATIVAS NOMINAIS EM VARIÁVEIS BINÁRIAS

No caso de variáveis qualitativas nominais, caso necessário,[4] podemos transformá-las em variáveis binárias (também denominadas variáveis *dummies*). Consideremos, por exemplo, a variável *estado civil* do cliente, com quatro categorias: solteiro, casado, viúvo e separado. A transformação em dummies é exemplificada na tabela seguinte.

Tabela 9.2 – Transformação em variáveis dummies

Estado civil	EC1	EC2	EC3	EC4
Solteiro	1	0	0	0
Casado	0	1	0	0
Viúvo	0	0	1	0
Separado	0	0	0	1

Em certas situações, em função da medida de parecença adotada, é conveniente transformar variáveis qualitativas com k categorias em k variáveis dummies.

9.6.4 TRANSFORMAÇÃO DE VARIÁVEIS QUALITATIVAS ORDINAIS

No caso de as variáveis qualitativas serem ordinais, temos algumas alternativas.

- Utilização de dummies. Com isso perdemos a estrutura ordinal, que pode ser importante.

- Imputação dos valores 1, 2, 3, ... de acordo com a ordem das categorias. O risco é que estamos assumindo que as diferenças entre categorias consecutivas da variável são iguais, o que em geral não corresponde à realidade. Por exemplo, atribuindo o valor 1 ao ensino primário, 2 ao ensino secundário e 3 ao ensino superior admitiremos que a diferença entre um indivíduo que tem curso secundário e outro que tem curso primário (2 - 1) é a mesma que entre um indivíduo com curso superior e outro com curso secundário.

- Atribuição arbitrária de valores às categorias com base na experiência do analista no campo de aplicação do modelo. Por exemplo, atribui 1 a ensino primário, 4 a ensino secundário e 9 a ensino superior.

---

[4] Dependendo da forma de medir a parecença entre os indivíduos esta transformação nem sempre é necessária.

9.6.5 DISCRETIZAÇÃO DE VARIÁVEIS QUANTITATIVAS

Certos problemas de análise de agrupamentos envolvem o uso simultâneo de variáveis qualitativas e quantitativas. Algumas medidas de parecença somente podem ser aplicadas quando as variáveis são todas de um mesmo tipo (todas quantitativas ou todas qualitativas). Uma possível solução, nesse caso, é a discretização das variáveis quantitativas, ou seja, transformamos a variável quantitativa em uma variável categorizada (qualitativa). Por exemplo, ao lidar com a idade de uma empresa, podemos considerar 3 categorias: até 24 meses, de 25 a 60 meses e acima de 61 meses.

O problema da discretização é a determinação do número de categorias e dos limites de cada categoria. Uma possibilidade é a simples consideração de duas categorias: acima e abaixo da mediana; a perda de informação seria gigante.[5] Outra forma seria considerar como limites os quartis da distribuição, gerando quatro categorias. As categorias podem também ser definidas de forma arbitrária em função da experiência do analista. A principal desvantagem de discretizar uma variável contínua, além da óbvia perda de informação, é o caso dos indivíduos cujo valor cai próximo ao limite de uma categoria. "Por pouco" poderiam acabar classificados em *clusters* distintos.

9.6.6 ANÁLISE DE CORRELAÇÕES

As diferentes variáveis *drivers* utilizadas para o agrupamento dos indivíduos podem estar altamente correlacionadas. Isso é inconveniente, pois podemos estar considerando com maior peso a dimensão subjacente a essa correlação. Por exemplo, ao agrupar os professores da rede municipal de ensino, as variáveis *idade do professor* e *tempo de formado* provavelmente têm elevada correlação positiva. Considerar ambas ao agrupar os professores significa que estamos dando maior peso à dimensão idade que a outras dimensões representadas por uma única variável.

Pode ocorrer que uma *driver* seja uma combinação linear de duas ou mais das demais *drivers* a serem utilizadas no agrupamento. É o que denominamos de multicolinearidade. Por exemplo, ao classificar os clientes de um supermercado o total gasto em uma compra é a soma dos valores gastos nas diferentes famílias de produtos. A soma é uma combinação linear das demais quantidades.

No caso de correlação entre duas *drivers*, uma forma simplista de contornar o problema é eliminar uma das *drivers* envolvidas na relação de colinearidade. No caso de multicolinearidade, em que uma variável é uma combinação linear de duas ou mais variáveis, o tratamento é mais complexo, pois essa relação não é detectável pela simples análise visual dos dados ou da matriz de correlações.

Uma alternativa para evitar o uso de *drivers* que apresentam o problema de multicolinearidade é realizar o agrupamento substituindo as *drivers* por um conjunto de componentes principais que expliquem boa parte da variância total. A obtenção das

---

[5] Vide Capítulo 2.

Cluster analysis   **327**

componentes principais foi vista no Capítulo 2. Uma vantagem adicional ao utilizar as componentes principais é que, em certos casos, pode facilitar a interpretação dos *clusters* obtidos.

9.7 MEDIDAS DE PARECENÇA

Utilizamos o termo *parecença* para designar a similaridade ou diferença entre os indivíduos a serem agrupados. Não há uma definição única do que seja "parecença" entre dois indivíduos. Isso implica na existência de várias formas de medi-la.

A medida de distância entre dois indivíduos a e b será denotada por d(a, b). É um valor maior ou igual a zero e, neste texto, vamos assumir que d(a,b) = d(b,a), ou seja, a distância entre dois elementos não importa da ordem em que a medimos.[6]

A similaridade será denotada por s(a,b). Em geral, as medidas de similaridade fornecem valores entre 0 e 1: $0 \leq s(a,b) \leq 1$. Uma medida de similaridade pode ser convertida em uma medida de distância utilizando, por exemplo, a função d(a,b) = 1 - s(a,b).

O pesquisador deve, entre as medidas aplicáveis às variáveis de seu problema, escolher a que lhe parecer mais conveniente. Uma alternativa é utilizar diferentes medidas de similaridade e comparar os resultados obtidos. Vamos apresentar algumas das medidas de parecença mais citadas e mais utilizadas.

9.7.1 MEDIDAS DE PARECENÇA PARA VARIÁVEIS QUANTITATIVAS

Quando trabalhamos com variáveis quantitativas a parecença entre indivíduos é medida pela "distância" entre eles. A seguir apresentamos as medidas de distância mais utilizadas.

9.7.1.1 Distância euclidiana

Esta distância é a mais utilizada em análise de agrupamentos. Como exemplo de cálculo, consideremos três indivíduos, A, B e C caracterizados pelas variáveis X_1 (aplicação em poupança, em R\$1.000) e X_2 (aplicação em fundo de renda fixa, em R\$). A matriz de dados é apresentada na Tabela 9.3 a seguir.

---

[6]   Dizer que um novo jogador de futebol é parecido com Pelé não é a mesma coisa que dizer que Pelé é parecido com esse jogador!

Tabela 9.3 – Matriz de dados de três indivíduos

Indivíduos	X_1	X_2
A	150	1200
B	100	2000
C	100	1500

A distância Euclidiana entre dois indivíduos A e B, caracterizados pelos vetores dos valores das p *drivers* $A = (x_{a1}, ..., x_{ap})$ e $B = (x_{b1}, ..., x_{bp})$, é definida como segue:

$$d = \sqrt{\left(x_{a1} - x_{b1}\right)^2 + ... + \left(x_{ap} - x_{bp}\right)^2}$$

Calculando para os dados acima teremos:

$$d(A,B) = \sqrt{\left(150 - 100\right)^2 + \left(1200 - 2000\right)^2} = 801,6$$

$$d(A,C) = \sqrt{\left(150 - 100\right)^2 + \left(1200 - 1500\right)^2} = 304,1$$

$$d(B,C) = \sqrt{\left(100 - 100\right)^2 + \left(2000 - 1500\right)^2} = 500,0$$

Notamos que a distância é praticamente determinada por X_2. A matriz de distâncias resultantes é apresentada na Tabela 9.4. Observamos que A e C são os indivíduos mais parecidos.

Tabela 9.4 – Matriz de distâncias

	A	B	C
A	0		
B	801.6	0	
C	304.1	500.0	0

Se x_2 fosse expresso em milhares de reais, teríamos as seguintes matrizes de dados e de distâncias mostradas respectivamente nas Tabelas 9.5 e 9.6:

Cluster analysis

Tabela 9.5 – Matriz de distâncias

Indivíduos	X_1	X_2
A	150	1.20
B	100	2.00
C	100	1.50

Tabela 9.6 – Matriz de distâncias

	A	B	C
A	0		
B	50,00	0	
C	50,00	0,50	0

Mudando a escala de x_2, a ordem de dissimilaridade entre os pares de indivíduos se altera. No primeiro caso, os mais próximos são A e C. No segundo caso, B e C são os mais próximos. Esse é um inconveniente da distância euclidiana. Ela depende das escalas em que são medidas as variáveis. A menos que o analista deseje, por algum motivo, deixar que uma variável possa ter mais influência que outras em função de sua escala, recomenda-se a padronização das variáveis. É o procedimento usual.

9.7.1.2 Distância euclidiana normalizada

Seja **p** o número de variáveis consideradas para o cálculo das distâncias entre indivíduos. A distância euclidiana normalizada é definida como segue:

$$d = \sqrt{\frac{\left(x_{a1} - x_{b1}\right)^2 + \ldots + \left(x_{ap} - x_{bp}\right)^2}{p}}$$

A vantagem dessa definição é permitir comparar distâncias quando o número de informações disponíveis entre pares de indivíduos é diferente. Por exemplo, se estamos trabalhando com cinco variáveis e, para um dos indivíduos, o valor da segunda variável não foi informado, podemos calcular a distância entre esse indivíduo e os demais utilizando as quatro variáveis cujos valores foram informados e dividir a soma por quatro. Esse valor "médio" pode ser comparado ao valor "médio" calculado com cinco variáveis para as distâncias entre os demais indivíduos.

9.7.1.3 Distância euclidiana ponderada

Neste caso, as diferenças correspondentes a cada variável são multiplicadas por um peso cujo valor é sempre positivo:

$$d_{pond} = \sqrt{w_1 \left(x_{a1} - x_{b1}\right)^2 + \ldots + w_p \left(x_{ap} - x_{bp}\right)^2}, \text{ onde } w_i > 0 \text{ para } \left(i = 1, \ldots, p\right)$$

A dificuldade prática ao utilizar essa medida é definir os pesos w_i, o que dependerá da sensibilidade do analista e dos objetivos do agrupamento. O inconveniente ao utilizar essa fórmula é que o analista está influenciando a formação dos agrupamentos ao arbitrar um peso maior para uma variável que considere importante em função de sua experiência ou crença.

9.7.1.4 Distância absoluta

Também chamada *city-block metric* ou *Manhattan distance* entre $A = (x_{a1}, \ldots, x_{ap})$ e $B = (x_{b1}, \ldots, x_{bp})$, é definida como segue, considerando os dados da Tabela 9.3:

$$d = \left|x_{a1} - x_{b1}\right| + \ldots + \left|x_{ap} - x_{bp}\right|$$

$$d\left(A, B\right) = \left|150 - 100\right| + \left|1200 - 2000\right| = 850$$

$$d\left(A, C\right) = \left|150 - 100\right| + \left|1200 - 1500\right| = 350$$

$$d\left(B, C\right) = \left|100 - 100\right| + \left|2000 - 1500\right| = 500$$

Note que essa distância também depende da escala em que definimos as variáveis e, portanto, devemos novamente trabalhar com as variáveis padronizadas.

9.7.2 MEDIDAS DE SIMILARIDADE PARA VARIÁVEIS BINÁRIAS

Ao trabalhar com variáveis binárias é usual medir a "similaridade" entre os indivíduos. Para ilustrarmos algumas medidas de similaridade, consideremos a Tabela 9.7, onde os indivíduos A e B são caracterizados por sete variáveis binárias.

Tabela 9.7 – Dados binários de A e B

Empresa	X1	X2	X3	X4	X5	X6	X7
A	0	1	1	0	1	1	0
B	0	1	1	0	1	1	1

9.7.2.1 Similaridade entre binárias simétricas

Variáveis binárias *simétricas* são aquelas em que as categorias 0 e 1 são igualmente relevantes para o estudo. Por exemplo, considerando a variável sexo, em geral é indiferente se atribuímos o valor 1 ao sexo feminino e 0 ao sexo masculino, ou vice-versa. Nesse caso, as concordâncias (0 - 0) e (1 - 1) têm a mesma importância. Para esse tipo de binárias definimos o *coeficiente de similaridade simples* como segue:

$$S_1 = \frac{Pares(0 - 0) + Pares(1 - 1)}{p}, \text{ onde } p = \text{número de variáveis}$$

Em nosso exemplo, com p = 7, a similaridade entre A e B é dada por:

$$S_1(A, B) = \frac{6}{7} = 0,86$$

9.7.2.2 Similaridade entre binárias assimétricas

Quando a variável binária é gerada de forma que o valor 1 é atribuído à categoria cuja ocorrência é considerada mais importante no estudo ou à categoria que ocorre com rara frequência (por exemplo, 1 = ter uma doença rara, 0 = caso contrário), a variável é dita *binária assimétrica*. Nesses casos, a coincidência 1 - 1 entre dois indivíduos, denominada *concordância real* ou *concordância forte*, tem maior relevância que a concordância 0 - 0.

Para considerar tal situação, foram definidos alguns coeficientes de similaridade que permitem considerar diferentemente os dois tipos de concordâncias. Por exemplo, temos o coeficiente S_2 que só considera as concordâncias fortes 1 - 1:

$$S_2(A, B) = \frac{Pares(1 - 1)}{p} = \frac{4}{7} = 0,57$$

O Coeficiente de Jaccard, S_3, um dos mais utilizados, é definido como:

$$S_3(A, B) = \frac{Pares(1 - 1)}{p - \left[Pares(0 - 0) \right]} = \frac{4}{5} = 0,80$$

Outro coeficiente de similaridade utilizado considerando a assimetria das binárias é o Coeficiente de Sorensen-Dice:

$$\text{Coeficiente de Sorensen-Dice} = \frac{2 \times pares(1 - 1)}{2 \times pares(1 - 1) + pares(1 - 0) + pares(0 - 1)}$$

Nem todos os coeficientes guardam relação monotônica. Se, utilizando o coeficiente S_1, o indivíduo A é mais similar a B, pode ocorrer que, utilizando o coeficiente S_2, o indivíduo A seja mais similar a C.

9.7.3 MEDIDAS DE SIMILARIDADE PARA VARIÁVEIS QUALITATIVAS NOMINAIS

9.7.3.1 Similaridade simples

Neste caso, podemos simplesmente considerar a coincidência ou não de duas categorias. Por exemplo, consideremos dois indivíduos caracterizados pelas variáveis estado civil, nível de escolaridade, tipo de residência e unidade da federação em que reside:

Quadro 9.1 – Dados dos clientes

Cliente	Estado civil	Nível educacional	Residência	UF
A	Solteiro	Secundário	Própria	SP
B	Solteiro	Superior	Própria	SP

Como temos 3 coincidências A, a similaridade entre A e B será:

$$S(A, B) = \frac{3}{4} = 0,75$$

Poderíamos definir a distância como d(A, B) = 1 ou, em termos relativos, d(A, B) = 0,25.

Alguns analistas sugerem que variáveis nominais com mais categorias deveriam ter maior peso no cálculo da similaridade, pois a possibilidade de coincidência é menor e, portanto, mais importante.

9.7.3.2 Similaridade transformando em variáveis binárias

Uma alternativa é transformar a variável nominal em variáveis binárias (0 - 1) e utilizar os coeficientes de similaridade acima definidos.

9.7.4 MEDIDAS DE SIMILARIDADE PARA VARIÁVEIS QUALITATIVAS ORDINAIS

Neste caso, não há solução única. Poderíamos transformar a variável em variáveis dummies, como em uma variável nominal. Essa é uma alternativa simples, mas perdemos a noção de ordenação, que pode ser importante para definir os agrupamentos.

Outra alternativa poderia ser atribuir valores a cada uma das categorias, tratando a variável transformada como se fosse quantitativa. Sendo essa atribuição puramente arbitrária estaremos indiretamente interferindo na formação dos agrupamentos.

Alternativamente, poderíamos atribuir os valores A = 1, B = 2, C = 4 e D = 8. Teremos diferentes valores para as diferenças entre as categorias, mas, novamente, trata-se de pura arbitrariedade do analista, provavelmente com base em experiência no contexto do problema!

9.7.5 MISTURA DE VARIÁVEIS QUALITATIVAS E QUANTITATIVAS

Uma situação comum em problemas reais é o uso simultâneo de variáveis quantitativas e qualitativas para determinar os agrupamentos. Para calcular a parecença entre os indivíduos podemos considerar diferentes alternativas.

Podemos discretizar as variáveis quantitativas. A variável discretizada é então transformada em variáveis binárias. Dessa forma, todas as variáveis do problema ficam na escala 0 - 1 e podemos utilizar os coeficientes de similaridade acima definidos. Além de perdermos o efeito da ordenação, essa alternativa implica em perda de informação, especialmente se discretizarmos em poucas categorias.

Uma alternativa interessante consiste em calcular e combinar as distâncias entre as variáveis, adaptando a definição de distância ao tipo de variável considerada. Essa é a base da medida de Gower utilizada pelo pacote cluster do software R. A fórmula diferencia a forma de medir essa similaridade entre variáveis nominais, variáveis binárias simétricas e variáveis binárias assimétricas. Para essas últimas, consideram-se apenas as coincidências fortes, ou seja, 1 - 1. As distâncias entre variáveis ordinais e variáveis quantitativas são medidas utilizando a distância de Manhattan para os valores padronizados entre 0 e 1.[7]

---

[7] A fórmula de Gower para a distância entre os indivíduos a e b é dada por

$$d(a,b) = \frac{\sum_{i=1}^{p} \delta_{ab}^{i} d_{ab}^{i}}{\sum_{i=1}^{p} \delta_{ab}^{i}}$$

onde δ_{ab}^{i} indica se a i-ésima variável será considerada na fórmula. No caso de variáveis nominais, ordinais, binárias simétricas e quantitativas, $\delta_{ab}^{i} = 1$. No caso de binárias assimétricas, $\delta_{ab}^{i} = 1$ apenas se a coincidência for do tipo (1 - 1). No caso de um dos valores da i-ésima variável ser missing, $\delta_{ab}^{i} = 0$.

9.8 A MATRIZ DE DISTÂNCIAS OU DE SIMILARIDADES

Após calcular as distâncias e similaridades, montamos a matriz que contém os valores correspondentes. A matriz seguinte mostra as distâncias entre quatro indivíduos (A a D). Note-se que esta matriz é simétrica. Os dois indivíduos mais próximos são A e D, enquanto os mais distantes são C e D.

Tabela 9.8 – Matriz de distâncias

	A	B	C	D
A	0.00	2.97	4.33	2.17
B	2.97	0.00	3.27	4.79
C	4.33	3.27	0.00	6.22
D	2.17	4.79	6.22	0.00

9.9 DISTÂNCIAS ENTRE *CLUSTERS*

Em vários métodos de agrupamento necessitamos definir a distância entre dois *clusters*. Os dois *clusters* mais próximos poderão ser fundidos em um único *cluster*. A literatura apresenta uma grande variedade de definições para a distância entre *clusters*. Neste texto apresentaremos apenas quatro definições. Para ilustrar as definições consideremos a matriz de distâncias na Tabela 9.10 e vamos calcular, por exemplo, a distância entre os *clusters* A = (a, b) e B = (c, d, e).

Para variáveis nominais ou binárias simétricas, $d_{ab}^i = 0$, em caso de coincidência, e $d_{ab}^i = 1$, caso contrário. Na hipótese de variáveis binárias assimétricas, apenas no caso 1 - 1 é que essa variável será considerada no cálculo e sua distância será igual a zero (mas note que $\delta_{ab}^i = 1$ no denominador). Esse procedimento é equivalente ao uso do coeficiente de Jaccard. Variáveis ordinais são transformadas em quantitativas, atribuindo-se o valor correspondente à sua ordenação (1, 2 ...). Variáveis quantitativas são padronizadas entre 0 e 1 e d_{ab}^i é a distância de Manhattan entre os valores padronizados.

Tabela 9.9 – Matriz de distâncias

	a	b	c	d	e
a	0				
b	2	0			
c	4	8	0		
d	6	10	2	0	
e	8	6	4	1	0

9.9.1 DISTÂNCIA MÉDIA

Se o *cluster* A é formado pelos indivíduos a_i (i = 1, ..., n_a) e o *cluster* B pelos indivíduos b_j (j = 1, ..., n_b), a distância média entre A e B é definida como segue:

$$d(A,B) = \frac{\sum_{i,j} d(a_i, b_j)}{n_a \times n_b}$$

Em nosso exemplo teremos:

$$d(A,B) = \frac{4+6+8+10+8+6}{2 \times 3} = \frac{42}{6} = 7$$

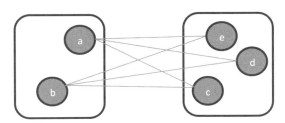

Figura 9.3 – Distância média entre *clusters*.

Quando fundimos dois *clusters* por serem os mais próximos considerando a definição de distância média, dizemos que fizemos a *ligação pela média*.

9.9.2 DISTÂNCIA SIMPLES OU DISTÂNCIA ENTRE VIZINHOS MAIS PRÓXIMOS (VMP)

Se o *cluster* A é formado pelos indivíduos a_i (i = 1, ..., n_a) e o *cluster* B pelos indivíduos b_j (j = 1, ..., n_b), a distância média simples entre A e B é definida como segue:

$$d(A,B) = \min_{i,j}(d(a_i, b_j))$$

Em nosso exemplo, $d(A,B) = 4,0$

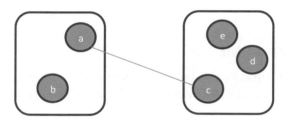

Figura 9.4 – Distância entre vizinhos mais próximos.

Quando fundimos dois agrupamentos por serem os mais próximos dentro da definição de distância entre vizinhos mais próximos, dizemos que temos uma *ligação simples* ou *ligação pelos vizinhos mais próximos*. Em inglês, a ligação é denominada *single linkage*.

9.9.3 DISTÂNCIA COMPLETA OU DISTÂNCIAS ENTRE VIZINHOS MAIS DISTANTES (VMD)

Se o *cluster* A é formado pelos indivíduos a_i (i = 1, ..., n_a) e o *cluster* B pelos indivíduos b_j (j = 1, ..., n_b), a distância completa entre A e B é definida como segue:

$$d(A,B) = \max_{i,j}\left(d(a_i, b_j)\right)$$

Em nosso exemplo, $d(A,B) = 10,0$

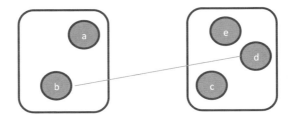

Figura 9.5 – Distância entre vizinhos mais distantes.

Quando fundimos dois agrupamentos por serem os mais próximos dentro da definição de distância entre vizinhos mais distantes, dizemos que temos uma *ligação completa* ou *ligação pelos vizinhos mais distantes*. Em inglês, *complete linkage*.

9.9.4 DISTÂNCIA ENTRE CENTROIDES

A distância entre dois agrupamentos pode ser medida pela distância entre os centroides desses agrupamentos. Se o *cluster* A é formado pelos indivíduos a_i (i = 1, ..., n_a) e o *cluster* B pelos indivíduos b_j (j = 1, ..., n_b), os centroides de A e B são definidos por:

$C_A = (\bar{x}_1, ..., \bar{x}_p)$, onde $\bar{x}_i$ = média de X_i calculada para os indivíduos do agrupamento A

$C_B = (\bar{x}_1, ..., \bar{x}_p)$, onde $\bar{x}_i$ = média de X_i calculada para os indivíduos do agrupamento B

E a distância entre A e B é definida pela distância euclidiana entre C_A e C_B:

$$d(A,B) = d(C_A, C_B)$$

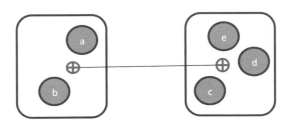

Figura 9.6 – Distância entre centroides dos agrupamentos.

9.10 SOMAS DE QUADRADOS DENTRO E ENTRE *CLUSTERS*

Denomina-se "erro" à distância euclidiana entre um indivíduo de um *cluster* e o centroide desse *cluster*. Uma medida utilizada para avaliar a homogeneidade de um *cluster* é a soma dos quadrados dos erros dentro de cada *cluster* (em inglês, WSS – *Within Sum of Squares*). A WSS mede a dispersão dentro de um *cluster*. [8]

Seja C_k o centroide do *cluster* k (k = 1, ..., K). A soma dos quadrados dos erros do *cluster* k é definida pela soma dos quadrados das distâncias euclidianas de cada ponto do *cluster* k ao seu centroide C_k.

$$WSS_K = \sum_{x \in \text{cluster } k} d^2(x, C_k)$$

A soma de quadrados total é a soma das WSS_k de todos os *clusters* do agrupamento.

$$WSS_T = \sum_{k=1}^{K} WSS_k$$

Ao comparar matematicamente dois possíveis agrupamentos *clusters*, preferimos aquele que apresentar menor WSS_T. Esse é o que apresenta *clusters* com menor dispersão interna, ou, no jargão de análise de agrupamentos, os que apresentam maior coesão.

A soma das distâncias ao quadrado entre os centroides dos K diferentes *clusters* é denominada SSB (em inglês, *SSB – Sum of Squares Between*). $SSB = \sum_{i<j} d^2(C_i, C_j)$, para i e j variando de 1 a K. Valores altos de SSB correspondem a agrupamentos cujos *clusters* são distantes entre si. Portanto, SSB mede o grau de separação ou "isolamento" entre *clusters*. Quanto maior, melhor.

Alguns analistas utilizam, para comparar dois agrupamentos de *clusters*, o quociente SSB/WSS. Quanto maior, melhor!

9.11 TÉCNICAS DE ANÁLISE DE AGRUPAMENTOS

Os métodos para agrupar indivíduos, em geral, buscam atender a dois critérios:

- Máxima coesão interna: grande homogeneidade "dentro" de cada *cluster*, ou seja, a semelhança entre os indivíduos de um mesmo *cluster* deve ser a maior possível. Isso equivale à minimização da WSS_T.

- Máximo isolamento: heterogeneidade entre *clusters*, ou seja, os indivíduos em *clusters* distintos devem ser os menos semelhantes possíveis. Em outras palavras, buscam-se grupos que sejam muito diferentes entre si. Esse objetivo equivale à maximização da SSB.

---

[8] Às vezes é denotada por SSE (*Sum of Squared Errors*)

Nem sempre é possível alcançar os dois objetivos simultaneamente.

A literatura apresenta muitos métodos para obter o agrupamento de indivíduos. Todos se baseiam em argumentos razoavelmente lógicos e não é possível sugerir o que seria "o melhor método". Alguns são mais adequados para obter certos tipos de agrupamentos do que outros. O problema é que, de antemão, não sabemos a estrutura dos futuros agrupamentos e, assim, é difícil escolher o algoritmo mais adequado.

Ao desenvolver um projeto de análise de agrupamentos, os analistas (especialmente os que não conhecem os prós e contras de cada método) ficam tentados a experimentar muitas opções de agrupamento (às vezes, todas as disponíveis no software!). Apesar de parecer correta, a experiência nos ensina que essa forma de proceder acaba criando mais confusão que gerando bons resultados. Nossa recomendação é que se testem apenas algumas técnicas e se dispense mais tempo à interpretação dos resultados obtidos, escolhendo a solução que parecer a mais interessante para satisfazer os objetivos do problema.

9.12 UMA CLASSIFICAÇÃO DOS MÉTODOS DE AGRUPAMENTO

Neste texto, vamos apresentar duas famílias de algoritmos de agrupamento. Os algoritmos hierárquicos e os algoritmos de partição. Entre os métodos hierárquicos focaremos nos aglomerativos. Entre os métodos de partição, descreveremos os métodos de k-médias e o de k-medoides.

Nos *métodos hierárquicos aglomerativos* os n indivíduos definem inicialmente n *clusters*. A seguir, os *clusters* vão sendo fundidos passo a passo até chegarmos a um único agrupamento formado por todos os n indivíduos. A principal desvantagem desses métodos é o fato de que se dois indivíduos são fundidos em alguma etapa do processo, eles não podem ser realocados futuramente, de forma a melhorar o resultado.

Nos *métodos hierárquicos divisivos*, os n indivíduos definem inicialmente um único agrupamento; a seguir esse agrupamento é dividido em dois agrupamentos; depois, cada um destes é dividido em outros dois agrupamentos, e assim por diante, até chegarmos a n agrupamentos, cada um formado por um único indivíduo.

Nos *métodos de partição* formam-se agrupamentos iniciais arbitrários e os indivíduos vão sendo realocados entre agrupamentos até que nenhuma realocação altere significativamente um critério de parada previamente definido.

9.13 ALGORITMOS HIERÁRQUICOS AGLOMERATIVOS

Os diversos algoritmos seguem basicamente os passos descritos a seguir. O que os diferem entre si é o critério de fusão de *clusters*.

- Etapa inicial:
  - ▷ cada indivíduo define um *cluster*. Se temos n indivíduos a classificar, então teremos inicialmente n *clusters*

- Etapas intermediárias:

  ▷ a cada novo passo fundem-se dois dos *clusters* resultantes da etapa anterior, de acordo com o critério de fusão predeterminado.

  ▷ Após fundir os dois *clusters* calculamos a nova matriz de distâncias.

- Etapa final: o processo termina quando todos os indivíduos são fundidos em um só agrupamento.

Esse processo não indica quantos agrupamentos devemos formar. A decisão dependerá da análise de uma figura, denominada dendrograma, que é um retrato dos diferentes passos do processo.

Para ilustrar o método, vamos apresentar um exemplo considerando a matriz de distâncias seguinte. Vamos utilizar a distância média entre *clusters* para orientar as fusões.

Tabela 9.10 – Matriz de distâncias

	[a]	[b]	[c]	[d]	[e]
[a]	0				
[b]	2	0			
[c]	4	8	0		
[d]	6	10	2	0	
[e]	8	6	4	1	0

Passo 0 (inicial):

Temos 5 agrupamentos, a saber: [a], [b], [c], [d], [e]

Passo 1:

- *Clusters* mais próximos: [d] e [e] pois d([b], [e]) = 1.

- Formamos o *cluster* [d, e].

- Calculamos a nova matriz de distâncias:

Cluster analysis

Tabela 9.11 – Matriz de distâncias após o passo 1

	[a]	[b]	[c]	[d, e]
[a]	0			
[b]	2	0		
[c]	4	8	0	
[d, e]	7	8	3	0

Passo 2:

- *Clusters* mais próximos: [a] e [b], pois d([a], [b]) = 2.
- Formamos o *cluster* [a, b].
- Calculamos a nova matriz de distâncias:

Tabela 9.12 – Matriz de distâncias após o passo 2

	[a, b]	[c]	[d, e]
[a, b]	0		
[c]	6	0	
[d, e]	7,5	3	0

Passo 3:

- *Clusters* mais próximos: [c] e [d, e] pois d([c], [d, e]) = 3.
- Formamos o *cluster* [c, d, e].
- Calculamos a nova matriz de distâncias:

Tabela 9.13 – Matriz de distâncias após o passo 3

	[a, b]	[c, d, e]
[a, b]	0	
[c, d, e]	7	0

Passo 4 (final):

- Formamos o agrupamento [a, b, c, d, e]. A distância entre os *clusters* é igual a 7.

Resumo:

Tabela 9.14 – Resumo do processo de agrupamento

Passo	Elementos agrupados	Distância	*Cluster* resultante
1	[d], [e]	1	[d, e]
2	[a], [b]	2	[a, b]
3	[c], [d, e]	3	[c, d, e]
Final	[a, b], [c, d, e]	7	[a, b, c, d, e]

Esse processo pode ser representado por um gráfico, denominado dendrograma, apresentado na Figura 9.7.

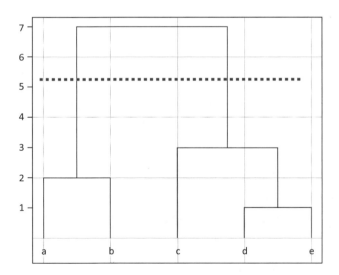

Figura 9.7 – Dendrograma.

No eixo horizontal estão dispostos os indivíduos que foram agrupados. A altura da linha horizontal é a distância entre os *clusters* que foram fundidos. Observe que a ordem em que esses indivíduos são dispostos na horizontal é importante para que o dendrograma não se torne um emaranhado de linhas cruzadas. Os softwares estatísticos dispõem de algoritmos que determinam a melhor ordenação dos indivíduos no eixo horizontal.

9.13.1 DETERMINAÇÃO DO NÚMERO DE AGRUPAMENTOS

Após obter o dendrograma, deve-se decidir qual número de *clusters* considerar. Não existe solução única para esse fim, mas a prática usual é "cortar" o dendrograma onde o salto na fusão de dois *clusters* for "maior". No exemplo, o dendrograma sugere definir dois *clusters*, [a, b] e [c, d, e], cortando o dendrograma na altura da linha pontilhada.

9.13.2 MÉTODO HIERÁRQUICO AGLOMERATIVO COM LIGAÇÃO PELO CRITÉRIO DE WARD

Este é um algoritmo de agrupamento hierárquico muito utilizado. A ligação pelo critério de Ward não se baseia em cálculo de distâncias entre *clusters*. Busca-se, a cada passo, a fusão de dois *clusters* que implique no menor aumento da soma de quadrados dos erros WSS.

O primeiro passo é o mesmo que nos outros algoritmos hierárquicos aglomerativos. Os demais passos diferem.

- Passo inicial:
  - ▷ cada indivíduo define um agrupamento. Se temos n indivíduos a classificar, então teremos n agrupamentos.
- Passos intermediários:
  - ▷ a cada novo passo fundem-se dois dos *clusters* resultantes da etapa anterior de forma tal que, dentre todas as fusões possíveis nessa etapa, a configuração resultante seja aquela para a qual a soma WSS dos *clusters* formados seja mínima.
- Passo final: o processo termina quando todos os indivíduos são fundidos em um só agrupamento.

O agrupamento pelo método de Ward é um dos mais utilizados na prática, pois, em geral, conduz a agrupamentos cujos dendrogramas são mais simples de analisar. Não significa necessariamente que produzam uma boa solução. O software R utiliza um procedimento descrito em Murtagh e Legendre (2014) para implementar esse algoritmo.[9]

9.13.3 PROBLEMAS COM MÉTODOS HIERÁRQUICOS

Entre os algoritmos hierárquicos aglomerativos, as diferentes formas de fusão dos *clusters* têm muito influência na determinação dos agrupamentos.

---

[9]   Murtagh, F. and P. Legendre, *Ward's Hierarchical Agglomerative Clustering Method*: Which Algorithms Implement Ward's Criterion? Journal of Classification 31: 274-295 (2014).

- O método de ligação pela menor distância (VMP, single *linkage*) tem como maior contraindicação o *efeito de encadeamento*. Se dois *clusters* têm dois pontos próximos, eles serão fundidos, independentemente da posição dos demais pontos desses agrupamentos. Isso é um grande inconveniente, especialmente quando temos *outliers*.

Figura 9.8 – *Outliers*.

- O método de ligação pela maior distância (VMD, *complete linkage*), que considera os dois elementos mais distantes dos dois *clusters*, conduz, com frequência, a agrupamentos compactos com "mesmo diâmetro" (diâmetro: maior distância entre os indivíduos de um *cluster*). É menos sensível que o método de ligação pela menor distância à influência de *outliers*.

- O método de ligação pela média tende a gerar agrupamentos menores com maior homogeneidade interna. Nem sempre é a solução mais interessante.

- O método de ligação pelo centroide pode conduzir a inversões: a hierarquia das ligações é quebrada. Dois *clusters* fundidos em determinado passo podem ter distância inferior a dois *clusters* fundidos anteriormente. Essa inversão não é aceitável. No entanto, alguns estudos revelam que podem conduzir a resultados mais satisfatórios quando o número de indivíduos dos agrupamentos originais difere.

- O método de Ward, um dos mais utilizados, tende a formar *clusters* de mesmo tamanho. É sensível a *outliers* em virtude de considerar distâncias ao quadrado, potencializando maiores desvios do centroide. Por considerar distâncias ao centroide, é recomendado para o caso de variáveis quantitativas, mas acaba sendo utilizado em todos os casos, mesmo utilizando variáveis binárias.

Cluster analysis   **345**

9.14 UM EXEMPLO DE APLICAÇÃO DO ALGORITMO HIERÁRQUICO AGLOMERATIVO

Para ilustrar a aplicação desta técnica vamos utilizar o arquivo UN NATIONAL STATS com indicadores sociais correspondentes a 213 locais, quase todos membros das Nações Unidas. O conjunto de dados foi extraído do package `carData` do R[10] e descrito no Capítulo 1.

O arquivo foi editado para aplicação da análise de agrupamentos eliminado locais com dados em branco e *outliers* que podem comprometer o agrupamento. A variável ppgdp foi transformada aplicando-se o logaritmo natural para reduzir o excesso de assimetria, gerando a variável **logppgdp**.[11]

Aplicação 1:

Inicialmente, vamos aplicar o algoritmo hierárquico aglomerativo, com ligação pelo critério de Ward, considerando apenas as variáveis quantitativas como *drivers*. A matriz de correlação entre essas variáveis é dada a seguir:

```
> un.numeric=un[,sapply(un, is.numeric)]
# un.numeric : arquivo apenas com quantitativas
> names(un.numeric)
"fertility"   "lifeExpF"   "pctUrban"   "infantMortality"   "logppgdp"
> round(cor(un.numeric),2)
                 fertility lifeExpF pctUrban infantMortality logppgdp
fertility             1.00    -0.81    -0.53            0.85    -0.72
lifeExpF             -0.81     1.00     0.58           -0.93     0.77
pctUrban             -0.53     0.58     1.00           -0.59     0.73
infantMortality       0.85    -0.93    -0.59            1.00    -0.79
logppgdp             -0.72     0.77     0.73           -0.79     1.00
```

---

[10] Informação no pacote do R: "All data were collected from UN tables accessed at *http://unstats. un.org/unsd/demographic/products/socind/* on April 23, 2012. OECD membership is from *https://www.oecd.org/*, accessed May 25, 2012".

[11] Uma alternativa interessante seria a transformação via raiz quadrada, que provocaria um menor "encolhimento" na dispersão dos dados.

Como a correlação entre infantMortality e lifeExpF é muito alta em valor absoluto, optamos por remover uma das duas variáveis para evitar que o agrupamento seja influenciado pela dimensão subjacente.[12]

Inicialmente padronizamos os dados subtraindo a média e dividindo pelo correspondente desvio-padrão (função scale). A matriz de distância é calculada utilizando a função dist, cujo default são as distâncias euclidianas.

```
> un.num.padr=scale(un.numeric) #dados padronizados
> un.num.dist=dist(un.num.padr) # distâncias euclidianas
> hc1=hclust(un.num.dist, method = "ward.D2")
> plot(hc1, hang = -1, labels = F, lwd=2, main="aplicação 1")
> abline(h=25, col="red", lty=2, lwd=2)
```

Obtemos o dendrograma da Figura 9.9, que sugere a existência de dois *clusters*.

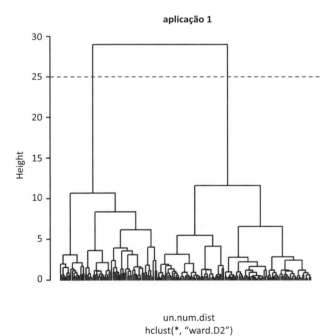

Figura 9.9 – Dendrograma da aplicação 1.

---

[12] Arbitrariamente, estamos adotando como altas as correlações que em valor absoluto sejam superiores a 0,9.

Vamos identificar a que *cluster* pertence cada país:

```
> un$hc1=cutree(hc1, 2) #identifica os labels de cada país
> table(un$hc1)
   1    2
 117   74
```

Os *clusters* têm tamanho 117 e 74, respectivamente. Para comparar o comportamento das *drivers* entre eles utilizaremos os gráficos a seguir na Figura 9.10.

```
> par(mfrow=c(2,3))
> graycol=gray.colors( 2, start = 0.5, end = 0.8)
> boxplot(un$fertility~un$hc1, main='fertility', col=graycol)
> boxplot(un$logppgdp~un$hc1, main='logppgdp', col=graycol)
> boxplot(un$lifeExpF~un$hc1, main='lifeExpF', col=graycol )
> boxplot(un$pctUrban~un$hc1, main='pctUrban', col=graycol)
>boxplot(un$infantMortality~un$hc1,main='infantMortality',col=graycol)
```

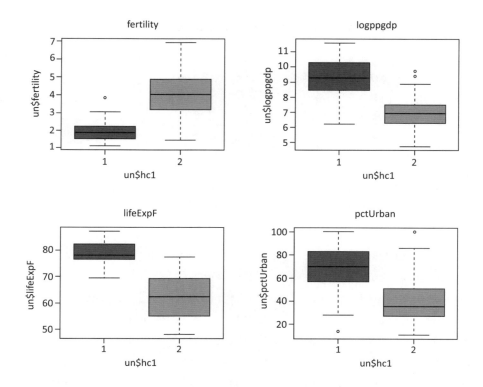

Figura 9.10 – Comparação dos *clusters* da aplicação 1.

Nesse exemplo, a comparação é simples. O *cluster* 1 apresenta indicadores que apresentam melhores condições (menor fertilidade, maiores produto per capita e expectativa de vida) e maior concentração em áreas urbanas. O *cluster* 2 é constituído por países com piores condições.

Duas variáveis não foram utilizadas como *drivers*: *group* e *region*. A distribuição de *region* pelos dois *clusters* são dadas a seguir.

Cluster analysis

```
> CrossTable(un$region, un$hc1, prop.c = F, prop.chisq = F, prop.t = F,
prop.r = T)
                 | un$hc1
    un$region |           1 |           2 | Row Total |
--------------|-----------|-----------|-----------|
      Africa |           7 |          44 |          51 |
               |       0.137 |       0.863 |       0.267 |
--------------|-----------|-----------|-----------|
        Asia |          33 |          16 |          49 |
               |       0.673 |       0.327 |       0.257 |
--------------|-----------|-----------|-----------|
   Caribbean |          12 |           1 |          13 |
               |       0.923 |       0.077 |       0.068 |
--------------|-----------|-----------|-----------|
      Europe |          38 |           1 |          39 |
               |       0.974 |       0.026 |       0.204 |
--------------|-----------|-----------|-----------|
  Latin Amer |          18 |           2 |          20 |
               |       0.900 |       0.100 |       0.105 |
--------------|-----------|-----------|-----------|
North America |           2 |           0 |           2 |
               |       1.000 |       0.000 |       0.010 |
--------------|-----------|-----------|-----------|
     Oceania |           7 |          10 |          17 |
               |       0.412 |       0.588 |       0.089 |
--------------|-----------|-----------|-----------|
Column Total |         117 |          74 |         191 |
```

O *cluster* 2 concentra a maior parte dos países da África e Oceania e boa parte da Ásia. O *cluster* 1 concentra os demais países.

A distribuição de *group* é apresentada a seguir:

```
> CrossTable(un$group, un$hc1, prop.c = F, prop.chisq = F, prop.t = F,
prop.r = T)
              | un$hc1
   un$group |          1 |          2 | Row Total |
-------------|-----------|-----------|-----------|
     africa |          7 |         44 |         51 |
            |      0.137 |      0.863 |      0.267 |
-------------|-----------|-----------|-----------|
       oecd |         31 |          0 |         31 |
            |      1.000 |      0.000 |      0.162 |
-------------|-----------|-----------|-----------|
      other |         79 |         30 |        109 |
            |      0.725 |      0.275 |      0.571 |
-------------|-----------|-----------|-----------|
Column Total |        117 |         74 |        191 |
-------------|-----------|-----------|-----------|
```

Nenhum país da OECD pertence ao *cluster* 2.

Para identificar os países dos dois *clusters* podemos utilizar os comandos seguintes:

```
un$country[un$hc1==1]
un$country[un$hc1==2]
```

Aplicação 2:

Vamos aplicar o algoritmo hierárquico aglomerativo, com ligação pelo critério de Ward, considerando as variáveis quantitativas e as qualitativas como *drivers*. Como fizemos anteriormente, removeremos a variável *infantMortality*. As variáveis tipo chr têm que ser transformadas em fator para utilizar o pacote cluster.

Cluster analysis 351

```
> library(cluster)
> un.mix=un[,-c(1,7,9)] #arquivo com as drivers
> names(un.mix)
[1] "region" "group" "fertility" "lifeExpF" "pctUrban" "logppgdp"
> un.mix$region=as.factor(un$region)
> un.mix$group=as.factor(un$group)
```

Calculamos a matriz de distâncias utilizando a função daisy do package cluster. No caso de trabalharmos com mistura de variáveis (qualitativas e quantitativas), a função utiliza os valores padronizados entre 0 e 1 das variáveis quantitativas. Não é necessária a padronização anterior.

```
> un.mix.dist=daisy(un.mix) #matriz de distâncias (Gower)
> hc2=hclust(un.mix.dist, method ='ward.D2')
> plot(hc2, hang = -1, labels = F, lwd=2, main="aplicação 2")
```

Obtemos o dendrograma seguinte:

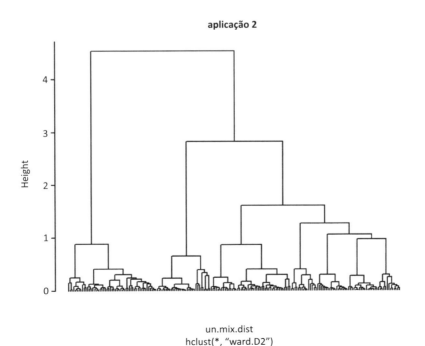

Figura 9.11 – Dendrograma da aplicação 2.

O dendrograma sugere 2 ou 3 *clusters*. Vamos considerar o resultado com três *clusters*. Deixamos a comparação a cargo do leitor.

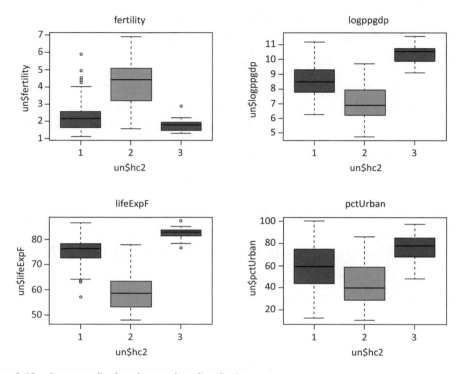

Figura 9.12 – Comparação dos *clusters* da aplicação 2.

Cluster analysis

un$region	un$hc2 1	2	3	Row Total
Africa	0	51	0	51
	0.000	1.000	0.000	0.267
Asia	46	0	3	49
	0.939	0.000	0.061	0.257
Caribbean	13	0	0	13
	1.000	0.000	0.000	0.068
Europe	17	0	22	39
	0.436	0.000	0.564	0.204
Latin Amer	18	0	2	20
	0.900	0.000	0.100	0.105
North America	0	0	2	2
	0.000	0.000	1.000	0.010
Oceania	15	0	2	17
	0.882	0.000	0.118	0.089
Column Total	109	51	31	191

```
             | un$hc2
    un$group |           1 |           2 |           3 | Row Total |
-------------|-------------|-------------|-------------|-----------|
      africa |           0 |          51 |           0 |        51 |
             |       0.000 |       1.000 |       0.000 |     0.267 |
-------------|-------------|-------------|-------------|-----------|
        oecd |           0 |           0 |          31 |        31 |
             |       0.000 |       0.000 |       1.000 |     0.162 |
-------------|-------------|-------------|-------------|-----------|
       other |         109 |           0 |           0 |       109 |
             |       1.000 |       0.000 |       0.000 |     0.571 |
-------------|-------------|-------------|-------------|-----------|
Column Total |         109 |          51 |          31 |       191 |
```

9.15 MÉTODOS DE PARTIÇÃO I : K-MÉDIAS (*K-MEANS*)

Vamos descrever dois métodos de partição: *k-means* e *k-medoids*. Alguns autores os denominam *métodos de otimização* pois a determinação dos *clusters* objetiva a minimização da função WSS, soma dos quadrados internos dos *clusters*. Esses métodos apresentam o inconveniente de termos que definir *a priori* o número K de agrupamentos a serem formados.

Inicialmente, descreveremos o método k-médias. Como esse método considera os centroides (médias) de um agrupamento como base de cálculo, sua aplicação é adequada quando todas as variáveis forem quantitativas. Nesse caso, o conceito de média faz sentido.

O procedimento desses métodos de partição pode ser sintetizado como segue, descrevendo o algoritmo básico.

Inicialização:

- Determina-se o número K de *clusters*.
- Definimos uma partição inicial (os indivíduos a serem agrupados são alocados a K *clusters*).
- Determinamos os centroides desses K *clusters*.

Iteração:

a) Realocação: cada indivíduo é alocado ao *cluster* de cujo centroide ele é mais próximo.

b) Atualização: após a realocação dos indivíduos, os centroides dos novos *clusters* são calculados.

c) Retornamos ao passo a.

Término:

- O processo de realocação termina quando nenhum ponto for realocado a outro *cluster*.

A seguir, discutiremos esses diferentes passos com mais detalhes.

9.15.1 INICIALIZAÇÃO: DEFINIÇÃO DO NÚMERO K DE AGRUPAMENTOS

Este é talvez o maior desafio dos métodos de partição. K pode ser definido, por exemplo, em função da experiência do analista com estudos similares ou baseado na análise de um dendrograma, obtido aplicando-se previamente um método hierárquico a esses dados. A literatura apresenta alguns critérios matemáticos para decidir quanto ao número apropriado de *clusters*. Infelizmente, de acordo com o critério adotado, encontramos valores para K muito diferentes entre si.

Quando trabalhamos apenas com drivers quantitativas, a função NbClust, do package com o mesmo nome, permite utilizar mais de 20 diferentes critérios para estimar um número adequado de *clusters*. Os valores encontrados para os diferentes critérios variam bastante entre si e a opção é trabalhar com o valor de K sugerido pela maioria dos critérios.

É importante ressaltar que o analista deverá testar diferentes valores de K e comparar as soluções, escolhendo a que lhe parecer mais interessante no contexto do problema sendo analisado. Nem sempre a solução sugerida por um critério matemático leva aos melhores resultados.

A título de ilustração, apresentaremos um dos critérios numéricos utilizados frequentemente para determinar K: a curva baseada na ASW – *average silhouette width (ASW)*. Pode ser utilizada com qualquer algoritmo de agrupamentos.

9.15.1.1 ASW – average silhouette width

A medida *ASW* (*average silhouette width*) exprime uma ideia bastante intuitiva: baseia-se no quanto cada observação é mais parecida com os indivíduos de seu grupo (ideia de coesão) do que com os indivíduos dos demais grupos (ideia de separação). ASW varia entre -1 e 1; quanto mais próximo de 1, melhor a separação entre os agrupamentos, do ponto de vista quantitativo.

Seja i um indivíduo pertencente ao *cluster* A, um dos K *clusters* obtidos.

- Seja a(i), a média das distâncias de i a todos os demais indivíduos de A.
- Seja C um dos K *clusters* ao qual i não pertence. Calculamos a média das distâncias entre o indivíduo i e todos os indivíduos de C. Vamos denotá-la como d(i, C).
- Seja b(i) o menor valor de d(i, C) para todos os *clusters* C distintos de A.
- Para o indivíduo i, a silhueta s(i) é definida como segue:

$$s(i) = \frac{b(i) - a(i)}{\max\{b(i), a(i)\}}$$

Se b(i) for superior a a(i), o que é bom sinal, s(i) será positivo e tanto maior quanto maior for a diferença entre b(i) e a(i). Atingiria o valor 1 apenas no caso em que a(i) = 0. Para esse caso extremo, todos os indivíduos do agrupamento a que pertence i deveriam ser idênticos. Se b(i) for inferior a a(i) isto sugere que o elemento i deveria estar em outro agrupamento.

Após calcular os s(i) para todos os indivíduos da base de dados, podemos calcular a média global para esses K *clusters*:

$$ASW(K) = \frac{\sum_i s(i)}{n}$$

onde n é o número total de indivíduos agrupados. Considerando-se diferentes valores de K e calculando os correspondentes valores de ASW(K), selecionamos K para o qual ASW(K) for máximo. A Figura 9.13 mostra a variação de ASW(K) para diferentes valores de K em determinado problema. No caso, o valor sugerido é K = 3. ASW(K) pode ser calculado com a função silhouette do package cluster no R.

Cluster analysis 357

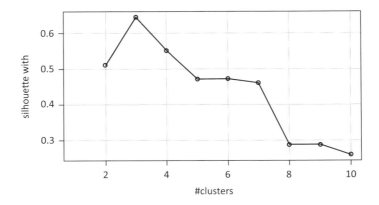

Figura 9.13 – Comparação de *ASW* para diferentes valores de K.

9.15.2 INICIALIZAÇÃO: DETERMINAÇÃO DE UMA PARTIÇÃO INICIAL

Uma vez definido o valor de K, os **n** indivíduos são alocados nesses K agrupamentos de acordo com um *critério de inicialização*. Não é necessário que os diferentes agrupamentos iniciais tenham o mesmo número de indivíduos. A literatura apresenta diferentes sugestões para obtenção da partição inicial, desde a alocação arbitrária dos n indivíduos nos K agrupamentos à utilização de regras mais complexas visando maior eficiência na obtenção da partição final. Esse problema tem sido alvo das pesquisas de vários acadêmicos.[13] Alguns exemplos de determinação de partições iniciais serão dados a seguir, supondo que K = 3.

Os métodos mais comuns serão expostos a seguir:

- Partição aleatória: sorteamos um indivíduo da base de dados e o alocamos no *cluster* 1, sorteamos um segundo e o alocamos no *cluster* 2, o terceiro sorteado no *cluster* 3, o quarto no *cluster* 1, o quinto no *cluster* 2 etc. Procedemos até que todos os indivíduos sejam alocados a uma dessas partições iniciais. Tais partições terão aproximadamente o mesmo número de indivíduos. A experiência mostra que esse tipo de inicialização não é muito eficaz, conduzindo frequentemente a agrupamentos cujas WSS_T são ótimos locais. Recomenda-se que o algoritmo k-means seja repetido com várias dessas partições iniciais, escolhendo-se a solução que apresentar o menor valor para WSS_T.

- Partição baseada em algoritmo hierárquico: o analista seleciona como partição inicial os *clusters* obtidos utilizando um algoritmo hierárquico.

---

[13] Um artigo excelente, que cobre várias formas de inicialização, é Celebi, M. E.; Kingravi, H. A.; Vela, P. A. (2013). *A comparative study of efficient initialization methods for the k-means clustering algorithm.* Expert Systems with Applications. 40 (1): 200-210.

- Partição baseada em sementes: outra forma de alocação inicial é a partir da proximidade a K pontos, previamente selecionados, denominados sementes. Cada uma dessas sementes dará origem a um cluster. Cada indivíduo da base de dados será alocado ao cluster de cuja semente for mais próximo. A seleção das sementes pode ser feita de diferentes formas. Vamos exemplificar algumas:

  ▷ sorteando K indivíduos da base de dados para serem as sementes dos K agrupamentos. Esse procedimento pode ser influenciado por eventuais outliers. Apesar de ser muito utilizada, esta opção não é sempre eficaz. Recomenda-se também que o algoritmo k-means seja repetido com diferentes conjuntos de sementes, escolhendo-se a solução que apresentar o menor valor para WSST;[14]

  ▷ calculam-se as distâncias de cada indivíduo da base de dados ao centroide da base. Os indivíduos são ordenados em função dessas distâncias e divididos em K classes de mesma frequência. O centro de cada classe resultante é utilizado como semente. Objetiva-se obter sementes provavelmente bem separadas;

  ▷ um método mais complexo, mas bastante recomendado, é o k-means++. A primeira semente é selecionada aleatoriamente dentre os indivíduos a serem agrupados. Cada semente subsequente será selecionada dentre os demais indivíduos, dando-se maior probabilidade de seleção aos indivíduos mais afastados das sementes já sorteadas. Considera-se no sorteio uma distribuição de probabilidades proporcionais às distâncias euclidianas das sementes já selecionadas.[15]

9.15.3 ITERAÇÃO: REALOCAÇÃO DE INDIVÍDUOS ENTRE AGRUPAMENTOS

Após definir a partição inicial os indivíduos serão realocados entre *clusters* de forma a obter novas partições, mais homogêneas.

Há várias formas de considerar a realocação dos indivíduos entre *clusters*. Por exemplo, o algoritmo conhecido como *Forgy/Lloyd algorithm* apresenta o seguinte ciclo de iterações:

a) *Realocação*: realocamos os indivíduos, um a um, para o *cluster* cujo centroide for o mais próximo do indivíduo. Um indivíduo pode não ser realocado caso

---

[14] A função `kmeans` do R adota esse procedimento como default. Mas há a opção de selecionar outras sementes e fornecê-las à função.

[15] O pacote 'LICORS' do R apresenta a função `kmeanspp`, que permite essa inicialização e, posteriormente, aplica a função `kmeans` usual. É simples! O pacote "ClusterR" do software R permite esta forma de inicialização, na função `KMeans_rcpp`. O pacote "clusternor' apresenta a função `KmeansPP`.

o centroide mais próximo seja o do *cluster* ao qual ele já pertence. Durante esse processo de realocação não recalculamos os centroides dos *clusters* após cada realocação.

b) *Ajuste dos centroides*: após as realocações calculamos os centroides dos novos *clusters* formados.

9.15.4 REGRA DE PARADA

– O processo termina quando nenhum indivíduo for realocado.

Um algoritmo mais eficaz, conhecido como *Hatigan-Wong algorithm*, baseia as realocações na redução das somas de quadrados internos. O processo iterativo é o seguinte:

- Para cada indivíduo, calcula-se a WSS_T após sua realocação a cada um dos outros *clusters*. Se a realocação causar uma redução da WSS_T atual, o indivíduo é realocado ao *cluster* que corresponder à maior redução. Se não houver redução para nenhuma realocação, o indivíduo é mantido no *cluster* atual. Os centroides são recalculados após cada realocação;

- As realocações continuam até que nenhuma realocação provoque uma redução significativa nas WSS_T.[16]

9.15.5 VANTAGENS E LIMITAÇÕES DOS ALGORITMOS K-MEANS

O algoritmo k-means é muito utilizado. É simples e bastante eficiente do ponto de vista computacional. No entanto, apresenta algumas limitações.

- O número de *clusters* deve ser fixado *a priori*.

- Como os algoritmos se baseiam no cálculo de distâncias até os centroides, só devem ser utilizados quando todas as drivers forem quantitativas. Essa é uma séria limitação na prática.

- O método k-means é sensível à ocorrência de *outliers* (o método k-medoids, apresentado a seguir, é mais robusto, nesse sentido). Em geral, é conveniente remover os *outliers* antes de agrupar os indivíduos. Posteriormente, esses *outliers* podem ser classificados em um dos *clusters* obtidos ou podemos formar um *cluster* apenas com esses casos.

- Os métodos de partição em geral, e não apenas o k-means, não são adequados quando a estrutura natural dos *clusters* tem formas não convexas ("não esféricas"). Por exemplo, consideremos a estrutura dos *clusters* da Figura 9.14, à

---

[16] Esse algoritmo é o default na função `kmeans` do R.

esquerda. Aplicar um método de partição levaria provavelmente à solução que se encontra à direita, o que não é satisfatório. Para esses tipos de configurações, algoritmos baseados em funções densidade são mais indicados. Não serão abordados neste livro.[17]

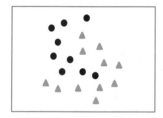 

Figura 9.14 – *Clusters* com estrutura não convexa à esquerda e sua partição à direita.

9.15.6 MÉTODOS DE PARTIÇÃO II – K-MEDOIDES

A técnica de agrupamento baseada nos k-medoides é bastante similar à k-médias. Pode ser aplicada mesmo no caso de variáveis qualitativas, pois não depende do conceito de média (centroide) e é menos afetada pela presença de outliers, que impactam no cálculo das médias.

Inicialmente, definimos uma medida de parecença entre os indivíduos; pode ser uma de distância ou de similaridade. Por simplicidade, suponhamos que se trata de uma distância. O *medoide* é o elemento de um *cluster* mais próximo dos demais elementos desse *cluster*. Entende-se por mais próximo aquele para o qual a média das distâncias aos demais indivíduos do agrupamento for a menor dentre todos os indivíduos desse agrupamento.

Da mesma forma que na técnica de k-médias, definimos um valor de K, o número de *clusters* e uma partição inicial.

O método k-medoids não é tão eficiente do ponto de vista computacional quanto o k-means. No entanto, duas extensões desse algoritmo, denominadas CLARA e CLARANS, podem ser utilizadas quando se necessita agrupar uma grande base de dados (da ordem de muitos milhares).[18]

---

[17] A função `dbscan` permite o agrupamento baseado em densidades. Pode ser encontrada no package de mesmo nome no R.

[18] Disponíveis no package `cluster` do R.

9.16 EXEMPLO DE APLICAÇÃO DE MÉTODOS DE PARTIÇÃO

Vamos aplicar os métodos k-means e k-medoids para os dados da planilha UN apresentada na seção 14. Utilizaremos o arquivo un que considera as transformações dessa base para rodar os algoritmos de *cluster*.

9.16.1 APLICAÇÃO 3: USO DO ALGORITMO DE K-MÉDIAS

Consideremos como drivers as mesmas variáveis utilizadas na Aplicação 1, vista anteriormente. Ao rodar o algoritmo hierárquico, o dendrograma sugeriu a existência de 2 *clusters*. Podemos começar um estudo adotando as indicações do dendrograma. Uma alternativa é a utilização da função NbClust, do package de mesmo nome, que, com base em mais de vinte critérios distintos, pode dar uma sugestão inicial.

```
> nb=NbClust(un.num.padr, min.nc = 2, max.nc = 8, method = "kmeans")


* Among all indices:
* 11 proposed 2 as the best number of clusters
* 8 proposed 3 as the best number of clusters
* 3 proposed 5 as the best number of clusters
* 1 proposed 6 as the best number of clusters
* 1 proposed 7 as the best number of clusters


* According to the majority rule, the best number of clusters is 2
```

Observe quantos valores diferentes de K são sugeridos pelos vários critérios matemáticos da função. A recomendação é K = 2 por ser majoritária. O mesmo que sugerido pelo dendrograma.

```
> set.seed(18) #para poder reproduzir com a mesma partiçao inicial
> kmn=kmeans(un.num.padr, 2, #numero de clusters
+    nstart = 25) #número de diferentes partições iniciais
> kmn$tot.withinss # WSS: soma dos quadrados internos
[1] 328.5806
> kmn$size   #tamanho de cada cluster
[1] 74 117
> un$kmn=kmn$cluster #identifica os clusters no arquivo un
```

Os *clusters* podem ser comparados com auxílio dos gráficos e tabelas seguintes:

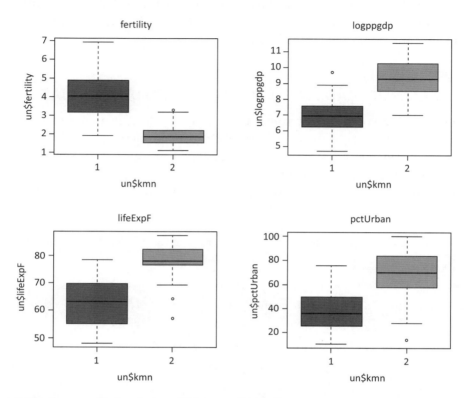

Figura 9.15 – Comparação dos *clusters* obtidos na aplicação 2.

```
> CrossTable(un$region, un$kmn, prop.c = F, prop.chisq = F, prop.t = F,
prop.r = F)
                | un$kmn
    un$region |         1 |         2 | Row Total |
--------------|-----------|-----------|-----------|
      Africa |        43 |         8 |        51 |
--------------|-----------|-----------|-----------|
        Asia |        18 |        31 |        49 |
--------------|-----------|-----------|-----------|
   Caribbean |         1 |        12 |        13 |
--------------|-----------|-----------|-----------|
      Europe |         0 |        39 |        39 |
--------------|-----------|-----------|-----------|
  Latin Amer |         3 |        17 |        20 |
--------------|-----------|-----------|-----------|
North America |         0 |         2 |         2 |
--------------|-----------|-----------|-----------|
      Oceania |         9 |         8 |        17 |
--------------|-----------|-----------|-----------|
 Column Total |        74 |       117 |       191 |
--------------|-----------|-----------|-----------|


> CrossTable(un$group, un$kmn, prop.c = F, prop.chisq = F, prop.t = F,
prop.r = F)
                | un$kmn
     un$group |         1 |         2 | Row Total |
--------------|-----------|-----------|-----------|
       africa |        43 |         8 |        51 |
--------------|-----------|-----------|-----------|
         oecd |         0 |        31 |        31 |
--------------|-----------|-----------|-----------|
        other |        31 |        78 |       109 |
--------------|-----------|-----------|-----------|
 Column Total |        74 |       117 |       191 |
--------------|-----------|-----------|-----------|
```

É interessante comparar os resultados obtidos com o método hierárquico (Aplicação 1) e com o *k-means*:

```
> CrossTable(un$hc1, un$kmn, prop.c = F, prop.chisq = F, prop.t = F,
prop.r = F)

             | un$kmn
     un$hc1  |         1 |         2 | Row Total |
-------------|-----------|-----------|-----------|
          1  |         4 |       113 |       117 |
-------------|-----------|-----------|-----------|
          2  |        70 |         4 |        74 |
-------------|-----------|-----------|-----------|
Column Total |        74 |       117 |       191 |
-------------|-----------|-----------|-----------|
```

As duas soluções apresentam alta consistência.

9.16.2 APLICAÇÃO 4: USO DO ALGORITMO DE K-MEDOIDES

Podemos utilizar as funções pam (package cluster) ou pamk (package fpc). Optaremos por essa última, pois permite selecionar o número ideal de *clusters* de acordo com um determinado critério. O default é a estatística *ASW*.

Vamos considerar como drivers as variáveis qualitativas e quantitativas, que geraram a matriz de distâncias *un.mix.dist.*, e selecionaremos o valor de K entre 2 e 5, por exemplo.

```
> library(fpc)
> set.seed(123) # para geração da partição inicial
> kmd=pamk(un.mix.dist, k=2:5)
> kmd$nc #número de clusters selecionados
[1] 2
> un$kmd=kmd$pamobject$clustering #identifica os clusters
> kmd$pamobject$medoids #identifica as linhas dos medoids
[1] "78" "107"
```

Cluster analysis

Comparando as soluções obtidas com o método hierárquico e o k-medoids, observaremos uma grande consistência entre os resultados.

```
> CrossTable(un$hc2, un$kmd, prop.c = F, prop.chisq = F, prop.t = F,
prop.r = F)

              | un$kmd
      un$hc2 |          1 |          2 | Row Total |
-------------|------------|------------|-----------|
           1 |        109 |          0 |       109 |
-------------|------------|------------|-----------|
           2 |          0 |         51 |        51 |
-------------|------------|------------|-----------|
           3 |         31 |          0 |        31 |
-------------|------------|------------|-----------|
Column Total |        140 |         51 |       191 |
-------------|------------|------------|-----------|
```

A essa altura o leitor deve estar se perguntando qual das soluções até agora obtidas é a melhor. Como veremos adiante, não devemos julgar utilizando apenas resultados estatísticos, mas, sim, verificar qual das soluções é mais útil para o propósito do estudo feito pelo analista.

9.17 COMPARAÇÃO DAS TÉCNICAS DE AGRUPAMENTOS

A escolha do método de agrupamento mais adequado para cada caso é um problema sem resposta. Nenhum método pode ser recomendado como sendo superior a todos os outros. Em função da estrutura dos dados que estamos classificando, uma técnica pode ser mais adequada que outra. O problema é que, em geral, não conhecemos essa estrutura *a priori*.

No caso de algoritmos hierárquicos aglomerativos, alguns experimentos relatados na literatura sugerem que os métodos que, em geral, levam a melhores resultados são a ligação pela média e o método de Ward. Essas conclusões foram obtidas agrupando dados cujas estruturas naturais de agrupamento eram conhecidas. Os dois métodos citados foram os que permitiram obter agrupamentos mais próximos dos esperados. Tal sugestão pode ser útil em uma primeira análise de agrupamentos, mas não garante que obtenhamos uma solução adequada para atender os objetivos do estudo.

Do ponto de vista metodológico, preferimos os métodos de partição, pois permitem a realocação dos indivíduos. Além do mais, neste texto não discutimos outros métodos de agrupamentos (por exemplo, baseados em densidade dos pontos no espaço como DBSCAN) que, dependendo da estrutura dos dados, podem apresentar resultados mais interessantes.

Nossa recomendação é que o analista experimente diferentes formas de agrupar e analise cuidadosamente os resultados obtidos.

9.18 INDICADORES ESTATÍSTICOS PARA 'VALIDAÇÃO' DO AGRUPAMENTO OBTIDO

Qualquer que seja o conjunto de dados, a aplicação de um algoritmo de análise de agrupamentos sempre conduzirá a uma solução, ainda que esta não tenha lógica dentro do contexto do problema em estudo. Por exemplo, partindo de dados gerados aleatoriamente, podemos chegar a um conjunto de agrupamentos, o que claramente não faz sentido do ponto de vista prático.[19] Uma parte complexa e desafiadora em análise de agrupamentos é a validação dos *clusters* obtidos. Duas perguntas que surgem naturalmente são:

- Os *clusters* obtidos realmente existem na natureza, ou seja, os dados apresentam uma estrutura subjacente que deu origem aos *clusters*, ou foram meros resultado de aplicação de algoritmos?
- Os *clusters* obtidos são homogêneos internamente e bem separados entre si?

A literatura fornece algumas medidas estatísticas para "tentar" responder essas perguntas. Mas não são suficientes para responder à pergunta principal:

- Os *clusters* obtidos são uteis para resolver o problema considerado pelo analista?

Por mais que os indicadores estatísticos apresentem resultados satisfatórios, se os resultados obtidos não permitem que o analista alcance os objetivos para os quais decidiu agrupar seus dados, então o resultado pode ser considerado inútil.[20] Essa última questão só pode ser respondida por um analista que conheça profundamente o contexto do problema sendo estudado.

A validação de uma segmentação dos indivíduos também não deve ser confundida com a obtenção de agrupamentos óbvios que vão ao encontro das expectativas do

---

[19] Pode ocorrer que, comparando o comportamento de uma variável entre esses diferentes agrupamentos de dados gerados aleatoriamente, possamos identificar a existência de diferenças, dando a ilusão de haver obtido uma boa solução.

[20] O artigo *Clustering: Science or Art?* de von Luxburg, Williamson e Guyon (2012), em JMLR: Workshop and Conference proceedings, vol.27, 65-79. 2012 é leitura obrigatória, não só para análise de agrupamentos como para todas as técnicas de análise não supervisionada.

Cluster analysis

analista. Um dos benefícios maiores da análise de agrupamentos é a identificação de novas formas de classificar indivíduos, permitindo gerar ou confirmar hipóteses acerca de seu comportamento.

Os critérios estatísticos devem ser utilizados com cuidado, pois há situações em que um ou mais critérios podem afastar-se dos valores recomendados com "ótimos", mas o agrupamento obtido é muito interessante para o analista.

As medidas de validação de um agrupamento costumam ser divididas em categorias de acordo com seus objetivos:

- Medidas de validade internas: baseadas apenas nos dados que caracterizam os *clusters*. Permitem avaliar o grau de homogeneidade de cada *cluster* e o distanciamento entre eles. Nessa categoria podemos citar o índice de Dunn (a ser visto adiante) e a silhueta média (ASW), vista anteriormente. A análise de estabilidade, cujo objetivo é verificar a alteração dos *clusters* quando eliminamos uma ou mais drivers ou trabalhamos com uma amostra dos dados originais, pode ser enquadrada como um método interno de validação.

- Medidas de validade externa: os *clusters* são avaliados comparando a solução obtida com uma solução teoricamente esperada. O índice de Rand, uma espécie de correlação entre os diferentes agrupamentos, é útil para esse fim.

9.18.1 ÍNDICE DE DUNN (VALIDAÇÃO INTERNA)

A estatística de Dunn mede simultaneamente se os *clusters* são homogêneos e bem separados. Seja S o conjunto de indivíduos a serem agrupados, seja C_1, C_2, ..., Ck os *clusters* resultantes

1) Calculamos a distância de cada indivíduo de um *cluster* a cada um dos indivíduos de S não pertencentes ao mesmo *cluster*. Consideremos a menor dessas distâncias S. Ela será utilizada como "separação mínima" entre *clusters*.

2) Em cada *cluster* C_i calculamos a distância do indivíduo i pertencente a esse cluster a cada um dos demais indivíduos pertencentes ao mesmo *cluster*. A maior dessas distâncias é denominada "diâmetro" do *cluster*. Repetimos esse cálculo para todas as observações de C_1, C_2, ..., Ck. Consideremos o maior de todos os diâmetros. Ele será utilizado como medida de proximidade dentro de *clusters* ou "diâmetro máximo" dos *clusters*.

A estatística de Dunn é dada pela fórmula:

$$D = \frac{\text{separação mínima}}{\text{diâmetro máximo}}$$

Se os *clusters* forem compactos e bem separados, o diâmetro máximo será pequeno quando comparado com a separação mínima e o valor de D será alto. Valores próximos de zero são um sinal de que o agrupamento não é satisfatório. Esse índice também é útil para comparar matematicamente a qualidade de dois diferentes agrupamentos.

9.18.2 ASW – AVERAGE SILHOUETTE WIDTH (VALIDAÇÃO INTERNA)

O conceito de *ASW* foi anteriormente explicado. Agrupamentos para os quais *ASW* for grande (ou seja, próxima de 1,0) são considerados satisfatórios. Alguns autores sugerem que um agrupamento é válido se ASW > 0.5, mas não encontramos fundamentação teórica para esse valor.

9.18.3 ÍNDICE DE RAND (VALIDADE EXTERNA E COMPARAÇÃO DE RESULTADOS)

Este índice permite avaliar a relação entre duas formas de agrupamentos. Pode ser utilizado como medida de validade externa, quando comparamos os *clusters* obtidos com os *clusters* esperados teoricamente. Pode também ser utilizado para comparar as soluções de duas técnicas de agrupamento, verificando a consistência das soluções. De maneira informal poderíamos dizer que mede a "correlação" entre dois agrupamentos distintos. O índice para comparar os agrupamentos P e Q, não necessariamente com o mesmo número de *clusters*, é dado por:

$$R = \frac{a+b}{a+b+c+d}$$

Onde:

a = número de pares de indivíduos que pertencem a um mesmo *cluster* nos dois agrupamentos ("sempre juntos", bom sinal).

b = número de pares de indivíduos que pertencem a diferentes *clusters* nos dois agrupamentos ("sempre separados", bom sinal).

c = número de pares de indivíduos que pertencem ao mesmo *cluster* no agrupamento P e em diferentes *clusters* no agrupamento Q ("ora juntos, ora separados": mau sinal).

d = número de pares de indivíduos que pertencem a diferentes *clusters* no agrupamento P e ao mesmo *cluster* no agrupamento Q ("ora juntos, ora separados": mau sinal).

Note-se que a + b + c + d é o total de pares que podemos formar com os indivíduos de S. Equivale à combinação de indivíduos 2 a 2. O pacote `cluster` do R apresenta uma versão modificada desse coeficiente, mas a ideia é a mesma.

Cluster analysis **369**

9.18.4 VALIDAÇÃO VIA SEPARAÇÃO DA AMOSTRA

Uma forma interessante para avaliar a consistência da solução gerada por um algoritmo de agrupamento é a capacidade de replicar a solução com amostras distintas da mesma população.

Vamos dividir aleatoriamente a amostra original em duas partes de tamanhos aproximadamente iguais. Vamos denotá-las A e B. Para cada uma das amostras aplicamos a mesma técnica de agrupamento e comparamos as soluções. Essa comparação pode ser realizada analisando visualmente os perfis dos *clusters* obtidos com as duas amostras.

9.18.5 ANALISANDO A ESTABILIDADE DE UM AGRUPAMENTO

Se os dados embutem realmente uma estrutura de agrupamento, espera-se que a omissão de uma ou outra variável não altere significativamente os *clusters* obtidos por um determinado método. Por isso, é interessante verificar a estabilidade da solução encontrada verificando:

- a concordância entre as soluções obtidas com e sem a inclusão de um dos drivers da segmentação;

- a concordância entre as soluções obtidas após remover aleatoriamente alguns dos indivíduos da amostra original.

9.18.6 APLICAÇÃO DE ALGUNS ÍNDICES DE VALIDAÇÃO AO NOSSO EXEMPLO

Continuando com os *clusters* obtidos utilizando as variáveis quantitativas do arquivo UM, vamos ilustrar a aplicação dos indicadores acima descritos para a Aplicação 4 (k-medoids) e comparar as soluções obtidas nas Aplicações 2 e 4.

```
> library(cluster)
> cs=cluster.stats(d=un.mix.dist, un$kmd, un$hc2, silhouette = T)
> cs$dunn           #relativo à primeira solução utilizada: un$kmd
[1] 0.4545009
> cs$avg.silwidth #relativo à primeira solução utilizada: un$kmd
[1] 0.5185195
> cs$corrected.rand     #compara as duas soluções: un$kmd e un$hc2
[1] 0.639789
```

Note-se que o a estatística de Dunn apresenta um valor muito baixo. Pode ser que os *clusters* não sejam suficientemente compactos ou que não estejam muito separados.

Isso não compromete a utilidade da solução. O valo de ASW é razoável e a alta concordância entre as duas soluções (k-means e k-medoids) é razoável.

EXERCÍCIOS

1. Considerando os arquivos:

- MINIMARKET
- MUNICÍPIOS
- HEALTHSYSTEMS
- UN NATIONAL STATS
- SUPERMERCADOS GUDFUD

a) Agrupe as observações como solicitado na apresentação dos arquivos no Capítulo 1.

b) Utilize diferentes métodos de agrupamento e compare os resultados obtidos.

c) No caso dos métodos de partição, teste e compare as soluções com diferentes valores de K.

d) Verifique a consistência das diferentes soluções com os diferentes métodos obtidos.

CAPÍTULO 10
Outras técnicas

Prof. Nelson Lerner Barth

10.1 DUAS TÉCNICAS DISTINTAS PARA CLASSIFICAÇÃO

Apresentamos, neste capítulo, duas técnicas distintas de aprendizado supervisionado, próprias para classificação: KNN (*K Nearest Neighbors*) e SVM (*Support Vector Machine*).

Após a apresentação do racional dessas técnicas, demonstramos a aplicação em alguns exemplos utilizando o pacote `caret`, que oferece funções razoavelmente padronizadas de treino e predição, independentemente da técnica preditiva utilizada.

10.2 KNN (K NEAREST NEIGHBORS)

Entre as várias técnicas usadas para classificação, KNN é uma das mais simples conceitualmente, exigindo pouca capacidade de abstração matemática.

A ideia básica é: se a maioria das observações "próximas" pertencem a um determinado grupo, então nossa observação de interesse deve ser classificada nesse mesmo grupo. Resta definir "proximidade" e para isso usamos o mesmo conceito de *distância* que foi apresentado no capítulo sobre Cluster Analysis (Análise de Agrupamentos).

10.2.1 MEDIDA DE DISTÂNCIA COMUMENTE USADA COM KNN

Apesar da existência de inúmeras formas para se medir a distância entre duas observações, usaremos aqui somente a distância euclidiana, que é a mais comumente usada para KNN.

Na Figura 10.1, temos um conjunto de observações em um gráfico de dispersão com apenas duas variáveis. A diferença dos valores assumidos pela variável X1 para as duas observações é d_1. A diferença dos valores assumidos pela variável X2 para as duas observações é d_2. A distância euclidiana d será:

$$d = \sqrt{d_1^2 + d_2^2}$$

Havendo mais de duas variáveis, por exemplo, n variáveis, o conceito de distância euclidiana pode ser generalizado para:

$$d = \sqrt{d_1^2 + d_2^2 + d_3^2 + \ldots + d_n^2}$$

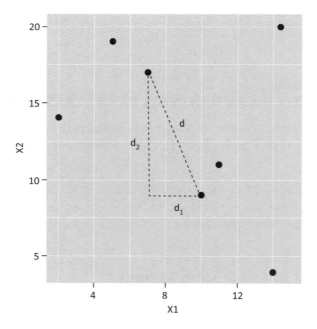

Figura 10.1 – Distância euclidiana.

Assim como em Análise de Agrupamentos, é muito importante padronizar as variáveis de modo a se evitar que variáveis que tenham valores numericamente grandes tenham influência preponderante no cálculo da distância.

10.2.2 CLASSIFICAÇÃO E O HIPERPARÂMETRO K

A classificação de uma observação é feita com base nos K vizinhos mais próximos, sendo K um hiperparâmetro. Classifica-se tal observação no grupo preponderante de seus K vizinhos mais próximos.

No caso de classificação em dois grupos distintos, usa-se normalmente K ímpar para não haver empate. Todavia, o método KNN pode ser também usado para classificação em três ou mais grupos distintos, o que aumenta a ocorrência de empates. Havendo empate entre os vizinhos mais próximos, com relação ao pertencimento aos grupos, os algoritmos comumente usados para KNN costumam, para desempatar, usar sorteio ou ainda aumentar K para K+1 temporariamente.

O hiperparâmetro K costuma ser determinado empiricamente, otimizando a medida AUROC (ou outra medida), por meio do uso de *cross-validation*.

10.2.3 FASE DE TREINAMENTO

A fase de aprendizado do método KNN é extremamente simples: apenas memorizam-se, para cada observação da amostra de treinamento, os valores de todas as variáveis preditoras e o grupo de pertencimento. Não há geração de um modelo propriamente dito, quer seja paramétrico ou não paramétrico.

10.2.4 CLASSIFICAÇÃO DE UM NOVO ELEMENTO

Para classificar um novo elemento, utilizam-se as informações da amostra de treinamento anteriormente memorizadas, com base nos K vizinhos mais próximos.

10.2.5 PROBABILIDADE DE PERTENCIMENTO A UM DOS GRUPOS

A probabilidade de pertencimento a um dos grupos é importante para se fazer o ajuste necessário no caso de as proporções de cada grupo na população serem muito diferentes ou para se incorporar o custo do erro de classificação no modelo, conforme visto no Capítulo 3. No caso de KNN, essa probabilidade é obtida diretamente da proporção de observações próximas que pertencem ao grupo (entre as K observações mais próximas).

Na Figura 10.2, ilustra-se uma situação em que se deseja classificar um novo elemento, usando KNN com duas variáveis e adotando-se K = 5 (ou seja, buscam-se os cinco vizinhos mais próximos na amostra de desenvolvimento). Nessa ilustração, entre os cinco vizinhos mais próximos, dois vizinhos pertencem ao grupo A e três vizinhos pertencem ao grupo B. Assim, o referido novo elemento deve ser classificado como pertencente ao grupo B. Ademais, pode-se determinar uma "probabilidade" de ele pertencer ao grupo B, que será 3/5 ou 60%.

KNN é, portanto, um método simples para ser compreendido e explicado, não exigindo conceitos matemáticos muito elaborados. Veremos agora o SVM, que não apresenta tanta simplicidade.

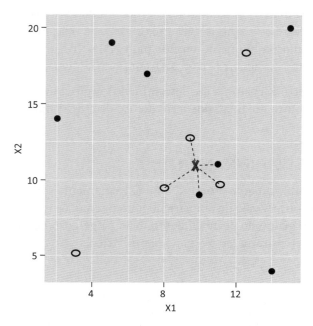

Figura 10.2 – Exemplo de classificação de um novo elemento, com dois grupos distintos e K=5. (● = grupo A e o = grupo B).

10.3 SUPPORT VECTOR MACHINE

Para apresentar a técnica de classificação SVM – *Support Vector Machine*,[1] usaremos um conjunto de observações para treinamento com apenas duas variáveis, X1 e X2, cujo gráfico de dispersão está apresentado na Figura 10.3. Há dois conjuntos distintos de observações que são linearmente separáveis: existem várias retas possíveis para se fazer essa separação.

---

[1] Alguns autores referem-se a essa técnica como SVC – *Support Vector Classifier*, para se distinguir do uso de SVM para previsão de variáveis quantitativas (este uso não será aqui apresentado).

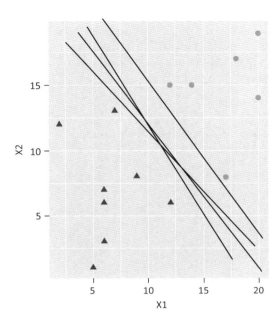

Figura 10.3 – Grupos linearmente separáveis.

10.3.1 RETA DE SEPARAÇÃO COM MÁXIMA MARGEM

Dada uma dessas retas de separação, podemos calcular a distância a cada uma das observações. À menor dessas distâncias damos o nome de *margem*. Escolheremos a melhor reta de separação, isto é, aquela que apresenta a *margem máxima*.[2]

As observações mais próximas da reta de separação serão chamadas de *support vectors*.[3] Eventual alteração na posição das demais observações, desde que não se aproximem das margens, não causará qualquer impacto na escolha da reta de separação: esta depende exclusivamente dos *support vectors*.

A Figura 10.4 ilustra a escolha da reta de separação com margem máxima.

---

[2] Como metáfora, imagine-se que temos que traçar um rio entre os vários pontos, de forma que a várzea seja a maior possível.

[3] O nome *vector*, que dá nome à técnica SVM, decorre da notação vetorial, em que cada observação é representada por um vetor formado pelo conjunto de suas coordenadas nas duas dimensões (X1 e X2).

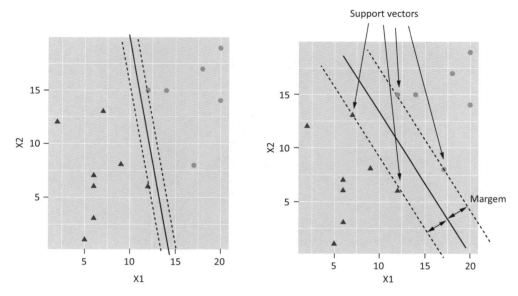

Figura 10.4 – No gráfico à direita, a reta escolhida gera uma margem maior.

No caso de haver três variáveis (X1, X2 e X3), a separação será feita por um plano (com dois planos paralelos adicionais para representar as margens). Havendo mais do que três variáveis (X1, X2, ..., Xp), a separação será feita por um *hiperplano* com p - 1 dimensões.

Quando formos classificar novas observações, usaremos a reta separadora (se houver apenas duas variáveis) ou o hiperplano separador (se houver mais do que duas variáveis) como fronteira. Conforme o "lado" em que a observação estiver, determina-se um dos dois grupos para classificá-la.

10.3.2 MARGENS SUAVES

Na Figura 10.5, as observações não são linearmente separáveis: não existe uma reta que separe os dois grupos perfeitamente. Nesse caso, adotam-se *margens suaves*, isto é, mantendo-se o objetivo de achar uma reta separadora que maximize as margens, permitimos que uma ou outra observação fique durante o aprendizado: a) no lado correto da reta separadora, mas dentro das margens; b) ainda pior, no lado incorreto da reta separadora.

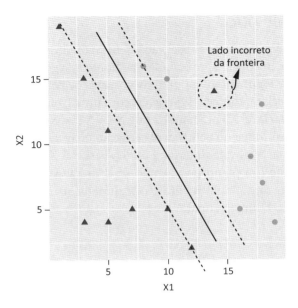

Figura 10.5 – Margens suaves.

Mesmo no caso de observações linearmente separáveis, podemos utilizar as margens suaves, para obtermos margens maiores. Permitimos que algumas poucas observações fiquem dentro das margens ou no lado incorreto da reta separadora, com o propósito de conseguir margens maiores. Maiores margens contribuem para maior confiança no modelo preditor para quando este for usado para classificar novas observações.

Temos, portanto, um compromisso entre: a) maximizar a margem (permitindo que algumas observações fiquem dentro das margens ou no lado incorreto da reta separadora); e b) maximizar a quantidade de observações no lado correto da reta separadora e fora das margens. Matematicamente, trata-se um de problema de otimização (maximização das margens) no qual se introduz uma *penalização* no caso de observações dentro das margens e/ou no lado incorreto da reta separadora (neste último caso, a penalização é maior). Controla-se a penalização máxima por meio do hiperparâmetro C (*cost*). Quando C é pequeno, as margens ficam maiores e são violadas com mais frequência. Quando C é grande, as violações das margens são mais raras, mas estas últimas ficam menores.

O hiperparâmetro C costuma ser determinado empiricamente, buscando-se melhores modelos (por exemplo, de acordo com a medida AUROC) mediante *cross-validation*. Alguns autores sugerem escolher o melhor hiperparâmetro C dentro da faixa 2^{-10}, 2^{-9}, 2^{-8}, ..., 2^9, 2^{10}; todavia, alguns pacotes de software possuem estratégias próprias para a procura do melhor C e o analista pode deixar no modo automático, como primeira tentativa.

10.3.3 KERNEL TRICK

Até o momento, consideramos observações linearmente separáveis em dois grupos de forma perfeita ou de forma aproximada, mediante margens suaves. Vejamos agora a parte esquerda da Figura 10.6, na qual as observações claramente não são linearmente separáveis. Seriam, todavia, separáveis com uma fronteira circular. Nesse caso, pode-se criar uma variável X3 adicional, onde X3 = X1^2 + X2^2. No plano formado por X1 e X2, quanto mais longe do centro a observação estiver, maior será o valor de X3. Representando na parte direita da Figura 10.6 a variável X3 como um eixo vertical, pode-se perceber que um plano pode então separar razoavelmente os dois grupos. Uma fronteira linear (um plano) no gráfico tridimensional equivale a uma fronteira não linear no gráfico bidimensional.

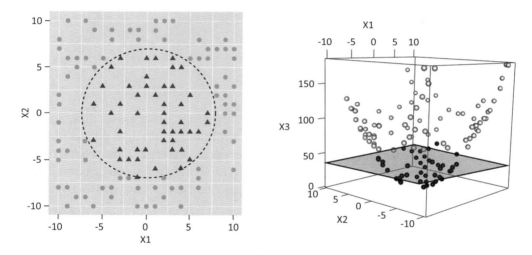

Figura 10.6 – Separação mediante uma nova dimensão: variável X3 = X1^2 + X2^2. Hiperplano em três dimensões equivale a fronteira circular ou elíptica em duas dimensões.

Isso não significa que devemos computar as coordenadas das observações de treinamento em dimensões superiores, à procura de um hiperplano que bem separe as observações. A partir de um truque matemático, denominado *kernel trick*, que não será objeto deste livro, conseguimos gerar fronteiras de separação não lineares para as observações no espaço dimensional correspondente ao número de variáveis.

Na prática, ao utilizar pacotes de software para SVM, o analista precisa fazer a escolha de um *kernel*, correspondente ao *kernel trick* que será usado. Comumente, o analista especificará *kernel* linear (sem uso de *kernel trick*), *kernel* polinomial ou *kernel* radial. Os analistas costumam experimentar alguns *kernel tricks* distintos para verificar qual deles gera os melhores resultados.

Cada *kernel trick* exige a otimização de diferentes hiperparâmetros.[4] Os pacotes de software costumam oferecer alguma ajuda nesta questão, realizando de forma automática uma otimização de hiperparâmetros com base em *cross-validation*.

10.3.4 CLASSIFICAÇÃO EM TRÊS OU MAIS GRUPOS

SVM, *per se*, não é capaz de realizar classificação em três ou mais grupos. Nestes casos, costumam-se utilizar as técnicas "um *versus* demais" e "um *versus* um", já examinadas no Capítulo 3.

10.3.5 ALGUMAS CONSIDERAÇÕES SOBRE O USO DE SVM

SVM pressupõe variáveis numéricas apenas (todavia o pacote `caret` se encarrega de fazer a prévia transformação de variáveis categóricas em variáveis *dummy*).

SVM pode ser usado mesmo que o número de observações seja menor que o de variáveis. Como regra geral, recomenda-se usar *kernel* linear quando o número de variáveis é maior que o número de observações. E *kernel* radial quando o número de observações for maior que o de variáveis.

Há que se levar em conta os longos tempos de processamento para o SVM no caso de grandes amostras de treinamento. Ademais, a seleção do *kernel* a ser usado, bem como dos correspondentes hiperparâmetros, também contribuem para a grande demanda de processamento computacional. Assim, em havendo amostras grandes de treinamento, recomenda-se utilizar uma amostra menor para o treinamento com SVM.

SVM gera uma classificação com base na posição das novas observações em relação ao hiperplano. Não gera uma probabilidade de pertencimento a um dos grupos. Isso pode dificultar os ajustes necessários no caso de as proporções de cada grupo na população serem muito diferentes, conforme visto no Capítulo 3. Todavia, os pacotes de software costumam gerar uma pseudoprobabilidade de pertencimento a um grupo. Após o procedimento de *cross-validation* para otimizar os hiperparâmetros, faz-se mais um novo *cross-validation* para obter as proporções de classificação nos grupos. Ajusta-se a uma curva logística, gerando-se as pseudoprobabilidades, que podem então ser usadas para calibrar proporções na população e os custos dos erros. A validade desse procedimento é ainda uma questão muito discutida.

---

[4] Alguns autores sugerem utilizar Algoritmos Genéticos (otimização evolucionária) para a determinação da melhor combinação de hiperparâmetros. Apesar de ser um processo computacional demandante, é mais rápido do que simplesmente testar muitas combinações dos hiperparâmetros a esmo.

10.4 EXEMPLO DE APLICAÇÃO (2 GRUPOS): TECAL

Utilizaremos aqui o exemplo TECAL já examinado em capítulos anteriores deste livro, no qual se quer prever qual cliente fará o cancelamento de um serviço. Há somente dois grupos para classificação (cancela e não cancela o serviço).

Neste capítulo, vamos utilizar o pacote caret do R. O pacote caret não possui algoritmos próprios de aprendizado de máquina. Trata-se de uma interface padronizada para acesso a outros pacotes do R, permitindo o uso de vários algoritmos, a partir da chamada a uma mesma função, apenas alterando-se os parâmetros de chamada. Dessa forma, utilizaremos um único *script* para a utilização dos quatro métodos:

- *K Nearest Neighbors;*
- *Support Vector Machine – kernel* linear;
- *Support Vector Machine – kernel* radial;
- *Support Vector Machine – kernel* polynomial.

Apresentaremos aqui, de forma completa, o caso do *Support Vector Machine – kernel* radial. Em seguida, apresentaremos os resultados da aplicação deste *script* no caso dos demais métodos.

Nosso *script* começa com a escolha do método desejado (no caso, SVM com *kernel* radial).

```
>    metodo <- "svmRadial"
> # metodo <- "svmLinear2"
> # metodo <- "svmPoly"
> # metodo <- "knn"
```

Usamos os pacotes caret (Classification & Regression Training) e dplyr (biblioteca de funções para manipulação de dados – usada aqui apenas para transformar variáveis qualitativas em fatores, que é uma exigência do pacote caret).

```
> library(caret)
> library(dplyr)
```

Fixamos a semente de geração de números pseudoaleatórios, para fins de reproducibilidade.[5]

---

[5] A semente 42 é comumente usada como uma homenagem bem-humorada ao filme *O guia do mochileiro das galáxias.*

Outras técnicas **381**

```
> set.seed(42)
```

Admite-se que a planilha TECAL já foi lida no R, sendo agora um dataframe denominado amostra. O pacote caret exige que as variáveis qualitativas sejam previamente transformadas para o formato factor. Assim, transformamos em factor todas as colunas que tenham dados não numéricos.

```
> m = amostra %>% mutate_if(is.character, as.factor)
```

A primeira coluna do dataframe contém a identificação do cliente e será eliminada.

```
> m <- m[, -1]
```

Repartimos a amostra em amostra de treino (70%) e amostra de teste (30%).

```
> indice <- createDataPartition(m$cancel, p = 0.70, list = F)
> treino <- m[indice,]
> teste <- m[-indice,]
```

Executamos o treinamento do modelo. O pacote caret oferece uma interface única para esta função, independentemente do método (SVM ou KNN) usado.

Usamos cv ou *cross-validation* (4-*fold*)[6] para otimizar os hiperparâmetros exigidos pelo método (otimização de forma a maximizar a AUROC). Apesar de ser possível indicar um intervalo para os hiperparâmetros, decidimos aqui, por simplicidade, deixar o caret escolher um conjunto de valores para os hiperparâmetros a serem otimizados. Os comandos summaryFunction = twoClassSummary e metric = "ROC" são necessários para que a otimização dos hiperparâmetros seja baseada no AUROC e não na acurácia.

As variáveis qualitativas são transformadas automaticamente em *dummy variables* pelo caret.

Padronizamos os dados numéricos previamente (center & scale).

Ao final da execução desse comando, adotamos os seguintes hiperparâmetros: sigma = 0,0713 e C = 0,25.

---

[6] Usualmente, utiliza-se 10-*fold* para *cross-validation*. Pode-se usar 4-*fold* para diminuir o tempo de processamento.

```
> tc <- trainControl(method = "cv",
+                    number = 4,
+                    classProbs = TRUE,
+                    summaryFunction = twoClassSummary,
+                    verboseIter = T)
> modelo <- train(cancel ~. ,
+                 data = treino,
+                 method = metodo,
+                 trControl = tc,
+                 metric = "ROC",
+                 preProcess = c("center", "scale"))
+ Fold1: sigma=0.07126, C=0.25
- Fold1: sigma=0.07126, C=0.25
+ Fold1: sigma=0.07126, C=0.50
- Fold1: sigma=0.07126, C=0.50
+ Fold1: sigma=0.07126, C=1.00
- Fold1: sigma=0.07126, C=1.00
+ Fold2: sigma=0.07126, C=0.25
- Fold2: sigma=0.07126, C=0.25
+ Fold2: sigma=0.07126, C=0.50
- Fold2: sigma=0.07126, C=0.50
+ Fold2: sigma=0.07126, C=1.00
- Fold2: sigma=0.07126, C=1.00
+ Fold3: sigma=0.07126, C=0.25
- Fold3: sigma=0.07126, C=0.25
+ Fold3: sigma=0.07126, C=0.50
- Fold3: sigma=0.07126, C=0.50
+ Fold3: sigma=0.07126, C=1.00
- Fold3: sigma=0.07126, C=1.00
+ Fold4: sigma=0.07126, C=0.25
- Fold4: sigma=0.07126, C=0.25
+ Fold4: sigma=0.07126, C=0.50
- Fold4: sigma=0.07126, C=0.50
+ Fold4: sigma=0.07126, C=1.00
- Fold4: sigma=0.07126, C=1.00
Aggregating results
Selecting tuning parameters
Fitting sigma = 0.0713, C = 0.25 on full training set
```

Outras técnicas **383**

Apresentamos, então, o melhor AUROC que foi obtido durante a calibração dos hiperparâmetros.[7] Resultou em aproximadamente 86%.

```
> max(modelo$results$ROC)
[1] 0.8549683
```

Usando o modelo obtido, faz a previsão para os casos da amostra de teste.

```
> previsao <- predict(modelo, newdata = teste)
```

Constrói a Matriz de Classificação[8] e exibe alguns resultados estatísticos.

---

[7] Por conta do uso de *cross-validation* com 4-*fold*, para cada conjunto de valores para os hiper-parâmetros obtêm-se quatro medidas de AUROC – considera-se, então, a média dessas quatro medidas.

[8] Do inglês Confusion Matrix.

```
> confusionMatrix(previsao, teste$cancel)
Confusion Matrix and Statistics

          Reference
Prediction nao sim
       nao 426  80
       sim  30  63

               Accuracy : 0.8164
                 95% CI : (0.783, 0.8466)
    No Information Rate : 0.7613
    P-Value [Acc > NIR] : 0.0006928

                  Kappa : 0.4259

 Mcnemar's Test P-Value : 2.983e-06

            Sensitivity : 0.9342
            Specificity : 0.4406
         Pos Pred Value : 0.8419
         Neg Pred Value : 0.6774
             Prevalence : 0.7613
         Detection Rate : 0.7112
   Detection Prevalence : 0.8447
      Balanced Accuracy : 0.6874

       'Positive' Class : nao
```

Finalmente, obtêm-se as probabilidades de classificação nos dois grupos para as observações da amostra de teste. Exibem-se as probabilidades relativas às primeiras observações, a título de ilustração. Conforme explicado no Capítulo 3, essas probabilidades podem ser posteriormente usadas para se estipular um ponto de corte para a classificação nos grupos, em função dos custos dos erros de classificação e na proporção de cada grupo na população.

Outras técnicas   **385**

```
> previsao <- predict(modelo, newdata = teste, type = "prob")
> head(previsao)
        nao          sim
1 0.9075036 0.09249640
2 0.9480757 0.05192427
3 0.2715336 0.72846642
4 0.8667641 0.13323592
5 0.8578389 0.14216107
6 0.9303657 0.06963434
```

O *script* foi executado ainda mais três vezes (SVM com *kernel* polinomial, SVM com *kernel* linear e KNN). Apresenta-se, na Tabela 10.1, uma comparação dos métodos usando a medida AUROC obtida no processo de *cross-validation* utilizado para calibrar os hiperparâmetros. Todavia, eventuais cuidados adicionais na preparação dos dados, bem como uma otimização mais cuidadosa dos hiperparâmetros, podem eventualmente resultar em um modelo melhor em termos da medida AUROC.

Tabela 10.1 – Uma comparação de métodos no caso do exemplo do TECAL

Método	Hiperparâmetros adotados após otimização pelo AUROC			AUROC
KNN	k = 9			80%
SVM – linear	Cost = 0,25			86%
SVM – radial	Cost = 0,25	Sigma = 0,0713		86%
SVM – polinomial	Cost = 1,00	Degree = 1	Scale = 0,1	86%

10.5 EXEMPLO DE APLICAÇÃO (10 GRUPOS): MNIST

O segundo exemplo no presente capítulo é baseado em um problema clássico: o reconhecimento de imagens de dígitos escrito à mão.[9]

O MNIST (*Modified National Institute of Standards and Technology Database*) reúne um grande conjunto de imagens de dígitos escritos à mão por funcionários do *American Census Bureau* e por estudantes de ensino médio nos Estados Unidos. Tais

---

[9] O Kaggle mantém uma competição para os melhores algoritmos de reconhecimento das imagens desses dígitos (Kaggle Digit Recognizer Competition).

imagens foram normalizadas em termos de tamanho e centralização em uma moldura de 28 x 28 *pixels*. As imagens, em preto e branco, sofreram então o processo de *anti-alising* (suavização das bordas serrilhadas por meio de adição de tons de cinza).

O objetivo é reconhecer um novo um novo dígito escrito à mão, classificando-o corretamente nas categorias 0 a 9.

A Figura 10.7 mostra algumas dessas imagens de dígitos escritos à mão.

Figura 10.7 – Imagens de dígitos escritos à mão.

Fonte: MNIST_database.[10]

Como amostra, utilizou-se a parte train da base de dasos mnist obtida no pacote dslabs, que contém bases de dados a serem usadas para a prática de análise de dados. Em train há 60 mil imagens de dígitos escritos à mão. Trata-se de uma amostra razoavelmente balanceada entre as 10 categorias (dígitos 0 a 9). Para cada imagem, há 784 variáveis, correspondentes aos 28 x 28 *pixels*, com valores de 0 a 255 (graus de cinza). Para cada imagem, há também o rótulo do dígito, isto é, o dígito representado pela imagem, de 0 a 9.

O *script*, também baseado no pacote caret, é muito semelhante ao usado no caso do TECAL. Utilizaremos o mesmo *script* para aplicar o método SVM com três diferentes tipos de *kernel*, linear, polinomial e gaussiano, bem como para utilizar o método KNN. Começamos escolhendo o método KNN.

---

[10] https://en.wikipedia.org/wiki/MNIST_database

Outras técnicas 387

```
> #     metodo <- "svmRadial"
> #     metodo <- "svmLinear2"
> #     metodo <- "svmPoly"
>       metodo <- "knn"
```

Usamos o pacote `caret` (Classification & Regression Training).

```
> library(caret)
```

A base de imagens do MNIST é obtida a partir do `dslabs`. O MNIST é formado por uma lista com dois componentes: `train` e `test`. E cada um desses dois componentes é uma lista formada por dois subcompontes: `images` e `labels`. `Images` é uma matriz onde cada coluna representa um dos $28*28 = 784$ pixels, sendo que cada *pixel* vale entre 0 e 255 (escala de cinza). O componente `labels` é um vetor que representa o dígito mostrado na imagem. Usamos somente o componte `train` (com seus dois subcomponentes `images` e `labels`), que contém 60.000 imagens de dígitos, dividindo-o em uma amostra de treinamento e uma amostra de teste.

```
> library(dslabs)
> mnist <- read_mnist()
```

A amostra é razoavelmente bem balanceada, o que nos permite fazer certas simplificações, como será visto mais adiante.

```
> table(mnist$train$labels)
   0    1    2    3    4    5    6    7    8    9
5923 6742 5958 6131 5842 5421 5918 6265 5851 5949
```

A título de curiosidade, exibimos na Figura 10.8 a imagem de um dígito da amostra (pegamos, a esmo a 14ª imagem), no formato de 28 x 28 *pixels*, juntamente com seu rótulo (no caso, é um "6"). Para podermos enxergar corretamente, fazemos algumas rotações e transposições necessárias na imagem `m`.

```
> m = matrix(mnist$train$images[14,], 28, 28)
> m =(t((apply(t(m), 2, rev))))
> image(m)
> mnist$train$labels[14]
[1] 6
```

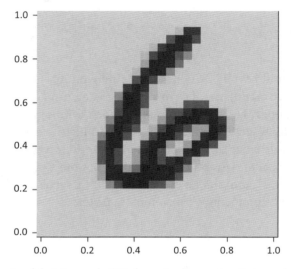

Figura 10.8 – Exibição visual da imagem do 14º elemento da amostra. Trata-se de um dígito "6".

Fixamos a semente de geração de números pseudoaleatórios, para fins de reprodutibilidade.

```
> set.seed(42)
```

Das 60.000 imagens de dígitos, tomamos 50% como amostra de treinamento (x e y) e o restante é usado como amostra de teste (x_test e y_test), sendo que x contém as imagens e y os rótulos dos dígitos (0 a 9).

```
> indice <- createDataPartition(mnist$train$labels, p=0.5, list=F)
> x <- mnist$train$images[indice,]
> y <- factor(mnist$train$labels[indice])
> x_test <- mnist$train$images[-indice,]
> y_test <- factor(mnist$train$labels[-indice])
```

As colunas (cada pixel) precisam ter um nome qualquer (exigência do pacote caret).

```
> colnames(x)      <- 1:ncol(x)
> colnames(x_test) <- 1:ncol(x_test)
```

Tanto na amostra de treinamento como na amostra de teste, precisamos eliminar as colunas correspondentes a pixels que são praticamente iguais em todas as imagens (variância próxima de zero). Os pixels longe do centro das imagens são praticamente invariantes, visto assumirem sempre o valor zero (branco). Gerou-se também a Figura 10.9, onde as regiões periféricas invariantes da matriz de 28 X 28 estão apresentadas em uma cor mais escura.

```
> image(matrix(1:784 %in% nearZeroVar(x), 28, 28))
> x_test = x_test[,-nearZeroVar(x)]
> x = x[,-nearZeroVar(x)]
```

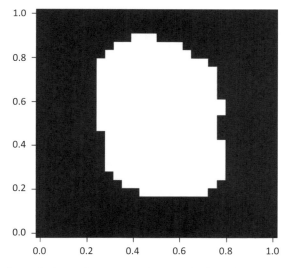

Figura 10.9 – Exibição da região longe do centro onde os pixels têm valores com variância praticamente nula.

Executamos o treinamento do modelo. Reparar que o pacote caret oferece uma interface única para esta função, independentemente do método (SVM ou KNN) usado.

Usamos *cross validation* (5-*fold*) para otimizar os hiperparâmetros exigidos pelo método (otimização para maximizar a acurácia). Apesar de ser possível indicar um intervalo para os hiperparâmetros, decidimos aqui, por simplicidade, deixar o `caret` escolher um conjunto de valores para os hiperparâmetros a serem otimizados. Diferentemente do exemplo anterior (TECAL), não usamos os comandos `summaryFunction` = `twoClassSummary` e `metric` = "ROC" e, assim, a otimização dos hiperparâmetros é baseada somente na acurácia.

Não padronizamos os dados numéricos previamente, também diferentemente do que fizemos no exemplo anterior (TECAL), visto que todas as variáveis preditoras possuem uma mesma escala (tons de cinza de 0 a 255).

Ao final da execução desse comando, adotamos o seguinte hiperparâmetro: K = 5. No caso do KNN, o número de vizinhos K é o único hiperparâmetro a ser otimizado.

Outras técnicas

```
> control <- trainControl(method = "cv", number=5, verboseIter=T)
> modelo <- train(x, y, method = metodo, trControl = control)
+ Fold1: k=5
- Fold1: k=5
+ Fold1: k=7
- Fold1: k=7
+ Fold1: k=9
- Fold1: k=9
+ Fold2: k=5
- Fold2: k=5
+ Fold2: k=7
- Fold2: k=7
+ Fold2: k=9
- Fold2: k=9
+ Fold3: k=5
- Fold3: k=5
+ Fold3: k=7
- Fold3: k=7
+ Fold3: k=9
- Fold3: k=9
+ Fold4: k=5
- Fold4: k=5
+ Fold4: k=7
- Fold4: k=7
+ Fold4: k=9
- Fold4: k=9
+ Fold5: k=5
- Fold5: k=5
+ Fold5: k=7
- Fold5: k=7
+ Fold5: k=9
- Fold5: k=9
Aggregating results
Selecting tuning parameters
Fitting k = 5 on full training set
```

Apresentamos, então, a melhor acurácia que foi obtida durante a calibração do hiperparâmetro k. Para k = 5, a acurácia resultou em 95,99%.[11]

```
> modelo
k-Nearest Neighbors

30001 samples
  249 predictor
   10 classes: '0', '1', '2', '3', '4', '5', '6', '7', '8', '9'

No pre-processing
Resampling: Cross-Validated (5 fold)
Summary of sample sizes: 23999, 24004, 24000, 24003, 23998
Resampling results across tuning parameters:

  k  Accuracy   Kappa
  5  0.9599005  0.9554250
  7  0.9578007  0.9530901
  9  0.9554338  0.9504584

Accuracy was used to select the optimal model using the largest
value.
The final value used for the model was k = 5.
```

Agora, usando o modelo obtido, prevê qual é o dígito correspondente a cada uma das imagens da amostra de teste.

```
> previsao <- predict(modelo, newdata = x_test )
```

Finalmente, construímos a Matriz de Classificação para a amostra de teste. Não exibimos a Tabela de Classificação propriamente dita; exibimos a acurácia na previsão (que resultou em 96,37%), bem como a sensibilidade e especificidade com cada

---

[11] Em razão do uso de *cross-validation* com 5-*fold*, para cada conjunto de valores para os hiperparâmetros, obtêm-se cinco medidas de acurácia – considera-se então a média dessas cinco medidas.

Outras técnicas

um dos dígitos 0 a 9 (essas medidas correspondem às duas primeiras colunas dos resultados que podemos obter a partir da Matriz de Confusão).

```
> matriz_confusao <- confusionMatrix(previsao, factor(y_test))
> matriz_confusao$overall["Accuracy"]
 Accuracy
0.9636988
> matriz_confusao$byClass[,1:2]
         Sensitivity Specificity
Class: 0   0.9891782   0.9970786
Class: 1   0.9928550   0.9936937
Class: 2   0.9449082   0.9974448
Class: 3   0.9563672   0.9952425
Class: 4   0.9533195   0.9977497
Class: 5   0.9609955   0.9968140
Class: 6   0.9870216   0.9961102
Class: 7   0.9748792   0.9937904
Class: 8   0.9156176   0.9989283
Class: 9   0.9567714   0.9927509
```

Nesse exemplo, a população é bem balanceada entre os 10 grupos e não existem diferentes custos de erro de classificação (errar de 1 para 7 tem a mesma gravidade do que errar de 8 para 5, por exemplo). Assim não há a necessidade de obtermos as probabilidades de classificação nos 10 grupos para as observações da amostra de teste (conforme fizemos no exemplo do TECAL). E, pela mesma razão, a simples medida da acurácia é suficiente para trabalharmos neste exemplo do MNIST.

O *script* é executado ainda mais três vezes (SVM com *kernel* linear, SVM com *kernel* polinomial e SVM *kernel* radial). Apresenta-se uma comparação dos métodos usando simplesmente a acurácia na amostra de teste.

Tabela 10.2 – Uma comparação de métodos no caso do exemplo do MNIST

Método	Híperparâmetros adotados após otimização pela acurácia			Acurácia
KNN	k = 5			96%
SVM – linear	Cost = 0,25			91%
SVM – radial	Cost = 1.00	Sigma = 0,00223		97%
SVM – polinomial	Cost = 0,25	Degree = 3	Scale = 0,1	98%

A execução do SVM com os dados do MNIST leva algumas horas para cada um dos possíveis *kernels*. O tempo de execução do SVM é extremamente dependente do tamanho da amostra de desenvolvimento (30.000 elementos é uma amostra grande para SVM). Uma redução do tamanho dessa amostra de desenvolvimento gera substantivas reduções no tempo de processamento, sem prejuízos para a acurácia do modelo.

EXERCÍCIOS

1. Utilize a base de dados XZCALL (sobre *call-centers*), indicada no começo deste livro, e experimente usar as técnicas deste presente capítulo:

    a) Experimente usar *K Nearest Neighbors*.

    b) Experimente usar *Support Vector Machine – kernel linear*.

    c) Experimente usar *Support Vector Machine – kernel radial*.

    d) Experimente usar *Support Vector Machine – kernel polynomial*.

2. Interprete os resultados e compare as técnicas.

GRÁFICA PAYM
Tel. [11] 4392-3344
paym@graficapaym.com.br